Johannes Fiebag · Torsten Sasse

M A R S
Planet des Lebens

Johannes Fiebag · Torsten Sasse

M A R S
Planet des Lebens

Die Jahrtausendentdeckung
der NASA

Fakten · Hintergründe · Konsequenzen

ECON

Ulrich Dopatka Dokumentation

Die Deutsche Bibliothek – CIP-Einheitsaufnahme

Fiebag, Johannes:
Mars – Planet des Lebens: die Jahrtausend-
entdeckung der NASA; Fakten – Hintergründe –
Konsequenzen / Johannes Fiebag; Torsten Sasse. –
Düsseldorf : ECON, 1996
ISBN 3-430-12790-4
NE: Sasse, Torsten

Lektorat: Claudia Schlottmann
Gesetzt aus der Bembo, Linotype
Satz: Heinrich Fanslau GmbH, Düsseldorf
Papier: Papierfabrik Schleipen GmbH, Bad Dürkheim
Druck und Bindearbeiten: Ebner Ulm
Printed in Germany
ISBN 3-430-12790-4

Für Gertrud und unsere Kinder Tobias, Daniel und Kristina

Johannes Fiebag

Für meine lieben Eltern Ellen und Herbert Sasse

Torsten Sasse

Inhalt

Danksagung

Vielen Menschen sind wir für ihre Hilfe beim Schreiben dieses Buches zu Dank verpflichtet. Es ist unmöglich, alle an dieser Stelle zu nennen, daher seien stellvertretend aufgeführt: Prof. Dr. Heinz-Hermann Koelle, Prof. E. Imre Friedmann, Dr. Heinz-Peter Jöns, Dr. Ralf Jaumann, Prof. Dr. Volker Erdmann sowie Dr. Gilbert Levin und Dr. Susan Nedell (die schon vor einigen Jahren Unterlagen bereitstellten). Prof. Dr. Koelle hat darüber hinaus Teile des Manuskripts auf Richtigkeit durchgesehen. Dipl.-Bibl. Ulrich Dopatka, Dr. Karl Grün, Dipl.-Hdl. Peter Fiebag, Dipl.-Geol. Christoph Opfermann sowie Manfred Kage und Claudius Kern vom *Institut für Wissenschaftliche Fotografie* steuerten Fotos und Hintergrundmaterial bei. Dank geht ebenso an Andreas Schütz, den Pressesprecher der *Deutschen Agentur für Raumfahrtangelegenheiten* (DARA), an die Mitarbeiter des *Instituts für Planetenerkundung* der Deutschen Forschungsanstalt für Luft- und Raumfahrt (DLR) in Berlin-Adlershof sowie an die Mitarbeiter der *Wilhelm-Foerster-Sternwarte* Berlin. Sie alle waren uns bei unseren Recherchen eine wichtige Stütze. Ohne die Ideen und die intensive Begleitung während der Niederlegung des Manuskripts und die Lektoratsarbeit von Lutz Dur$ thoff und Claudia Schlottmann wäre dieses Buch kaum zustande gekommen. Auch ihnen und den Mitarbeitern des Econ-Verlages sei herzlichst gedankt.

Vorwort

Ein kleiner Stein aus dem All beginnt, unser Weltbild zu verändern. Vor zwölf Jahren in der Antarktis entdeckt, vor 13 000 Jahren aus dem Kosmos auf die Erde gefallen, vor 15 Millionen Jahren während eines großen Meteoritenimpakts aus der Oberfläche des Mars geschlagen, vor mehr als 3,8 Milliarden Jahren Heimat einer fremdartigen und gleichzeitig vertraut wirkenden Mikrofauna kleiner ei- und wurmförmiger Bakterien. Ein Stein, der uns zum Umdenken zwingt. Denn mit an Sicherheit grenzender Wahrscheinlichkeit wissen wir nun, daß die Erde nicht der einzige Lebensträger im All ist, daß es »da draußen« noch mehr gibt, vielleicht *viel* mehr, als wir es uns in unseren kühnsten Träumen und verwegensten Science-fiction-Geschichten vorgestellt haben.

Das Universum ist voller Wunder. Wir Menschen, die wir auf dieser Erde leben, haben davon bislang nur einen winzig kleinen Ausschnitt wahrnehmen können. Unser Planet ist, im Vergleich mit dem Kosmos, nicht einmal ein Sandkorn am Strand eines Ozeans. Ein schöner Planet, eine blau-weiße Perle im tiefschwarzen All, Heimat für fünfeinhalb Milliarden Menschen und ungezählte Tiere und Pflanzen.

Dennoch ist dieser Planet nicht alles, und der Stein vom Mars enthält mehr als nur Mikroben einer fernen Welt. Er enthält vor allem eine Botschaft. Und diese Botschaft lautet: *Wir sind nicht allein!* Es gibt noch anderswo Leben – auf dem Mars, vielleicht auf dem Jupitermond Europa, mit großer Wahrscheinlichkeit weit, weit draußen, auf den Planeten anderer Sterne der Milchstraße und ferner Galaxien.

Die Menschheit steht an einem Wendepunkt – nicht nur in ökologischer Hinsicht. Wir haben eine kritische Phase in unserer Geschichte erreicht, weil wir zum ersten Mal in der Lage sind, uns binnen kürzester Zeit selbst zu vernichten. Das hat es niemals zuvor gegeben, und wir alle sind aufgerufen, mitzuhelfen, diese Phase zu überwinden und uns eine menschenwürdige Zukunft zu bereiten.

Wir leben aber auch in einer Zeit, die es uns zum ersten Mal ermöglicht, unsere Erde zu verlassen. Wir schicken Sonden aus, die die Planeten und Monde unserer Nachbarwelten erkunden. Wir haben Menschen ins All gesandt und inzwischen eine permanente Präsenz im Erdorbit erreicht. Ja, vor mehr als einem Vierteljahrhundert haben zwölf von uns einen fremden Himmelskörper betreten, den Mond.

Wir mögen es uns bewußt machen oder nicht, aber beides – die Überwindung der aktuellen globalen Probleme ebenso wie die Raumfahrt – wird darüber entscheiden, ob und wie die Menschheit in hundert oder tausend oder zehntausend Jahren *überleben* und *leben* wird. Denn nur wenn es uns gelingt, unseren Planeten für kommende Generationen zu erhalten, uns nicht selbst auszulöschen und *gleichzeitig* in den Kosmos vorzustoßen, werden wir auf lange Sicht überhaupt eine Chance haben, der Menschheit die Zukunft zu bewahren.

Wir möchten in diesem Buch über eine unglaubliche Entdeckung berichten – über die Entdeckung von Leben auf dem Mars. Wir werden uns mit dem Meteoriten beschäftigen, der uns diese Botschaft gebracht hat, mit der Entstehung unseres Sonnensystems und der Entstehung des Lebens auf der Erde. Wir werden Überlegungen darüber anstellen, wie, wo und wann Leben auch auf unserer roten Nachbarwelt im All existiert hat, unter welchen Bedingungen dies geschehen ist, ja, ob die fernen Ahnen jener Bakterien, die man im antarktischen Meteoriten gefunden hat, vielleicht noch heute irgendwo auf dem Mars verborgene Lebensräume besiedeln.

Wir wollen im zweiten Teil dieses Buches aber auch deutlich machen, wie wichtig derartige Forschungen für uns sind, welche Bedeutung der Vorstoß ins All für uns hat. Dabei sind wir uns bewußt, daß es sich um ein »Reizthema« handelt, aber wir werden auch deutlich machen, wie unbegründet die Kritik an den »hohen Kosten« der Raumfahrt letztlich ist, daß jene, die aus politischen oder anderen Motivationen heraus die Raumfahrt vehement ablehnen, äußerst kurzsichtig denken. Denn die Erforschung des Kosmos und die Präsenz des Menschen im Sonnensystem bietet die einzige Chance, auch unseren Enkeln noch ein lebenswertes Leben möglich zu machen.

Insofern ist dieses Buch beides: ein Einblick in die phantastische, spannende Geschichte unserer und anderer Welten *und* ein Plädoyer für die Raumfahrt, die vor fast vierzig Jahren, am 4. Oktober 1957, mit dem Start von *Sputnik I* begann. *Sputnik* war ein kleiner, kugelförmiger Satellit, der nicht mehr vermochte, als durch sein beständiges *Piep-piep-piep* auf sich aufmerksam zu machen. Mittlerweile sind wir auf dem Mond gewesen, haben unsere Sonden zu nahezu allen Welten des Planetensystems gesandt, besitzen eine ständig bemannte Raumstation im Erdorbit und werden im kommenden Jahr mit dem Aufbau einer neuen, größeren, moderneren Basis, der Raumstation *Alpha*, beginnen.

Aber wir können weit mehr als nur das. Wir können zum Mond zurückkehren. Wir können zum Mars fliegen. Wir können ins Sonnensystem vorstoßen. Nicht, um es zu »erobern«, nicht, um es »in Besitz« zu nehmen, sondern um mehr über uns selbst zu erfahren, über unsere Ursprünge, über unsere Zukunft und die Möglichkeiten, die wir haben. Es gibt keine Grenzen da draußen – außer jenen, die wir uns, aus welchen Gründen auch immer, selber setzen. Doch selbsterrichtete, künstliche Grenzen, das lehrt uns unsere Geschichte, sind immer nur von kurzer Dauer. Verständigere Generationen reißen sie eines Tages nieder und eröffnen sich so neue, bisweilen ungeahnte Möglichkeiten der Selbstverwirklichung.

Unsere natürliche Umwelt endet nicht in den äußeren Schichten der Atmosphäre. Das Weltall selbst ist die Natur – unsere Erde hingegen nur ein kleiner, zwar sehr schöner, aber im kosmischen Maßstab nicht einmal besonders repräsentativer Ausschnitt daraus. Raumfahrt muß daher als langfristig vorgegebenes, evolutionäres Ziel verstanden werden und kann nicht von kurzsichtigen, vorgeblich »bodenständig-wirtschaftlichen« Überlegungen allein abhängig gemacht werden. Es wäre daher schön, wenn wir mit diesem Buch auch einen Anstoß dazu geben könnten, unsere kosmische Umwelt künftig stärker in unsere Überlegungen mit einzubeziehen und als Lösungspotential für viele unserer derzeitigen (und vor allem zukünftigen) Probleme begreifen zu lernen. Wenn dies geschähe, wäre die Botschaft des Meteoriten vom Mars nicht nur auf die eisigen Flächen der Antarktis, sondern auch auf fruchtbaren Boden in uns selbst gefallen.

»Und *warum?*« wurde Wernher von Braun immer wieder gefragt. »*Warum* sollen wir all dies tun?« Und mit einem Lächeln auf den Lippen pflegte er zu antworten: »Weil es die Bestimmung des Menschen ist ...«

Johannes Fiebag und Torsten Sasse
Oktober 1996

I

Die Jahrtausendentdeckung

Lebensspuren in einem
Stein vom Mars

Er wiegt nicht einmal zwei Kilo und ist kleiner als ein gewöhnlicher Schuhkarton. Hätten wir ihn bei einem Sonntagsspaziergang am Wegesrand liegen sehen, er hätte kaum unser Interesse erregt. Unscheinbar, grau-schwarz gefleckt, ein Stückchen Fels wie andere auch.

Aber er lag nicht am Wegesrand, sondern auf den Blaueisfeldern nahe des Allen-Hills-Gebirgszuges in der südlichen Antarktis. Und weil er sich mit seiner dunklen Farbe von dem grellen Weiß des Gletschers abhob, zog er die Aufmerksamkeit von Dr. Roberta Score und ihren Kollegen auf sich. Die Gruppe befand sich im August 1984 in der polaren Kältewüste auf einer Expedition, die von der amerikanischen *National Science Foundation*, dem weltberühmten naturwissenschaftlich ausgerichteten *Smithonian Institute* und der Raumfahrtbehörde NASA finanziert worden war.

Der Stein im Eis war weder der erste noch der letzte, den Forscher dort gefunden haben. Bereits Mitte der siebziger Jahre waren einige der ansonsten eher unauffälligen Brocken entdeckt und kurz darauf als Meteoriten, also als Steine aus dem Weltall, identifiziert worden. Wie bei wissenschaftlichen Expeditionen üblich, wurde der kleine Brocken fotografiert, vermessen und dann unter sterilen Bedingungen verpackt. Die Forscher gaben ihm auch einen Namen – oder besser eine Registriernummer: ALH84001, nach den *Allen Hills*, der Jahreszahl (1984) und dem ersten derartigen Stein (001), den man in diesem Jahr an diesem Ort gefunden hatte.

Das kleine Stückchen Fels verschwand in den Containern des Expeditionsteams, später wurde es auseinandergesägt und an verschiedene Forschungsinstitute in Amerika verschickt. Doch weder

Roberta Score noch die Wissenschaftler, die damals die ersten Analysen an ALH84001 vornahmen, ahnten auch nur im Entferntesten, was sie da in Händen hielten: einen Stein vom Mars, ja, mehr noch – den ersten wirklich überzeugenden Hinweis auf Leben außerhalb der Erde.

Die Frage, ob wir Menschen allein sind in der Unermeßlichkeit des Alls, bewegt Forscher wie Laien seit ewigen Zeiten. Im Altertum war die Antwort eindeutig. Der gestirnte Himmel war bevölkert mit Göttern, Engeln und manchmal auch Dämonen. Spätestens die Aufklärung hat diese Wesen aus ihren Bastionen vertrieben und ihnen nur noch ein jämmerliches Existenzrecht in den hintersten Winkeln unserer Phantasie zugebilligt. Aber so ganz hat sich der Mensch mit dem Gedanken, allein zu sein in einem toten Universum, nie abfinden können.

Ist dies nur ein Wunschtraum, geboren aus unserem unstillbaren Bedürfnis, mit anderen zu kommunizieren? Sind uns unsere Mitmenschen, unsere Familien und Freunde nicht genug? Ist der Gedanke an außerirdisches Leben nur ein Substitut, ein psychologisches Agens, um uns Wege aus unserer vermeintlichen Bedeutungslosigkeit zu weisen? Bringen wir damit ein quasi-religiöses Bedürfnis zum Ausdruck? Beruhigt uns der Glaube an überlegene Außerirdische auf einer tiefen seelischen Ebene: Vielleicht können »die« uns ja helfen, vielleicht haben »die« ja ganz andere Möglichkeiten als wir? Vielleicht sind »die« unsere Retter aus all der irdischen Misere?

Oder hat der Gedanke an Außerirdische, gleich welcher Art und auf welcher Stufe der Evolution, auch andere, rationale Gründe? Gibt es wirklich Leben im Weltall?

Nun, die Antwort darauf lautet eindeutig ja. *Selbstverständlich* gibt es Leben im Weltall – nämlich hier auf unserer Erde! Wir machen gerne den Fehler, uns gedanklich zu separieren: Auf der einen Seite ein für unsere Maßstäbe unendlich weit entfernter Kosmos, den wir persönlich weder jemals begreifen noch »erfahren« können, auf der anderen Seite unsere Erde, auf der wir leben, eine Welt, in die wir geboren werden, in der wir ein paar Jahrzehnte recht und schlecht verbringen bis wir schließlich wieder sterben. Was wir uns in den seltensten Fällen klarmachen, ist, daß unsere Welt – und damit wir selbst, jeder einzelne von uns – Teil dieses Kosmos ist. Wir existieren nicht abgesondert davon, sondern inmitten einer unglaublichen

Vielzahl und Weite. Einer Vielzahl an Welten und einer Weite an Raum, Zeit und Möglichkeiten.

Unsere Welt ist nicht isoliert, und daß Leben hier entstanden ist, hängt zwar, wie wir noch sehen werden, von einer ganzen Reihe sehr glücklicher Umstände ab. Aber die Bedingungen für diese Umstände sind überall im Weltall oder zumindest in jenem Teil des Weltalls, der unseren Beobachtungsmöglichkeiten bisher zugänglich ist, die gleichen. Überall herrschen die selben physikalischen Gesetze, überall sind die selben Kräfte wirksam, die sich in einer identischen Chemie ausdrücken.

Die Frage kann also nicht lauten: Gibt es Leben im Weltall? Denn das gibt es fraglos; wir selbst, die wir dieses Buch lesen, sind der Beweis dafür. Die Frage, die wir uns stellen müssen, kann nur heißen: Haben organische Moleküle auch anderswo die Gelegenheit gehabt, sich zu komplexen Strukturen zusammenzufinden, Polymere zu bilden, sich fortzupflanzen und Lebensprozesse in Gang zu setzen? Ist der Übergang von »toter« zu »lebender« Materie auch anderswo geglückt, gedeiht auch unter dem Licht anderer, ferner Sonnen eine üppige Vegetation, schauen auch anderswo nachts Wesen mit ihren Augen oder deren Äquivalenten hinauf zu den Sternen und stellen sich die gleichen Fragen?

Wir haben noch keine Antwort darauf. Aber seit August 1984 haben wir ein außergewöhnliches, bislang einzigartiges Mosaiksteinchen in den Händen, ein Mosaiksteinchen zu einem Bild, dessen Strukturen wir bislang nur erahnen können, von dem einige aber annehmen, daß es uns letztlich klar und deutlich eine Antwort geben wird auf unsere uralte Frage nach unserer Stellung im Kosmos. Und diese Antwort wird lauten: Wir sind *nicht* allein!

Eine historische Pressekonferenz

Am 7. August 1996, zwölf Jahre nachdem ALH84001 aus dem Eis der Antarktis geborgen worden war, ging sein Name um die Welt. In einer global ausgestrahlten Pressekonferenz präsentierten NASA-Chef Daniel Goldin und eine Wissenschaftlergruppe um den Mikrobiologen Dr. David McKay die ersten direkten Hinweise auf Leben außerhalb der Erde.

Erst zwei Jahre zuvor, 1994, war ALH84001 als einer jener Meteoriten erkannt worden, von denen man annimmt, daß sie vom Mars stammen. Insgesamt zwölf dieser seltenen Exemplare kennt man bis heute, und ihr Wert für die Wissenschaft ergibt sich schon allein aus der Tatsache, daß wir bislang – anders als beim Mond – noch kein direkt vom Mars gewonnenes Material für unsere Untersuchungen zur Verfügung haben. Nach den ersten drei Ortschaften auf der Erde, in deren Nähe man diese seltenen Gesteine fand (nämlich Shergotty in Indien, Nakhla in Ägypten und Chassigny in Frankreich), nennt man sie SNC-Meteoriten.

Worin unterscheiden sich diese SNC-Varianten von anderen Meteoriten? Wie hat man erkannt, daß sie vom Mars kommen? Zum einen sind diese Meteoriten deutlich jünger als alle anderen, die man bisher gefunden hat, einschließlich jener, die in ähnlicher Weise wie die Marsmeteoriten vom Mond gekommen sind. Die allermeisten Meteoriten, die unsere Erde treffen, sind »Überbleibsel« aus der Anfangszeit des Sonnensystems und mithin etwa 4,6 Milliarden Jahre alt. Ganz anders die Marsmeteoriten: Sie haben in der Regel ein Alter von »nur« 1,1 bis 1,3 Milliarden Jahren und entstammen einer vulkanischen Planetenoberfläche (was ihren Ursprung als Teile zum Beispiel des Asteroidengürtels zwischen Mars und Jupiter ausschließt). Vor allem aber enthalten sie in winzigen Luftbläschen Einschlüsse von Gasen. Diese Gase wiederum sind, was ihre chemische Zusammensetzung betrifft, identisch mit den Atmosphärengasen des Mars, die man im Jahr 1976 mit den beiden Viking-Sonden analysieren konnte. In einigen der SNC-Meteoriten (zum Beispiel in dem Stein von Lafayette, der 1931 in den USA zur Erde fiel) fand man 1992 auch erstmals verwitterte Minerale: Tone und Eisenoxide, die nur durch die Tätigkeit von Wasser in dieser Form oxidiert worden sein können. Wasser in einem flüssigen Aggregatzustand aber hat es, wie wir später noch sehen werden, außer auf unserer Erde nur auf dem Mars gegeben (bzw. vermutlich unter den Eisdecken einiger Monde der äußeren Planeten, aber diese besitzen wiederum keine Atmosphäre).

ALH84001 entpuppte sich bei genaueren Untersuchungen nicht nur als deutlich älter als alle bislang entdeckten SNC-Meteoriten, er wies auch in anderer Hinsicht Unterschiede auf. Diese anderen SNC-Meteoriten setzen sich im wesentlichen aus basaltischer Lava zusammen, in der übermäßig hohe Anteile an Maskelynit auftreten. Maskelynit ist im Grunde ein Mineral, das dem Plagioklas, einem Aluminiumsilikat, entspricht. Solche Feldspate sind wichtiger Bestandteil auch der irdischen Basalte und treten in der Regel in einer typisch kristallinen Form auf. Maskelynit hingegen besitzt eine völlig ungeordnete amorphe Struktur, was darauf hinweist, daß die ehemals als reine Kristalle vorliegenden Plagioklase eine Umwandlung erfahren haben müssen. Dafür ist allerdings ein extrem hoher Druck, der etwa dem 300 000 fachen Druck der Erdatmosphäre entspricht, notwendig. Wie können solche Extremwerte erreicht werden? Sie treten – jedenfalls in der oberen Kruste eines Planeten – nur bei großen Meteoriteneinschlägen auf, und daher ist die Annahme, daß die SNC-Gesteine derartige Ereignisse »erlebt« haben, wohl berechtigt.

Anders als die anderen elf Marsmeteoriten, handelt es sich bei ALH84001 aber um einen Orthopyroxenit. Er baut sich zwar auch aus Silikaten auf, die aber chemisch mit anderen Elementen, meist Metallen, verbunden sind und daher andere Mineralien ausbilden. In unserem Fall handelt es sich um ein Magnesium-Eisen-Silikat, chemisch $(Mg,Fg)SiO_3$. Darüber hinaus ist dieser spezielle Meteorit von zahlreichen feinen Rissen durchzogen, die schon sehr alt sind. Vermutlich entstanden sie zu einer Zeit, als der Block – damals noch im Gesteinsverband irgendwo auf dem Mars – zahlreichen Erschütterungen durch in der Umgebung einschlagende Meteoriten ausgesetzt war.

In diesen feinen Rissen fand sich noch etwas, das allen anderen SNC-Meteoriten zumindest in dieser hohen Konzentration fehlt: Karbonate. Karbonate stellen auf unserer Erde einen großen Anteil an den Ablagerungsgesteinen dar: die Kalkschichten des Jura, des Muschelkalks und vieler anderer geologischer Einheiten bestehen aus Kalziumkarbonaten (chemisch $CaCO_3$). Und große Mengen davon sind wiederum auf organische Aktivität zurückzuführen: Bakterien und andere Kleinstlebewesen in den Meeren entziehen der Luft und dem Wasser ihrer unmittelbaren Umgebung Kohlendioxid und scheiden es als mit Kalzium verbundenes Karbonat wieder aus. Andere konstruieren daraus ihre Panzer und Skelette, und wenn sie absterben, sinken diese Teile auf den Meeresboden. Die Anhäufung solch kleinster Partikel führt schließlich zur Bildung massiger, zum Teil mehrere tausend Meter mächtiger Schichtfolgen. Andererseits kann Karbonat aber auch auf anorganische Weise gebildet werden, also durch rein chemische Ausfällung im Meerwasser oder hydrothermal in niedertemperierten Lösungen in basaltischen Gesteinen. Oder als Sinterkalke, die uns zum Beispiel in Form von Stalagmiten und Stalaktiten aus Tropfsteinhöhlen bekannt sind.

Etwa ein Prozent des insgesamt 1,9 kg schweren Marsmeteoriten ALH84001 besteht nun aus Karbonaten, die als winzig kleine Kügelchen in den feinen Spalten und Rissen dem Gestein angeheftet sind. Man nennt solche Kügelchen auch Globulen, und sie haben einen Durchmesser von nicht mehr als 1-250 μm (Mykrometer), das ist ein millionstel Meter oder ein tausendstel Millimeter. Sie setzen sich aus Kalzit, Dolomit-Ankerit und Magnesit-Siderit zusammen, also Calzium-, Magnesium- und Eisen-Magnesium-Karbonaten.

Die Frage ist nun: Wie haben sie sich gebildet? Bei einem »Schockereignis«, ausgelöst durch den nahen Einschlag eines Meteoriten, als schlagartig bei Temperaturen um 700°C kohlendioxidreiche Flüssigkeit entstand und ihre Spuren im Gestein hinterließ? Oder aber in einem mäßig warmen, feuchten »Milieu«, als zirkulierendes Wasser über lange Zeit hinweg bei Temperaturen bis etwa 80°C aus der Marsatmosphäre gelöstes Kohlendioxid wieder ausfällte? Für eine heiße Entstehung spricht, wie die beiden Geologen Dr. Ralph P. Harvey und Dr. Harry Y. McSween in einer jüngst veröffentlichten Analyse nahelegten, eine ganze Reihe von Faktoren, unter anderem der kugelschalige Aufbau der Karbonatglobulen, der auf eine hohe Anfangstemperatur und anschließende rasche Abkühlung hinweise. Derartiges wäre bei einem »Schockwelleneffekt« durch einen nahen Meteoriteneinschlag in die Marskruste zu erwarten.

Doch auch für die Bildung aus einer wäßrigen Lösung gibt es beachtenswerte Argumente. Insbesondere ist das die Existenz des mit den Globulen verbundenen Minerals Greigit, einer Eisen-Schwefel-Verbindung (chemisch Fe_4S_4). Greigit hätte bei Temperaturen über 250°C zerfallen müssen, wäre folglich nicht mehr auffindbar gewesen. Doch Dave McKay und sein Team konnten gerade dieses Mineral einwandfrei nachweisen. Sie fanden aber noch mehr, nämlich organische Moleküle, sogenannte *Polyzyklische Aromatische*

Pressekonferenz am 7. August 1996. Links Wesley Huntress, Leiter der Wissenschaftsabteilung der NASA, in der Mitte NASA-Chef Daniel Goldin, rechts Dr. David McKay, der die Untersuchungen am Marsmeteoriten leitete. *(Quelle: AP, Newsweek)*

Meteoriten auf den Blaueisfeldern der Antarktis. Sie werden von den Forschern – zum Teil mit Hubschraubern – geborgen und unter sterilen Bedingungen zur Analyse vorbereitet. *(Quelle: Minoru Uguchi)*

Kohlenwasserstoffe (PAHs), die bei Temperaturen von mehr als 400°C in kleinste Partikel hätten zerbrechen müssen – was aber nicht der Fall ist. (Die PAHs spielen, wie wir gleich sehen werden, noch eine andere wichtige Rolle in der Diskussion um ALH84001.) Und schon vor zwei Jahren erkannte eine Forschergruppe um den Mineralogen Dr. Christopher S. Romanek, daß nicht gelöstes CO_2 aus dem angrenzenden Felsgestein, sondern Kohlendioxidgase aus der Atmosphäre des Mars zur Entstehung der Karbonatglobulen beigetragen haben.

Christopher Romanek, damals noch zusammen mit David McKay in der Abteilung für Planetologie am *Johnson Space Center* in Houston tätig und heute am *Savannah River Ecology Laboratory* der Universität von Georgia in Aiken beschäftigt, war dann auch eines jener Mitglieder der Arbeitsgruppe um McKay, die im August 1996 zusammen mit NASA-Chef Goldin an die Öffentlichkeit traten. Zu dem Team gehörten außerdem Dr. Everett Gibson und Dr. Kathie L. Thomas-Keprta vom *Johnson Space Center* in Houston, Dr. Hojatollah Vali vom Institut für Erdwissenschaften und Planetologie der McGill-Universität in Quebec, Kanada, sowie die Chemiker Simon J. Clemett, Claude R. Maechling, Dr. Xavier D.F. Chillier und Dr. Richard N. Zare von der Stanford-Universität in Kalifornien. In einer am 16. August 1996 in der renommierten Wissenschaftszeitschrift SCIENCE veröffentlichten Arbeit unter dem Titel *»Suche nach einstigem Leben auf dem Mars: Mögliche reliktische biogene Aktivität im Marsmeteoriten ALH84001«* beschreiben sie ihre Entdeckung.

Erstaunliche Einsichten ins Universum

Etwa acht Monate zuvor, im Januar 1996, hatten sie erstmals die mögliche Anwesenheit biologischer Indikatoren in Betracht gezogen. Die PAHs, bestimmte Mineralkörnchen in den Karbonatglobulen und seltsame längliche und eiförmige Strukturen, die irdischen Bakterien nicht unähnlich sahen, legten mehr und mehr die Vermutung nahe, daß sie einer »ganz großen Sache auf der Spur« waren. Dave McKay blieb daraufhin »viele Nächte im Laboratorium« und »schaute immer wieder auf das Felsstück, weil es zu aufregend war, um nach Hause zu gehen«. Fotos der möglichen Bakterien, die der Geochemiker Everett Gibson mit nach Hause nahm und unvorsichtigerweise auf dem Küchentisch liegen ließ, führten indessen zur ersten unabhängigen Bewertung: »Meine Frau, die Biologin ist, fragte mich: Was sind das für *Bakterien?*«

Über Wochen und Monate hinweg wurde Stillschweigen bewahrt. Am 5. April reichten die Forscher ihre Arbeit bei der Zeitschrift SCIENCE ein, aber erst am 16. Juli wurde sie dort zur Veröffentlichung angenommen. Zuvor hatten – wie bei derartigen Forschungsartikeln üblich – unabhängige Gutachter, alles selbst Chemiker, Biologen und Mineralogen, die Arbeit unter ihre kritischen Augen genommen. Gewöhnlich kommt es dabei immer wieder zu Rückfragen, Korrekturanmerkungen, ja Zurückweisungen. Die Arbeit von Dave McKay und seinen Kollegen wurde ohne jeden Widerspruch akzeptiert. Schon dies zeigt die hohe Qualität der vorgelegten Untersuchung.

Die Veröffentlichung in SCIENCE war für die Ausgabe Nr. 273, die am 16. August erscheinen sollte, vorgesehen. Zwei Wochen zuvor flog Daniel Goldin, Leiter der amerikanischen Weltraumbehörde NASA und als einer der wenigen in die sich anbahnende Sensation eingeweiht, nach Washington. Er hatte kurzfristig einen Termin bei Präsident Bill Clinton bekommen können, um ihm die Nachricht persönlich zu überbringen. Clinton schrieb die Worte, die vierzehn Tage später bei der Präsentation der Forschungsergebnisse weltweit über die Sender gingen, unmittelbar darauf selbst nieder: »Heute spricht der Stein 84001 über all die Milliarden Jahre und Millionen von Kilometern zu uns. Er spricht von der Möglichkeit des Lebens. Wenn diese Entdeckung bestätigt wird, dann ist dies fraglos eine der erstaunlichsten Einsichten in das Universum, die die Wissenschaft jemals zutage gefördert hat. Die Schlüsse, die wir daraus ziehen können, sind unvorstellbar weitreichend und ehrfurchtgebietend. Obwohl diese Entdeckung Antworten auf unsere ältesten Fragen verspricht, läßt sie doch auch neue und noch fundamentalere Fragen entstehen. Wir werden fortfahren, sorgfältig darauf zu hören, was uns dieser Stein zu sagen hat, so wie wir die Suche nach Antworten fortsetzen werden. Bei diesen Dingen geht es um Fragen, die so alt sind wie die Menschheit selbst, aber in gleicher Weise bedeutend für unsere Zukunft.«

Dann, am 7. August 1996, erfuhr die Öffentlichkeit von der Entdeckung. Goldin und die anwesenden Forscher der Gruppe um McKay gaben sich dabei, ähnlich wie in ihrem Artikel in SCIENCE, vorsichtig und zurückhaltend. »Über zwei Jahre«, beschrieb Everett Gibson die Forschungen, »haben wir die beste Technologie verwendet, die momentan zur Verfügung steht, um diese Analysen durchzuführen. Wir glauben jetzt, daß wir Grund zu der Annahme haben, Hinweise für einstiges Leben auf dem Mars zu besitzen. Wir behaupten nicht, daß wir es definitiv *bewiesen* haben. Wir geben einfach unsere Resultate zur Überprüfung an die Wissenschaft weiter, an andere Forscher, die sie bestätigen, erweitern, attackieren und, sofern sie es vermögen, auch widerlegen können, in einem ganz normalen wissenschaftlichen Erkenntnisprozeß. Dann, in einem oder in zwei Jahren, so hoffen wir, werden wir die Frage auf die eine oder andere Weise beantworten können.«

»Diese Resultate sind nicht zwingend«, meinte auch NASA-Chef Daniel Goldin, »denn es gibt noch keinen wissenschaftlichen Konsens. Wir stehen hier nicht vor einem Gericht, um einen zweifelsfreien Beweis dafür zu liefern, daß Leben auf dem Mars existiert. Aber wir wollen heute die Tür ein wenig aufstoßen und eine faszinierende Geschichte erzählen, eine Detektivgeschichte.«

Und wie eine wissenschaftliche Detektivgeschichte stellt sich der erste, zwar nicht – wie Goldin es ausdrückte – *zwingende,* aber doch hinreichend *sichere* Nachweis für die Existenz außerirdischer Lebensformen in der Tat dar. Insbesondere sind es drei wichtige Indizien, die – zusammengenommen – die für das Verständnis unserer Stellung im Kosmos so bedeutende Erkenntnis bei den an der Untersuchung beteiligten Wissenschaftlern zuerst festigten. Zum Abschluß ihres SCIENCE-Artikels schreiben sie: »Keine dieser Beobachtungen ist, für sich betrachtet, unzweideutig. Obwohl für jedes dieser Phänomene – wenn sie einzeln betrachtet werden – alternative Erklärungen zur Verfügung stehen, schließen wir doch aus ihrer Gesamtheit, insbesondere aus ihrer räumlichen Verknüpfung, daß sie einen Beweis für primitives Leben auf dem frühen Mars darstellen.«

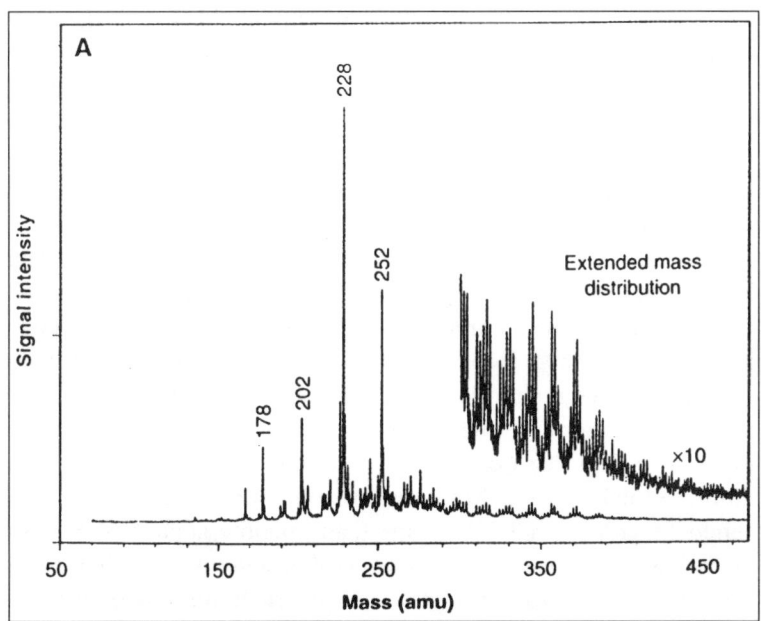

So verraten sich die PAHs organischen Ursprungs. Sie haben auf diesem Diagramm die höchsten Ausschläge. Der diffuse Kurvenverlauf im rechten Bereich deutet auf Kohlenwasserstoffmoleküle, die rein anorganisch entstanden sind. *(Quelle: NASA/DLR)*

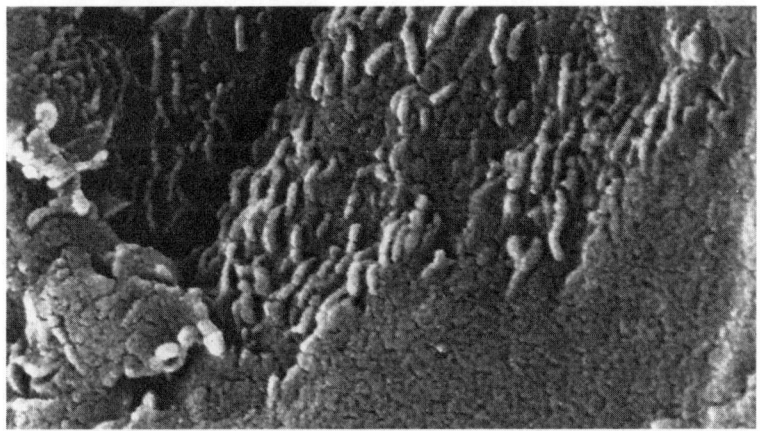

Eiförmige Strukturen bevölkern zu tausenden die Karbonatglobulen von ALH 84001. Alles deutet darauf hin, daß es sich um fossilisierte Nanobakterien handelt, die in Kolonien die feinen Risse des Marsgesteins besiedelten. *(Quelle: NASA/DLR)*

Magnetite und PAHs

Die drei wichtigen Indizien, die den Nachweis liefern: bestimmte Mineralkörner in den Karbonaten, die PAHs und die vielfach photographierten Strukturen, die bestimmten irdischen Bakterien so verblüffend ähnlich sehen.

Schaut man sich unter einem hochauflösenden Transmissions-Elektronenmikroskop (TEM) die Karbonatglobulen genau an, dann fällt auf, daß sie durchgängig einen schwarz-weiß-schwarz gestreiften Rand besitzen. Diese Streifen bestehen zum einen aus Magnetit (chemisch $FeFe_2O_4$, also eine Eisen-Sauerstoff-Verbindung), zum anderen aus Magnetkies bzw. Pyrrhotit (chemisch FeS, eine Eisen-Schwefelverbindung). Derartige Konzentrationen treten auch im Inneren der Globulen auf.

Nun können sowohl Magnetit als auch Pyrrhotit anorganisch gebildet werden, beide fallen aber genauso bei der Stoffwechselaktivität bestimmter Bakterien an. Im vorliegenden Fall erscheint den an der Untersuchung beteiligten Wissenschaftlern die biogene Herkunft jedoch wahrscheinlicher: Ginge man von einer rein anorganischen Bildung aus, müßte man sehr komplizierte Annahmen über das chemisch-mineralogische Umfeld der Körner machen. Aus eben diesen Gründen fällt es insbesondere schwer, die nur etwa 40 bis 50 Nanometer großen Kristalle (ein Nanometer ist der milliardste Teil eines Meters) in der unmittelbaren Nähe einiger zum Teil aufgelöster Karbonate zu erklären.

Im Gegensatz dazu ist die biogene Erklärung fast simpel. Denn sowohl die Größe der Magnetite und Eisensulfide als auch ihre variable – mal eckige, mal irreguläre, mal elipsoide – Form sind nahezu identisch mit jenen Magnetitpartikelchen, die auf der Erde von bestimmten Bakterien erzeugt werden. Es sind Überreste der in ihren Zellen eingelagerten Magnetosomen. Das sind bestimmte Organellen, also organähnliche Elemente in Einzellern, die durch Stoffwechselprozesse diese Metall-Schwefelverbindungen erzeugen. Als sogenannte Magnetofossilien kann man sie auch in sehr alten, präkambrischen Schichtenfolgen auf der Erde erkennen. Sie gehören damit zu den ältesten Erscheinungsformen des Lebens, die wir überhaupt auf unserem Planeten finden, und die Strukturen in ALH 84001 sind ihnen in verblüffender Weise ähnlich. Selbst der innere Aufbau dieser Minerale ist identisch mit jenem, den uns die irdische Biologie erzeugt: Eine defektfreie, völlig reine Kristallinstruktur, die nach allem, was wir heute darüber wissen, in dieser Form nur durch die Aktivität von Bakterien in einer wäßrigen, nicht allzu heißen Flüssigkeit erzeugt werden kann.»Die wahrscheinlichste Erklärung«, meint die an der SCIENCE-Arbeit beteiligte Mikrobiologin Dr. Kathie Thomas-Keprta, »die man dafür heranziehen kann, ist die, daß es sich um die Produkte von Mikroorganismen handelt, die auf dem Mars entstanden sind.«

Ein Problem ergibt sich dennoch: Auf der Erde dienen diese Magnetitkristalle besonders großen Bakterien gewissermaßen als Kompaß – sie können sich so nach dem Erdmagnetfeld ausrichten. Die Überreste der Marsbakterien scheinen demgegenüber aber sehr klein zu sein, mehr noch: Das Magnetfeld des Mars besitzt nur 0,2% der Stärke des Erdmagnetfeldes, und das wäre viel zu schwach, als daß sich Mikroben mit Hilfe von magnetischem Eisen daran orientieren könnten. Die Frage ist, ob die Magnetitproduktion auf dem Mars tatsächlich den gleichen Zwecken diente wie auf der Erde. Wir müssen uns bei all dem immer vor Augen halten, daß wir es möglicherweise mit einem völlig anderen, auf andere Verhältnisse abgestimmten Zweig der Evolution zu tun haben. Dieser Zweig mag zwar unter ähnlichen Bedingungen begonnen haben, hat dann aber mit ziemlicher Sicherheit einen anderen Weg eingeschlagen, der nur noch bedingt direkte Vergleiche mit der irdischen Entwicklung zuläßt. Vor allem dürfen wir nicht erwarten, auf *Identität* zu stoßen, denn die Bedingungen auf dem Mars waren andere als auf der Erde und werden infolgedessen zu anderen Formen der Anpassung geführt haben.

Die *Polyzyklischen Aromatischen Kohlenwasserstoffe* (PAHs) können, genauso wie die Metalleinlagerungen in den Karbonatglobulen, sowohl auf organische wie auf rein chemische, also abiotische Weise gebildet werden. Man findet diese ringförmig angeordneten Molekülstrukturen zum Beispiel in anderen Meteoriten oder sogar in interplanetaren Staubteilchen, die man mit hoch fliegenden Flugzeugen oder mit hoch aufsteigenden Ballons in der obersten Atmosphäre sammeln kann, wenn sie, aus dem Weltraum in die Lufthülle der Erde eindringend, noch in keiner Weise verunreinigt sind. Bis zu 30% des in unserer Galaxis auftretenden Kohlenstoffs könnte in solchen PAHs gebunden vorkommen – allesamt auf abiotische Weise entstanden, auch wenn man sie als »einfache organische Moleküle« bezeichnet.

Insofern ist die Entdeckung von PAHs in ALH 84001 auf den ersten Blick nichts wirklich Außergewöhnliches – oder nur insofern, als daß es hier zum ersten Mal gelungen ist, überhaupt organische Moleküle vom Mars nachzuweisen (dies vermochten nicht einmal die *Viking*-Sonden 1976). Die Entdeckung gelang mit einer noch ziemlich neuen Analysemethode, die den unaussprechlichen Namen »$\mu L^2 MS$« trägt und überhaupt erst seit zwei oder drei Jahren möglich ist. Es handelt sich um ein Massenspektrometer mit sehr hoher Ortsauflösung. Eine winzig kleine Stelle der Gesteinsprobe wird dabei von einem Infrarotlaser verdampft und die entstehende Dampfwolke anschließend nochmals von einem Infrarotlaser ionisiert. Dabei wird jeweils ein Elektron aus den einzelnen in der Dampfwolke schwebenden Atomen herausgelöst, die Atome also elektrisch leitfähig gemacht. Nun braucht man nur noch ein elektrisches Feld, das die entstandenen Ionen in Richtung auf einen Detektor, einen Meßapparat hin beschleunigt, der dann die »Ankunftszeiten« dieser Ionen registriert. Kleinere Ionen werden schneller beschleunigt als große, und damit ist ein Unterschied in ihrer atomaren Ursprungsstruktur festlegbar.

»Wir nahmen«, berichtet der Chemiker Richard Zare, »frisch angeschnittene Stücke unserer Meteoritenprobe und steckten sie innerhalb von zwei Minuten in unsere Vakuumkammer. Was wir fanden, waren bestimmte Kohlenwasserstoffarten, nämlich sogenannte *Polyzyklische Aromatische Kohlenwasserstoffe*. PAHs sind weit verbreitet. Man findet sie in Dieselabgasen oder Flammenruß oder einem Steak vom Grill. Man findet sie aber auch in fossiler organischer Materie, etwa in Erdöl.«

Tatsächlich gibt es deutliche Unterschiede im PAH-Massenspektrum des Marsmeteoriten gegenüber jenen, die man bislang von gewöhnlichen Gesteinsbrocken aus dem All oder irdischen, abiotisch entstandenen PAHs kennt. Sie sind vor allem viel einfacher zusammengesetzt, genau so, wie einfach aufgebaute Mikroorganismen sie bei ihrem Zerfall hinterlassen würden. Im Massenspektrometer wurden sogar *zwei* Arten von PAHs gefunden: eben diese relativ simpel, aus drei bis sechs Molekülringen aufgebauten Struk-

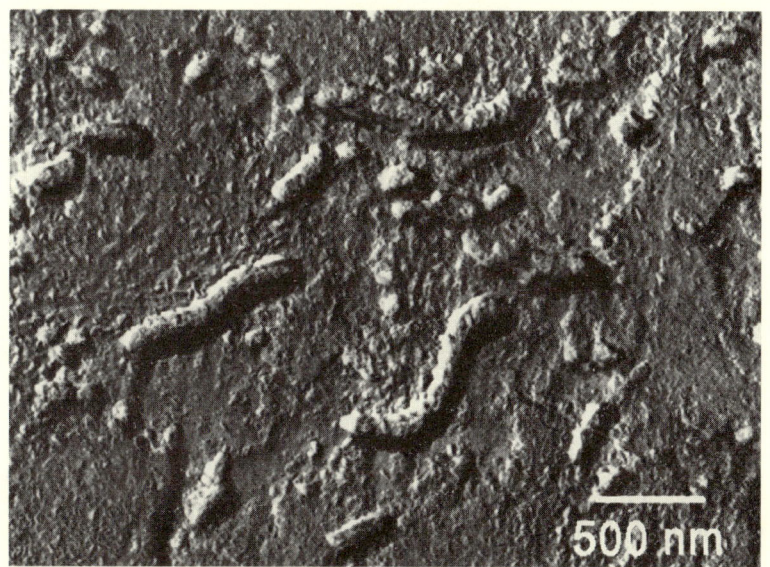

Mikroben vom Mars? Neben den eiförmigen Objekten finden sich auch zahlreiche dieser segmentierten Strukturen, die bestimmten Fadenbakterien auf der Erde ähneln. *(Quelle: NASA/DLR)*

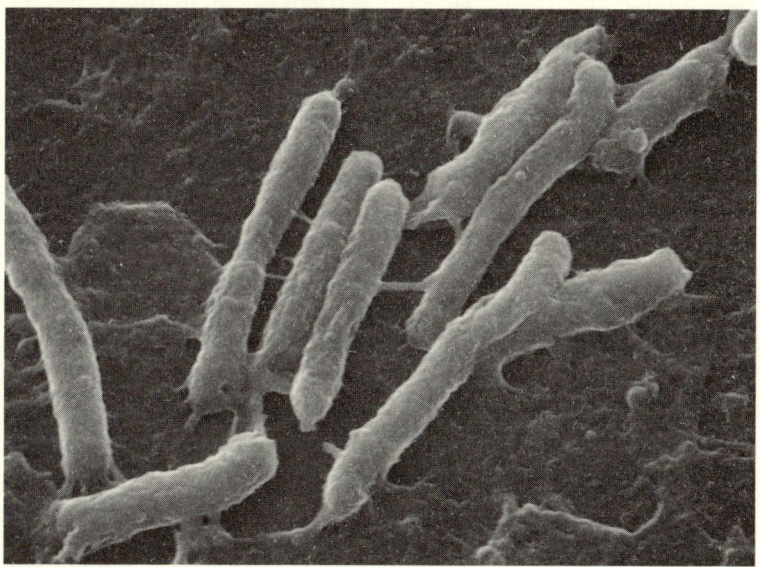

Zum Vergleich: segmentierte einzellige Coli-Bakterien *(Escherichia Coli)*, ebenfalls aufgenommen mit einem Elektronenmikroskop. *(Quelle: Manfred Kage)*

turen wie Phenantren, Pyren, Perylen, Anthanthrazen, Benzopyren oder Chrysen mit atomaren Masseneinheiten zwischen 178 und 276 sowie eine zweite, diffus und schwächer ausgebildete, aber aus komplexeren PAH-Mischungen bestehende Gruppe ohne eindeutige Zuordnungsmöglichkeit mit atomaren Masseneinheiten zwischen 30 und 45. Die Charakteristika der erstgenannten Gruppe deuten auf einen organischen Ursprung hin, die der zweiten auf einen anorganischen.

Für die Diskussion darüber, ob diese PAHs nun organischer oder anorganischer Natur sind oder sogar durch Verunreinigung erst auf der Erde in das Gestein eindrangen, ist besonders wichtig, daß man sie vor allem im *Inneren* des Steins gefunden hat, aber so gut wie überhaupt nicht unter der zum Teil geschmolzenen Außenkruste. Hinzu kommt, daß ihre Konzentration im Bereich der Karbonatglobulen am größten ist – genau so, wie man es bei einer organischen Bildung durch dort tätige Mikroorganismen erwarten sollte. Bei einer abiotischen Entstehung wären die PAHs gleichmäßig über die Risse und Spalten des Meteoriten verteilt gewesen. Doch um auch den spitzfindigsten Kritikern zuvorzukommen, machten die Forscher um David McKay noch ein Kontrollexperiment. Sie untersuchten einen anderen, bereits stark verwitterten Meteoriten aus der Antarktis auf die Anwesenheit von PAHs hin – und entdeckten keine Spur von ihnen. Damit scheidet eine irdische Verunreinigung als Quelle dieser ganz offensichtlich zumindest teilweise biotisch entstandenen Molekülverbindungen aus.

Bakterien im Marsgestein?

Die wohl spektakulärste Beobachtung gelang aber im optischen Bereich. Mit Hilfe des schon erwähnten, ebenfalls erst seit kürzester Zeit zur Verfügung stehenden Transmissions-Elektronenmikroskops (TEM) war es dem Forscherteam möglich, einen visuellen Einblick in die bizarre Nanowelt des Mars zu erhalten. Elektronenmikroskope kommen dort zum Einsatz, wo gewöhnliche Lichtmikroskope versagen: Wenn die zu beobachtenden Objekte kleiner sind als die Wellenlänge des sichtbaren Lichts, sind sie nicht mehr erfaßbar. Mit Rasterelektronenmikroskopen bzw. den TEMs kann man

aber noch viel weiter hinuntergehen, mit weitaus kleineren Wellenlängen arbeiten und die von einem Elektronenstrahl »beschossene«
Mikrolandschaft schließlich optisch umrechnen und sichtbar
machen.

Als die Forscher ihr TEM nun auf die Karbonatglobulen richteten,
stießen sie dabei auch auf zwei Arten merkwürdiger Strukturen:
eiförmige Ovoide mit einer Größe zwischen 20 und 100 Nanometern und zylinderförmige, zum Teil segmentierte längliche
Objekte bis zu 500 Nanometern. Diese Entdeckung kam überraschend und unerwartet. Noch nie hatten McKay und seine Kollegen etwas derartiges in einem Meteoriten gesehen.

Waren es Verwitterungsbildungen der Karbonatglobulen? Kontrolluntersuchungen zeigten, daß auf irdischen Karbonaten niemals Vergleichbares gefunden worden war. Getrockneter Ton? Nicht völlig
auszuschließen – hier sind die Untersuchungen noch im Gange –
aber nicht sehr wahrscheinlich, weil Tone gewöhnlich größere
Konzentrationen bilden. Verunreinigungen durch die Goldschicht,
die der Probe vor der TEM-Untersuchung aufgedampft werden
mußte? Auch hier zeigten Kontrolluntersuchungen, daß dies nicht
der Fall sein kann. Der deutsche Forscher Dr. Gerhard Schimmel
wiederum glaubt, die wurmförmigen Objekte seien Primäraus-
scheidungen der Karbonate und könnten unter jedem Elektronenmikroskop als rein anorganischen Ursprungs erkannt werden. Er
verweist unter anderem darauf, daß zum Beispiel die sogenannte
»Eisenblüte«, ein korallenartig erscheinendes Auslaugungsprodukt
des Aragonits (kristallines Kalziumkarbonat, chemisch $CaCO_3$),
ebenfalls auf den ersten Blick wie eine organische Struktur wirkt,
mit anderen Worten, daß eine *Ähnlichkeit* mit biologischen Formen
noch keine *Identität* mit diesen bedeutet. Andererseits ist es klar, daß
die Gruppe um McKay selbst seit Jahren im Bereich elektronenmi-
kroskopischer Untersuchungen an Gesteinen (und eben auch an
Karbonaten) arbeitet und selbstverständlich Verwechslungen mit
anorganischen Elementen weitgehend zu vermeiden versucht hat.

Worum handelt es sich also dann? Die ei- und wurmförmigen
Objekte sind ganz offensichtlich an die Karbonatglobulen und die
Magnetitkristalle gebunden bzw. mit diesen räumlich verknüpft.
Und sie haben, bei aller Vorsicht, zumindest optisch eine erstaunli-
che Ähnlichkeit mit irdischen Nanobakterien, die man unter ande-

rem in tiefen irdischen Gesteinsschichten findet. Die wurmförmigen Gebilde schließlich gleichen Fadenbakterien, auch wenn ihre irdischen Gegenstücke in der Regel etwa zehnmal größer sind. Extraterrestrische Fossilien? Bakterien vom Mars? Haben wir hier die ersten Fotos außerirdischer Lebensformen, auch wenn es sich »nur« um Mikroben handelt? Selbst McKay ist vorsichtig: »Wir haben noch keine weiteren, unabhängigen Daten, wir haben noch keine Bilder, die Zellwände zeigen oder für Zellen charakteristisches internes Material. Wir können noch nicht *beweisen*, daß das Fossilien sind.« Doch die räumliche Nähe zu den anderen biologischen Indikatoren, auch das macht die Gruppe um McKay deutlich, legt eine solche Interpretation zumindest nahe.

Alles in allem ist die Indizienkette für die Anwesenheit biologischer Elemente in ALH 84001 doch sehr überzeugend: Die Karbonatglobulen könnten als Kolonien für Bakterien gedient haben, in denen sie sich vermehrten und die ihnen als Lebensraum dienten. Biomineralische Marker sind in Form der Magnetite ebenso vorhanden wie organische Biomarker in Form der PAHs. Es gibt Hinweise auf ungewöhnliche, jedoch stabile Kohlenstoffisotopenmuster, die gewissermaßen als »Fingerabdrücke« biologischer Aktivität gelten. Schließlich haben wir Fotos von ei- und zylinderförmigen Strukturen, die – abgesehen von ihrer geringeren Größe – vollständig bestimmten irdischen Bakterienarten, nämlich den sogenannten Nanobakterien, entsprechen.

Was wir bislang nicht besitzen, sind Aufnahmen von Zellwänden, und damit fehlt der sichere Nachweis dafür, daß es sich bei diesen Strukturen tatsächlich um fossilisierte Überreste einstiger Lebewesen handelt. Diesen Nachweis zu führen, wird sehr schwierig werden, weil Zellwände solcher Bakterien noch sehr viel kleiner sind als die Bakterien selbst und daher auch mit einem Elektronenmikroskop nur unter äußerst günstigen Bedingungen zu erfassen sind. Immerhin schon einen Monat nach der NASA-Pressekonferenz am 7. August gab es neue Enthüllungen. Auf einer Anhörung des Unterausschusses für Luft- und Raumfahrt des amerikanischen Repräsentantenhauses am 12. September 1996 gab David McKay bekannt, nun in Zusammenarbeit mit weiteren Forschern »andere Arten mikroorganismenähnlicher Formen« entdeckt zu haben. Auf Vorschlag von Kollegen hatte er die entsprechenden Stellen mit

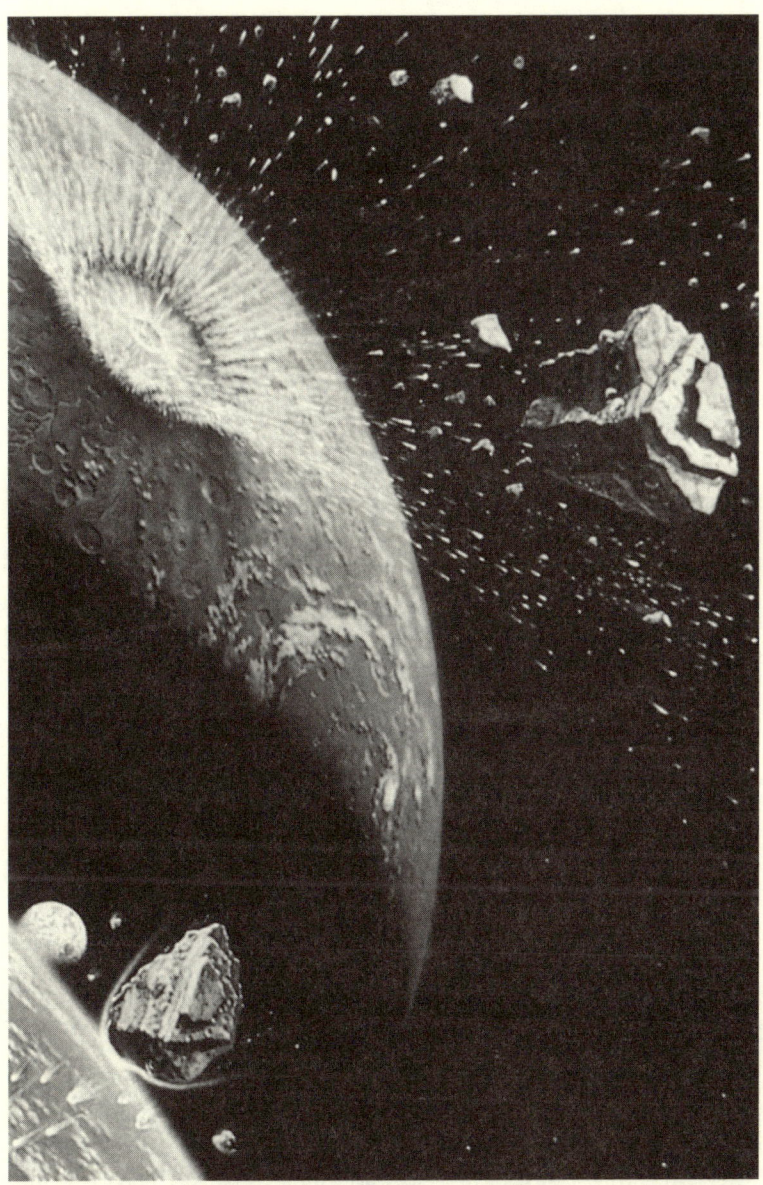

Meteoritenimpakt auf dem Mars. Große Felsblöcke werden dabei aus der Kruste geschlagen. Bei sehr flachen Einschlägen können einzelne Steine so beschleunigt werden, daß sie ins Weltall gelangen. ALH 84001 ist einer von ihnen. *(Quelle: NASA/DLR)*

einer speziellen Flüssigkeit angeätzt, was die Strukturen bei der Betrachtung unter dem Elektronenmikroskop noch besser hervortreten ließ. Gefunden wurden dabei »schichtartige hohle Sphären, erstaunliches Material, das Membranen ähnlich ist und mit Zellstruktur verwandt sein könnte und andere außergewöhnliche Dinge«. Wochen nach der Veröffentlichung in SCIENCE habe man auch »noch keine andere vernünftige Interpretation gesehen, die alle Daten übereinstimmend erklären würde. Wir sind deshalb der Meinung, daß unsere Auffassung, es mit fossilem Leben zutun zu haben, nach wie vor die vernünftigste Erklärung ist.«

Ein kritischer Einwand kommt allerdings von Seiten der organischen Chemie: Es gibt nämlich keinerlei feststellbare biochemische Beeinflussung des Schwefels in ALH 84001, obwohl gerade dies für Bakterien charakteristisch wäre. Im Gegenteil – das Verhältnis der beiden Schwefelisotope ^{32}S zu ^{34}S, das Hinweise auf eine solche Aktivität gibt, zeigt eindeutig in die *entgegengesetzte* Richtung.

Doch ist ein solches Argument zum Ausschluß organischer Tätigkeit wirklich angebracht? Wir wissen bislang so gut wie nichts über die Biochemie möglicher einstiger Marsmikroben. Vielleicht wirkte sich diese Aktivität dort ganz anders aus als auf der Erde? Leben auf dem Mars, an eine andere Umwelt angepaßt als Bakterien auf dem Blauen Planeten, trat vielleicht in einer uns völlig fremdartigen Form mit seiner Umgebung in Wechselwirkung. Gerade an diesem Punkt – also den möglichen *Unterschieden* zwischen der Biologie auf der Erde und der auf dem Mars – läßt sich eventuell der andersartige, eben wirklich *extraterrestrische* Charakter der biogenen Meteoriteneinschlüsse festmachen. Das wäre für Biologen ein unglaublicher, unerwarteter Fundus neuer Daten: Zum ersten Mal könnten sie, völlig abgetrennt von der irdischen Lebenswelt, Vergleiche zu einer fremden Form ziehen. Erst dann wären bestimmte wichtige »Ortsbestimmungen«, bestimmte Aussagen über uns selbst wirklich möglich.

Weitere Argumente gegen eine biologische Deutung beziehen sich auf das Alter des Meteoriten. McKay und sein Team gehen aufgrund ihrer Messungen davon aus, daß das vulkanische Gestein, aus dem der Meteorit aufgebaut ist, vor knapp 4,5 Milliarden Jahren und damit unmittelbar nach der Entstehung des Mars erkaltet ist. Andere meinen hingegen, es sei nur 1,3 bis 1,4 Milliarden Jahre alt.

Dies ist insofern problematisch, als manche Forscher der Auffassung sind, zu dieser späten Zeit habe es kein flüssiges Wasser mehr auf dem Mars gegeben, und sicher harrt die »Altersfrage« noch einer endgültigen Lösung. Andererseits kann man annehmen – und wir werden dies im vierten Kapitel noch näher betrachten –, daß auf dem Mars immer wieder Ereignisse eingetreten sind, bei denen Wasser zumindest kleine Teile der Oberfläche bedeckte. Vor allem durch Vulkanismus angetriebene Wasserzirkulationen in der Kruste fanden mit Sicherheit auch vor einer Milliarde Jahren noch statt, so daß selbst ein geringeres Alter nicht gegen biologische Aktivität im Marsgestein sprechen würde.

Andere Details deuten ebenfalls in diese Richtung. Dr. Harry McSween, der zusammen mit seinem Kollegen Dr. Ralph Harry kurz vor der SCIENCE-Veröffentlichung in der nicht minder renommierten britischen Wissenschaftszeitschrift NATURE die Auffassung vertreten hatte, die Karbonatglobulen seien bei einem durch Meteoriteneinschlag erzeugten Schockeffekt entstanden, räumte unterdessen ein, daß die biogene Interpretation eigentlich auch recht gut ins Bild passe: »An Biologie hatten wir damals einfach nicht gedacht, sonst wäre der Artikel in NATURE ein wenig anders ausgefallen. Bakterien sind in der Lage, äußerst erstaunliche Dinge zu tun, und manchmal bilden sie Mineralien, die dort sonst eigentlich gar nicht vorkommen würden.«

Auch ein anderes Meßergebnis muß heute wohl in einem etwas differenzierteren Licht gesehen werden. Der Chemiker Dr. Clark Chapman von der Arizona-Universität hatte im März ebenfalls in NATURE eine Arbeit veröffentlicht, in der er starke Zweifel an der Mars-Herkunft von ALH 84001 äußerte. Er hatte entsprechende Kohlenstoffisotopenmessungen sowohl an diesem als auch an anderen SNC-Meteoriten durchgeführt und fand so unerwartet hohe Anteile eines bestimmten Isotops, daß er meinte, diese Steine könnten nicht vom Mars, sondern müßten von irgendeinem anderen Planeten stammen. Doch eine andere Möglichkeit für den hohen Wert wäre – organische Aktivität! Chapman selbst hatte eine solche Möglichkeit mit dem Redakteur von NATURE besprochen. Aber weil Leben auf dem Mars im März 1996 noch völlig indiskutabel war, ließ man dies als Alternative einfach unter den Tisch fallen ...

So, wie es im Moment aussieht, wurde ALH 84001 vor etwa 15 Millionen Jahren durch den Einschlag eines anderen Meteoriten aus der obersten Gesteinsdecke des Mars gelöst. Aus der Mechanik solcher Einschläge weiß man, daß dafür sehr flach auftreffende Meteoriten notwendig sind, die dann nicht runde, sondern langgestreckte Krater erzeugen. Die Auswurfmassen werden nicht gleichmäßig um das Einschlagloch verteilt, sondern in Form von Schmetterlingsflügeln nach beiden Seiten verteilt. Insofern sind diese sehr seltenen Einschläge gut auf den Oberflächen anderer Planeten auszumachen. Auf der Erde kennt man bislang nur einen derartigen Krater (bzw. eine ganze Kraterkette), die man vor wenigen Jahren in Argentinien entdeckt hat.

Auch der Mars besitzt solche Einschlagstrukturen. Welche von ihnen kämen als »Startplatz« für ALH 84001 in Frage? Der Krater muß nicht nur langgestreckt sein, er muß auch relativ jung sein (15 Millionen Jahre sind, geologisch gesehen, sehr wenig), er muß in »altem Gelände« liegen, weil das Meteoritengestein selbst ja 4,5 Milliarden Jahre alt ist, und er muß einem größeren, ebenfalls sehr alten Krater benachbart sein, weil sich im Inneren von ALH 84001 Schockwellenspuren eines solchen Einschlags fanden. Ideal wäre es, wenn sich in seiner Umgebung auch Hinweise auf die Aktivität von Wasser finden ließen, etwa alte, ausgetrocknete Flußsysteme. Eine inzwischen an der *University of Central Florida* durchgeführte Suche zeigt, daß dafür nur zwei Krater in Frage kommen: eine 23 x 14,5 km große Struktur im *Sinus Sabaeus* und eine 11 x 9 km große Struktur in der *Hesperia Planitia*, beide auf der südlichen Marshalbkugel gelegen.

Natürlich taucht in diesem Zusammenhang die Frage auf, ob nicht zum Beispiel ein Meteorit wie ALH 84001 das Leben überhaupt erst zur Erde gebracht haben könnte, daß wir also von Organismen abstammen, die gar nicht auf unserem Planeten entstanden sind, sondern auf dem Mars. Nach dieser Version wären *wir* eigentlich »Marsianer«. Oder ob »Lebensmeteorite« von der Erde zum Mars gelangten und dort die Evolution in Gang setzten, die dort später in den Kinderschuhen stecken blieb. Tatsächlich haben Berechnungen gezeigt, daß ein solcher Fall möglich wäre, daß also einschlagende

Meteoriten auf der Erde Teile des ausgeworfenen Gesteins so beschleunigen könnten, daß sie in den Weltraum entweichen würden. Allerdings wäre es dann wahrscheinlicher, daß sie nicht ins äußere Sonnensystem stürzten, sondern in Richtung auf die Sonne. Steinerne Boten von der Erde sollte man also eher auf der Venus oder dem Merkur finden als auf dem Mars.

Noch ist nicht zweifelsfrei bewiesen, daß es einst Leben auf diesem Planeten gab. Doch es ist wahrscheinlicher als je zuvor. Wie mag dieses Leben entstanden sein? Welche Umweltbedingungen herrschten damals auf dem Mars? Welche Vorstellungen hat man heute überhaupt von der Geburt des Lebens auf unserer Erde? Könnte es sein, daß zumindest einige Mikrobenarten auf dem Mars »überlebt« haben und noch heute existieren? Wie sind in diesem Zusammenhang die Daten der beiden *Viking*-Sonden von 1976 zu bewerten? Welche Möglichkeiten zeichnen sich ab, solche Fragen in den kommenden Jahren zu klären, durch weitere Sonden etwa oder sogar durch eine bemannte Mission? Wie schließlich reagieren wir – die Öffentlichkeit, die Politiker, die Wissenschaftler – auf eine Entdeckung wie diese und wie wird sich dadurch unser Weltbild verändern?

Fragen, die einer Antwort bedürfen. Fragen, die wichtig sind, wichtig für uns alle, für unser Selbstverständnis als intelligente Lebensform auf diesem Planeten, für unsere Stellung im All und die Vorstellungen, die wir uns davon machen. Wir werden im folgenden phantastische Zeitreisen unternehmen, die uns in die fernste Vergangenheit unserer eigenen Welt entführen, in die Geschichte des Mars und schließlich in unsere Zukunft, eine Zukunft, in der sowohl unser Planet als auch der Mars, unsere rötlich am Himmel schimmernde Nachbarwelt, zwei unterschiedliche, aber gleichermaßen wichtige Rollen spielen werden.

Doch am phantastischsten wird die Reise in die Biosphäre unserer eigenen Lebenswelt sein, und in die Biosphäre des Mars. Denn auch dieser Planet war einst – darauf deutet nun vieles hin – ein Planet des Lebens.

Und *vielleicht* ist er es sogar noch heute ...

II

Katastrophaler Beginn

Chaos im
Sonnensystem

Das Universum startete mit einem Paukenschlag. Vor etwa 12 bis 17 Milliarden Jahren entstand aus einer winzig kleinen, extrem verdichteten Energiekonzentration all das, was wir heute um uns sehen. Beim »Big Bang« wurde jedoch nicht nur die Materie geschaffen, sondern auch Raum und Zeit. Seither dehnt sich das Universum in das umgebende Nichts hinein aus, und die Frage, ob es eines Tages wieder in sich zusammenstürzen oder ob diese Ausdehnung in alle Ewigkeit weiter andauern wird, ist eine der fundamentalsten Fragen der modernen Kosmologie.

Natürlich ist der Begriff »Big Bang« *(Großer Knall* oder *Urknall)* nur eine Metapher, denn bei der Geburt des Alls gab es kein Medium, in dem man einen Knall hätte hören können. Wir haben Schwierigkeiten, uns das absolute Nichts vorzustellen, weil wir damit zumindest einen leeren Raum assoziieren. Aber das Nichts und das Vakuum zwischen den Sternen sind völlig verschiedene Dinge. Ganz am Anfang gab es nur diese Singularität, wie die Physiker es nennen, und das Nichts.

Wie oder warum diese Singularität aus hochverdichteter Energie zur »Zündung« gebracht wurde, darüber können wir nur Mutmaßungen anstellen. Möglicherweise werden wir es nie erfahren, denn es ist sehr schwierig, den Anfangszeitpunkt Null zu berechnen. Bis auf wenige billiardstel Sekunden haben sich Physiker und Astronomen mit Hilfe ihrer Gleichungen an diesen Punkt herangetastet, aber die Singularität selbst mathematisch zu erfassen, ist so gut wie unmöglich.

In der ersten Zeit nach dem Urknall war unser Universum eine kochendheiße Blase, ein energiereicher Quantenbrei, der sich mit

Lichtgeschwindigkeit nach allen Richtungen hin ausbreitete. Die Temperatur in dieser Blase ist kaum nachzuvollziehen: Sie betrug mehr als 10^{28} Grad (eine 1 mit 28 Nullen)!

Seltsamerweise muß es in dieser sich vergrößernden Blase Unregelmäßigkeiten gegeben haben. Wir wissen dies, seit im Jahr 1992 mit Hilfe des Röntgensatelliten COBE ein Widerhall dieser Unregelmäßigkeiten in der sogenannten kosmischen Hintergrundstrahlung festgestellt wurde. Diese Strahlung ist der letzte, heute noch »sichtbare« Rest des Urknalls. Sie bildet die äußerste wahrnehmbare »Grenze« unseres Universums und gewissermaßen die sich abkühlende Front dessen, was von der Energieblase des Ur-Universums noch übrig geblieben ist. Entdeckt wurde sie – mit Hilfe der Radioastronomie –, weil sie noch immer um etwa 3°Kelvin wärmer ist als das absolute Vakuum.

Mit Hilfe von COBE konnten nun aber geringfügige Schwankungen in dieser 3°K-Kugelhülle nachgewiesen werden, und das kann nur bedeuten, daß – allen vorherigen theoretischen Annahmen zum Trotz – diese Fluktuationen auch schon im frühesten Universum geherrscht haben müssen. Frühestes Universum bedeutet in diesem Fall bis zu 10^{-35} Sekunden nach dem Urknall (das ist der Bruchteil einer Sekunde, der sich ergibt, wenn man den Wert 1 durch eine 1 mit 35 Nullen teilt). Durch die Unregelmäßigkeiten wurden damals die Grundlagen für die späteren Galaxien gelegt, die Galaxienhaufen und die großen strang-, wand- und klumpenähnlichen Strukturen, zu denen sich diese Galaxien aufbauen. Hätte es die Unregelmäßigkeiten nicht gegeben, wäre alle Materie vermutlich völlig gleichmäßig verteilt worden, und es ist fraglich, ob es überhaupt zur Bildung von Sternen hätte kommen können.

Damals jedenfalls waren Materie und Energie noch nicht entkoppelt, ja selbst die vier physikalischen Grundkräfte – die starke und die schwache Kernkraft, die Gravitation und die elektromagnetische Kraft – bildeten noch eine Einheit. Viele Probleme, auf die Kosmologen heute bei der Erklärung gewisser Strukturen und Charakteristika unseres Universums stoßen, haben ihren Ursprung in diesen ersten 10^{-35} Sekunden nach Punkt Null.

Eines dieser Probleme ist die Tatsache, daß einige Regionen im Universum so weit auseinanderliegen, daß sie – außer im Zeitpunkt Null – nie miteinander in Kontakt gewesen seien können und trotzdem über identische Informationen verfügen bzw. nach diesen Informationen aufgebaut sind. Dies ist mit dem »Standard-Urknallmodell« nicht erklärbar.

Der Astrophysiker Dr. Allen Guth schlug daher Anfang der achtziger Jahre eine Variante vor, nach der sich das Universum in seiner frühesten Phase sehr schnell ausdehnte, gewissermaßen inflationär »ins Leben trat«. Diese Phase war sehr kurz, das Universum wuchs in dieser Zeit nur auf etwa einen Meter an. Doch nach dem Inflationsmodell von Guth hätte dieser extrem kurze Zeitraum ausgereicht, um Informationen zu verteilen und andererseits bereits bestehende Fluktuationen zu verstärken. Diese Fluktuationen bildeten dann später die Keimzellen der Galaxien.

Etwa 300 000 Jahre danach (das Universum hatte zu diesem Zeitpunkt einen Durchmesser von 300 000 Lichtjahren und war damit etwa dreimal so groß wie unsere heutige Galaxis, die Milchstraße) geschah etwas für unser Weltall Entscheidendes. Es wurde durchsichtig. Die Temperatur war auf etwa 3 000°C gesunken, und das ist der Bereich, in dem sich das einfachste aller Atome, der Wasserstoff, bilden kann.

Bis schließlich Sonnen erstrahlten, die dann – gewissermaßen als gewaltige Atomöfen oder Kernreaktoren – ihrerseits das nächstschwerere Element Helium und alle anderen Elemente ausbrüten konnten, vergingen Hunderte von Jahrmillionen. Die Galaxien, meist gewaltige scheibenförmige Ansammlungen von Milliarden von Sonnen, entfernen sich seither mehr und mehr voneinander, und es ist nach wie vor ungeklärt, ob diese Bewegung bis in alle Ewigkeit fortdauern wird und das Weltall in einem »kalten« Zustand endet, nämlich dann, wenn sämtliche Sonnen ausgebrannt sind, oder ob der Ausdehnungsprozeß irgendwann zum Stillstand kommen und sich umkehren wird. In diesem Fall eines geschlossenen Universums würden die Galaxien wieder näher zusammenrücken, die Sterne wieder miteinander verschmelzen, und alles würde in einem einzigen »schwarzen Loch«, einer weiteren Singularität, enden. Oder neu beginnen, denn möglicherweise oszilliert unser Universum und wird im Abstand von vielleicht 30 oder 40 Milliarden Jahren immer wieder neu geschaffen.

Unsere Sonne und unser gesamtes Sonnensystem ist etwa 4,57 Milliarden Jahre alt. Das entspricht weit weniger als der Hälfte der Zeit seit Entstehung des Universums, und wir können daraus den Schluß ziehen, daß unser Zentralgestirn sicher nicht zur ersten Generation von Sonnen im Universum gehört.

Tatsächlich kennen wir zwei Sternpopulationen in den Galaxien: Populationen vom Typ I, die relativ jung sind und die man eher in den Spiralarmen einer Milchstraße findet und solche vom Typ II, die wesentlich älter sind und sich eher im Zentrum konzentrieren. Die Population-II-Sterne scheinen nun eine sehr wichtige Vorarbeit für die Sonnen der zweiten Generation geliefert zu haben: Sie stellten in ihrem Inneren durch nukleares Brennen aus leichteren Elementen die für uns so wichtigen schweren Elemente her, insbesondere aber Sauerstoff und Kohlenstoff, die für biologisches Leben größte Bedeutung haben. Wenn sie im Endstadium ihrer Entwicklung Teile ihrer Gashülle verlieren oder sogar in Supernovaexplosionen sämtliches Material aus ihrem Kern hinaus in das Weltall verteilen, liefern Population-II-Sterne die Baumaterialien für die ihnen nachfolgenden Himmelskörper. Auch wir selbst haben letztlich davon profitiert, denn alle Stoffe, aus denen unser Körper besteht, wurden vor Jahrmilliarden im Innern gewaltiger Sterne synthetisiert, wurden unter unglaublichen Druck- und Temperaturbedingungen nuklear »zusammengebraut«.

Wenn wir mit bloßem Auge oder mit einem Teleskop hinaus ins All blicken, dann erscheint uns der Raum zwischen den Sternen leer, ein tiefschwarzes Vakuum ohne jegliche Materie. Das ist aber nicht ganz richtig. Pro Kubikzentimeter ist auch in diesem »Vakuum« im Durchschnitt etwa ein Atom vorhanden, an einigen Stellen ist diese Konzentration sogar weit höher (bis zu zehntausend Teilchen pro Kubikzentimeter) und formiert sich zu regelrechten interstellaren Staub- und Molekülwolken. Diese Wolken bestehen größtenteils aus den versprengten Resten früherer Sterne, aus ihnen werden aber auch neue Sonnen geboren, und so bilden sie ein Zwischenstadium zwischen Vergehen und Werden, zwischen Tod und Geburt einer neuen Sternengeneration.

Interstellare Wolken sind aber – genau wie die gesamte Galaxis – keine starren Gebilde. Zusammen mit den Sternen rotieren sie um das Zentrum der Milchstraße. Sie geraten auf diese Weise in wechselnde Gravitationsfelder und damit in Bewegung. Zwei verschiedene Wolken können einander begegnen, der Lichtdruck, ausgelöst durch die Photonen naher Sterne, vermag zu gerichteten Bewegungen innerhalb der Wolke führen; Supernovaexplosionen naher Sonnen schließlich können Schockwellen auslösen, die die Wolke durchlaufen. Diese Wellen schieben dann die einzelnen Gaspartikel (meist Wasserstoff) und die kleinen Körnchen interstellaren Staubs zusammen.

Die Folge davon ist, daß sich in bestimmten Bereichen der Wolke diese Teilchen anzusammeln beginnen. Man kann sich fast ausrechnen, was dann passiert: Die Konzentration nimmt aufgrund der sich entwickelnden und stärker werdenden Gravitation zu, bis ein Punkt erreicht ist, an dem sich die Wolke aus eigener Kraft heraus zusammenzuziehen beginnt. Die Prozesse, die dabei ablaufen, sind noch nicht vollständig verstanden, es muß aber bereits hier zu Konvektionsströmungen kommen, mit denen Wärme aus dem Zentrum der zusammenfallenden Wolken nach außen transportiert wird.

Dann kommt es zum Kollaps. Die Wärmeenergie verlierende Wolke stürzt, einem »erschreckten« Hefeteig nicht unähnlich, in sich zusammen. Damit steigen Druck und Temperatur im Inneren dramatisch an. Zu irgend einem Zeitpunkt – abhängig von der insgesamt in der betreffenden Wolke zur Verfügung stehenden Materie – sind die Werte so hoch, daß ein völlig neuer Prozeß in Gang gesetzt wird. Während die kontrahierende Wolke ihre Wärme noch aus der sich verstärkenden Gravitation bezog, wird nun die Energie schlagartig aus einer ganz anderen Quelle gespeist: Der thermonukleare Brennprozeß wird in Gang gesetzt, der junge Stern erstrahlt.

Die Bewegungen in einer kollabierenden Wolke sind aber nicht nur zum Zentrum hin gerichtet. Andere Kräfte zwingen die einzelnen Partikel zu zunächst langsamen, dann sich immer weiter verstärkenden Rotationsbewegungen um die Protosonne, später auch um den aufleuchtenden Stern. Dabei zieht sich die Wolke immer weiter zusammen, bewegt sich immer schneller und plattet sich dadurch ab: eine Voraussetzung für die Entstehung des späteren Planetensystems.

Inzwischen sind wir in der glücklichen Lage, solche Akkretionsscheiben auch tatsächlich am Himmel nachweisen zu können. Die erste Entdeckung gelang 1983 mit dem Infrarotsatelliten IRAS bei dem mit dem bloßen Auge gut sichtbaren Stern Vega und kurz darauf bei Beta Pictoris, dem bislang am besten erforschten protoplanetaren System.

Die Entdeckung durch Dr. Bradford Smith vom Institut für Planetologie der Universität Arizona und Dr. Richard Terrile vom *Jet Propulsion Laboratory* der NASA in Pasadena wurde im Dezember 1984 in SCIENCE veröffentlicht. Seither haben viele Astronomen den Staubdiskus untersucht und in den verschiedensten Wellenlängen analysiert. Der Diskus hat einen Durchmesser von etwa 400 Astronomischen Einheiten (1 AE ist die Distanz Erde – Sonne, also etwa 8 Millionen Kilometer) und ist damit zwanzigmal so groß wie unser Sonnensystem bis zur Plutobahn. Er besteht im wesentlichen aus kleinsten Staubpartikeln silikatischer Zusammensetzung, ein wichtiger Hinweis im Hinblick auf unser eigenes Sonnensystem, bauen sich doch insbesondere die inneren Planeten Merkur, Venus, Erde und Mars zu einem Großteil aus solch silikatischem Material auf.

Aber mehr noch: Inzwischen konnten nicht nur Kometen bzw. eine ganze Kometenwolke um Beta Pictoris festgestellt werden, sondern auch zwei Lücken innerhalb der Akkretionsscheibe. Daß sich ausgerechnet dort kein Material angesammelt haben sollte, ist aus himmelsmechanischen Gründen unwahrscheinlich. Weit glaubhafter ist die Vermutung, daß die Lücken Stellen innerhalb des Staubdiskus repräsentieren, in denen es bereits zur Bildung von Protoplaneten gekommen ist. Dort würden also gerade entstehende Planeten, darunter zumindest einer im Größenbereich zwischen einem Zwanzigstel und dem Zwanzigfachen der Jupitermasse, kleinste Gesteinskörner und Gasmoleküle an sich ziehen und auf diese Weise wie gigantische Staubsauger die Bereiche um sich herum »leerfegen«.

Dies entspricht recht gut den theoretischen Überlegungen von der frühen Entwicklung unseres eigenen Sonnensystems, und in der Tat hat man inzwischen nicht nur bei Beta Pictoris, sondern bei einer ganzen Reihe weiterer junger Sterne solche Staubscheiben nachweisen können, insbesondere im Orionnebel, der als Brutstätte eines kompletten Sternenhaufens etwa gleichalter Sonnen und Protosonnen gelten kann. Etwa vierzig Prozent aller jungen Sterne dort sind von Staub- und Gasscheiben umgeben. Der Astronom Dr. Robert O'Dell vermochte erstmals vor vier Jahren, fünfzehn von ihnen mit Hilfe des *Hubble Space*-Teleskops zu photographieren. Er präsentierte seine Entdeckung am 16. Dezember 1992 auf einer NASA-Konferenz. Sämtliche Staubscheiben kreisen um Sterne, die

Gas- und Staubwolken, viele Male größer als unser eigenes Sonnensystem, im Adler-Nebel. Junge, gerade »geborene« Sterne erhellen die Wolken von innen und lassen deren räumliche Struktur deutlich werden. *(Quelle: NASA/DLR)*

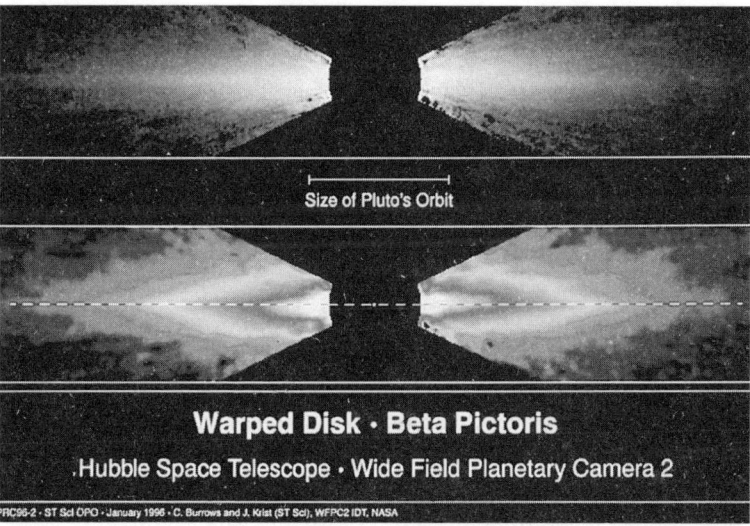

Der Staubdiskus um Beta Pictoris, aufgenommen in verschiedenen Spektralbereichen vom *Hubble-Space*-Teleskop. Der schwarze Bereich im Zentrum ist die für die Photos ausgeblendete junge Sonne Beta Pictoris, die andernfalls das gesamte Bild überstrahlen würde. *(Quelle: NASA/DLR)*

unserer Sonne von Aufbau und Größe her sehr ähnlich sind (sogenannte G2-Sterne). Offenbar fällt bei vielen von ihnen noch immer Materie ins Zentrum und wird dort vom aufstrahlenden Stern verschluckt. Einige dieser Staubscheiben sind deswegen gut zu erkennen, weil sie sich als dunkle Silhouetten von den leuchtenden Gasen des Orionnebels abheben, andere, weil sie von nahen Sternen erleuchtet werden.

Innerhalb der letzten eineinhalb Jahre ist es schließlich sogar gelungen, bei fernen Sonnen Planeten zu entdecken. Zwar hat man noch keine Photos dieser Welten, aber ihre Existenz verrät sich durch geringfügige Schwankungen des jeweiligen Zentralgestirns. Als erstes wurde ein Planet bei 51 Pegasi entdeckt, dann folgten in rascher Folge bislang fünfzehn weitere, acht davon gelten inzwischen als »sicher«. Sie alle sind wenigstens so groß wie unser Jupiter, denn kleinere Welten wie die Erde üben auf ihre Sonne einen so geringen Effekt aus, daß man ihn zumindest derzeit noch nicht messen kann. Man kann aber wohl davon ausgehen, daß diese »Jupiter« nicht die einzigen Planeten in ihrem Sonnensystem sind und daß auch andere Welten, die hinsichtlich ihrer Größe und Masse den inneren Planeten unseres Systems gleichen, um diese fernen Sonnen kreisen.

Dies legt nahe, die Entwicklung von Sonnensystemen als ganz gewöhnlichen Vorgang zu betrachten, wobei Planeten gewissermaßen das »Abfallprodukt« eines solchen Prozesses darstellen. Auch die Verteilung der Materie macht dies deutlich: Der protoplanetare Nebel unseres Systems vereinigte lediglich 0,03 % der Gesamtmasse in sich, die Sonne zog 99,97 % auf sich. Heute ist das Verhältnis sogar noch extremer. Die Masse aller Planeten, Monde und Asteroiden beträgt weniger als 0,01 %.

Wie aber können wir uns die Bildung der Planeten nun vorstellen? Sie fallen ja nicht vom Himmel beziehungsweise aus der rotierenden Akkretionsscheibe und sind von einem Tag auf den anderen einfach »da«. Der Prozeß ist eher ein langsamer, obwohl er in gewisser Weise natürlich dem Kontraktionsprozeß jenes Sterns entspricht, den der entstehende Planet umkreist.

Aus theoretischen Überlegungen ebenso wie aus dem Studium der Meteoriten, die – von den Mond- und Marsmeteoriten abgesehen – zu den ursprünglichsten Körpern des Sonnensystems zählen, ergibt sich, daß am Anfang einzelne Minerale aus der heißen Nebelscheibe kondensierten, so wie wir es derzeit bei den Staubdisken im Orionnebel beobachten können. Solche Vorgänge kennen wir im Prinzip gut. Sie gleichen grundsätzlich jenen, die man bei Auskristallisationsprozessen in abkühlenden magmatischen Intrusionskörpern – etwa Graniten – tief im Erdinneren zwar nicht direkt beobachten, aber doch anhand der Endprodukte und inzwischen auch experimenteller Untersuchungen nachvollziehen kann. Auch bei chemischen Lösungen im Labor fallen unter bestimmten Bedingungen – etwa abnehmender Temperatur – Verbindungen aus, und im Alltagsbereich kennen wir dergleichen, wenn wir an kühlen Tagen vor die Tür treten: Liegen die Temperaturen noch knapp über dem Gefrierpunkt, regnet es, sinken die Temperaturen weiter, fällt das in den Wolken kondensierte Wasser als Schnee herab zur Erde.

In der protoplanetaren Staub- und Gasscheibe lagen die Temperaturen natürlich viel höher, bei wenigstens 1 800°C. Aber das sind letztlich rein theoretische Annahmen, weil wir über die exakte Verteilung der Materie in der Akkretionsscheibe nichts wissen und daher Temperaturen und Druckverhältnisse nur in etwa abschätzen können. Es dürfte aber klar sein, daß bestimmte Elementverbindungen, nämlich solche mit hohen Verdampfungstemperaturen, zuerst ausgefallen sind und erst ganz zum Schluß die leichtflüchtigen, etwa Wasser, das bei der Bildung insbesondere des äußeren Sonnensystems eine nicht unwesentliche Rolle spielte.

Damit war bereits ein entscheidender Schritt in der Entwicklung des Planetensystems getan, denn nun lagen die zwar sehr kleinen, aber doch notwendigen Bausteine für die späteren größeren Körper vor. Es gibt nach wie vor zwei Erklärungsmodelle, wie es nach der Entstehung der einzelnen Mineralkörner weitergegangen sein könnte: Vorstellbar wäre, daß sich die einzelnen Partikel in Konzentrationspunkten zusammenfanden, aneinander festklebten, schließlich durch die wachsende Masse und damit die wachsende Gravitation gebunden wurden und weitere Materieteilchen an sich zogen. Ein anderes Modell nimmt an, daß auf diese Weise zunächst nur einige maximal hundert Kilometer durchmessende Körper geschaffen wurden, die dann ihrerseits zusammentrafen und auf diese Weise die großen Planeten bildeten. Solche Körper werden Planetesimale genannt.

Für die zweite Annahme spricht, daß wir Überreste solcher Planetesimale noch heute im Sonnensystem finden: die Asteroiden zwischen Mars und Jupiter. Die frühere Auffassung, es könne sich bei
diesen »kleinen Planeten« um die Trümmer eines explodierten
Himmelskörpers handeln, ist heute nicht mehr haltbar. Ein eigenständiger Planet hätte sich in der Umlaufbahn der Asteroiden nie
bilden können, weil die starken Gravitationskräfte Jupiters eine solche Entstehung unmöglich gemacht hätten.

Vielmehr geht man heute davon aus, daß Asteroiden die Überreste
von Planetesimalen sind. Aufgrund häufiger Kollisionen miteinander weitgehend zerstört, besitzt der größte, Ceres, einen Durchmesser von etwa achthundert Kilometern; lediglich achtzehn von ihnen
haben einen Durchmesser von mehr als einhundert Kilometern. Es
handelt sich um nur selten annähernd kugelförmige, meist unregel-
mäßig-länglich strukturierte Körper, von denen wiederum nur die
größten eine gewisse geologische Differenzierung erfahren haben.
Nur auf ihnen sind durch innere Aufheizung Elemente gravitativ
voneinander getrennt worden, so daß sich ein Eisen-Nickel-Kern
bilden konnte. Solche inzwischen größtenteils zerstörten Objekte
gelten als Mutterkörper der Eisen-Nickel-Meteoriten. Nebenbei
bemerkt gibt es durchaus Überlegungen auch darüber, daß zumindest einige Meteoriten, die die Erde treffen, gar nicht aus unserem
eigenen Sonnensystem stammen, sondern bei der Entstehung fremder Systeme ins All verteilt wurden und – nach einer viele Millionen Jahre dauernden Reise durch den interstellaren Raum –
schließlich in unsere Atmosphäre eingetreten sind.

Die meisten Meteoriten, die zur Erde fallen und von denen wir
annehmen können, daß sie ihren Ursprung in einstigen Asteroiden
des Hauptringes oder zumindest die Erdbahn kreuzenden Objekten haben, sind hingegen völlig undifferenziert und repräsentieren
damit die ursprünglichste Materie des Sonnensystems. Man nennt
sie Chondrite. Die Untersuchung ihrer Chemie ebenso wie die
spektrographisch gewonnenen Oberflächenzusammensetzungen
der Asteroide zeigen, daß sie, wenn auch in anderer Zusammensetzung, letztlich all jene Elemente enthalten, die wir auf der Erde
auch kennen.

Chondrite lassen sich in drei Gruppen unterteilen. Gemeinsam ist
allen, daß sie in der Regel aus kleinen Schmelzkügelchen aufgebaut

sind, den Chondren. Die Minerale Olivin, Pyroxen und die Feld-
spatgruppen, aus denen sie bestehen, sind auch auf der Erde die
häufigsten Gesteinsbildner, hinzu kommen bei einigen von ihnen
kalzium- und aluminiumreiche Einschlüsse, wieder andere verfügen über sehr exotische Minerale (die sogenannten Enstatit-Chon-
drite). Eine Ausnahme bilden die sehr seltenen kohligen Chondrite.
Von ihnen sind bislang nur fünf Exemplare bekannt. Dies liegt vermutlich weniger daran, daß sie im Sonnensystem so wenig in
Erscheinung treten, sondern daß sie, einmal zur Erde gefallen, sehr
schnell verwittern und dann nicht mehr aufgefunden werden.
Obwohl man sie zu den Chondriten zählt, enthalten sie keine
Chondren, sondern sind aus einer feinkörnigen Substanz aufgebaut,
die so flüchtige Elemente wie Wasser, Kohlenstoff und sogar organische Verbindungen enthält.
Bei den differenzierten Meteoriten hingegen muß bereits ein chemischer Trennungsprozeß abgelaufen sein. Achondrite enthalten
zwar die gleichen oder sehr ähnliche Minerale wie die Chondrite,
entstammen aber einer basaltischen Schmelzkruste. Eisen-Nickel-
Meteoriten und Stein-Eisen-Meteoriten setzen sich dagegen
weitgehend aus Metallen oder einer Mischung aus Metallen und
silikatischem Gesteinsmaterial zusammen. Sie müssen größeren
Mutterkörpern entstammen, auf denen bereits eine magmatische
Aktivität möglich war. Auch die Meteoriten, die von Mond und
Mars kommen, teilt man vorläufig den Achondriten zu, da sie wie
diese in einer basaltischen Oberflächenkruste entstanden sind,
also einen geologisch-chemischen Differenzierungsprozeß »erlebt«
haben.
Viele Meteoriten sind Brekzien. Man versteht darunter Gesteine,
die sich ihrerseits aus Trümmern anderer Gesteine zusammensetzen.
Es ist erwiesen, daß solche Brekzien nur durch wiederholte Zusammenstöße verschiedener Asteroiden entstanden sein können.
So vermögen wir also insbesondere anhand der Meteoriten beziehungsweise der Asteroiden die frühe Geschichte des Sonnensystems
zu rekonstruieren. Die einzelnen im protoplanetaren Nebel gebil-
deten Mineralkörnchen und Staubteilchen schlossen sich zu kleinen Kügelchen, den Chondren, zusammen, die dann ihrerseits wieder größere Objekte aufbauten. Wie diese Initialzusammenballung
von Staub unter den Bedingungen der Schwerelosigkeit funktio-

nierte, soll 1997 während eines Space-Shuttle-Fluges getestet werden. Dabei will man Staubpartikel zusammenstoßen lassen und beobachten, wie sie aneinander hängenbleiben, ein Experiment, bei dem die Verhältnisse im solaren Urnebel erstmals nach 4,6 Milliarden Jahren wieder in einer realistischen Umgebung nachvollzogen werden können.

Damals ging der Prozeß natürlich viel weiter, als man ihn jetzt zu simulieren vermag. Die Chondrenansammlungen wuchsen, weil immer mehr Partikel und bereits gebildete Chondren hinzukamen. Aufgrund der Gravitationsenergien und späterer thermonuklearer Energien spaltbarer Elemente wurde in einigen dieser zu Planetesimalen angewachsenen Körper so viel Wärme erzeugt, daß völlige oder zumindest partielle Aufschmelzungen in ihrem Inneren stattfanden. Derartige Prozesse zeitlich abzuschätzen, ist natürlich sehr schwierig, Modellrechnungen zeigen aber, daß dies wohl innerhalb von etwa 10 Millionen Jahren geschehen sein muß.

Viele dieser Planetesimale müssen bereits damals miteinander kollidiert sein; ihre Trümmer umkreisen heute im Asteroidenring die Sonne. Andere fanden sich zu noch größeren Körpern zusammen. Ihre Gravitation wuchs, sie zogen mehr und mehr Materie an sich, wuchsen weiter und bildeten schließlich die Protoplaneten des Sonnensystems. Hierfür werden nochmals etwa 100 Millionen Jahre veranschlagt.

Die wichtigste Kraft bei diesen Abläufen war fraglos die Gravitation. Je massereicher die Protoplaneten wurden, um so mehr Planetesimale fielen auf sie hernieder, als sie in den Anziehungsbereich der wachsenden Himmelskörper gerieten. Die ständigen Niederschläge von Objekten mit zum Teil vielen hundert Kilometern Durchmesser bewirkten aber auch eine zunehmende Aufheizung der jungen Planeten, so daß diese irgendwann vollständig aufgeschmolzen wurden und nur noch aus einem einzigen Magmakörper bestanden. Nun konnte eine Separation stattfinden: Schwere Elemente, insbesondere Eisen und Nickel, sanken gravitativ zum Zentrum hin ab, die leichtere Schlacke legte sich als Schicht darum herum. So wurden die Metalle zum Kern der Planeten, die aufgeschmolzenen silikatischen Gesteine zu ihrem Mantel. Erst später, als der starke Zustrom von Planetesimalen nachließ und die Oberfläche abkühlte, konnte eine Kruste entstehen.

Daß die Erde dennoch bis heute – eben bis auf diese dünne Kruste, die im Verhältnis weniger ausmacht als die Schale eines Apfels zu seinem Inneren – einen flüssigen äußeren Kern und einen flüssigen Mantel behalten hat, liegt nicht an der gespeicherten Energie aus der frühen Zeit des Sonnensystems, sondern am radioaktiven Zerfall langlebiger Isotope der Elemente Uran, Thorium und Kalium. Sie heizen auch heute noch das Innere der Planeten auf und sind so, jedenfalls auf der Erde, mit ausschlaggebend für zahlreiche geologische, oberflächengestaltende Prozesse.

Andere Planeten – insbesondere der Merkur, aber auch unser Mond – besitzen aufgrund ihrer geringen Größe eine viel mächtigere Kruste. Dort war zum Beispiel nie eine Plattentektonik möglich, wie wir sie auf der Erde kennen. Ausgehend von der »Kontinentalverschiebungstheorie« Alfred Wegeners haben Geologen und Geophysiker in den vergangenen Jahrzehnten das Bild eines Planeten entworfen, dessen Oberfläche in ständiger Bewegung ist. Die Ozeanböden reißen an verschiedenen Stellen auf; das riesige Band eines solchen Risses zieht sich von Nord nach Süd durch den Atlantik. Hier wird ständig neue basaltische Meereskruste gebildet, die die Kontinente Afrika, Europa und Asien auf der einen und Amerika auf der anderen Seite auseinandertreibt. Noch vor etwa 100 Millionen Jahren waren sämtliche Landmassen der Erde in einem Superkontinent vereinigt, der dann aufbrach und zerteilt wurde. Seither treiben die großen Schollen mit einer Geschwindigkeit von etwa einem Zentimeter pro Jahr auseinander.

Wenn irgendwo auf unserer Erde fortwährend neue Kruste produziert wird, die Erde selbst andererseits aber nicht größer wird, kann dies nur bedeuten, daß an anderen Stellen der Oberfläche Kruste auch wieder verschwinden muß. Tatsächlich gibt es solche Subduktionszonen, vor allem im Pazifik. Hier wird ozeanische Kruste unterhalb die kontinentale, im wesentlichen aus Granit und oberflächennah aus Sedimenten bestehende Kruste Südamerikas gedrückt. Mit anderen Worten: Der Atlantik öffnet sich, der Pazifik schließt sich.

Kontinente selbst können nicht versenkt werden. Das granitische Material ist leichter als der Basalt der Ozeanböden und schwimmt daher auf dem spezifisch schwereren Vulkangestein. Es ist also anzunehmen, daß in vielleicht noch einmal 100 Millionen Jahren die beiden amerikanischen Kontinente an Ostasien »angeschweißt« werden und damit erneut ein Superkontinent auf der einen und ein Superozean, ein riesiger Atlantik, auf der anderen Seite das Bild unseres Planeten prägen werden.

Wir wissen heute, daß die Erde bereits mehrere solcher Zyklen durchlaufen hat, aber seltsamerweise finden wir kaum Hinweise auf ähnliche Prozesse bei anderen Planeten. Insbesondere die Venus müßte, da sie der Erde hinsichtlich ihrer Größe sehr ähnlich ist, plattentektonisch gebildete Oberflächenstrukturen aufweisen. Dies ist aber, wie wir anhand von Radaraufnahmen der *Magellan*-Sonde gesehen haben, nicht der Fall. Es gibt zwar Vulkanismus auf der Venus, Zerrungs- und Dehnungstektonik, aber keine Verschiebung von Kontinentalplatten. Warum?

Offensichtlich bedarf es für die Plattentektonik zweier wesentlicher »Hilfsmittel«. Zum einen sind das große Konvektionsströme im Erdmantel: Heißes Material aus dem Bereich über dem flüssigen Teil des Kerns steigt auf, kühlt sich dabei ab und sinkt wieder in Richtung Erdmittelpunkt. Diese Bewegungen sind, auf die obersten Teile des Mantels und schließlich die Kruste übertragen, verantwortlich für die Bewegungen der Ozeanböden. Aber noch ein weiterer wichtiger Faktor scheint hinzuzukommen: das Vorkommen von Wasser. In den Subduktionszonen werden neben den Basalten auch große Mengen an Wasser in den Mantel versenkt, andere sind chemisch in den Gesteinen gebunden. Dieses Wasser dient offensichtlich als »Schmiermittel«, das die Prozesse im obersten Mantel beschleunigt.

Auf der Venus gibt es kein Wasser, auch scheint ihre Kruste mächtiger zu sein als die der Erde. Dennoch mußten die Planetologen überrascht erkennen, daß die Oberfläche der Venus von nur wenigen großen und darüber hinaus relativ jungen Kratern bedeckt ist. Sie sind alle nicht älter als 500 Millionen Jahre. Alte Einschlagstrukturen auf der Erde werden durch Verwitterung und plattentektonische Aktivität zerstört, man findet nicht allzu viele davon. Was aber ist der Grund dafür, daß es sie auch auf der Venus nicht gibt? Fraglos muß dieser Planet in seiner Frühzeit genauso von Meteoriten zerfurcht worden sein wie die anderen Welten des Sonnensystems auch. Wenn es auf der Venus aber weder Plattentektonik noch Erosion durch fließendes Wasser gibt – wohin sind all diese Krater verschwunden?

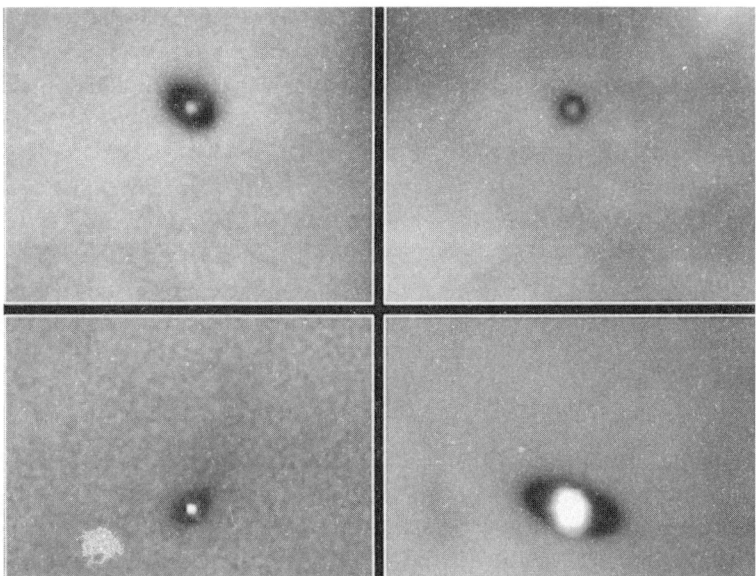

Zahlreiche protoplanetare Staubwolken hat man erst vor kurzem im Orionnebel entdeckt. Hier befindet sich eine regelrechte »Brutstätte« für junge Pla-
netensysteme. *(Quelle: NASA/DLR)*

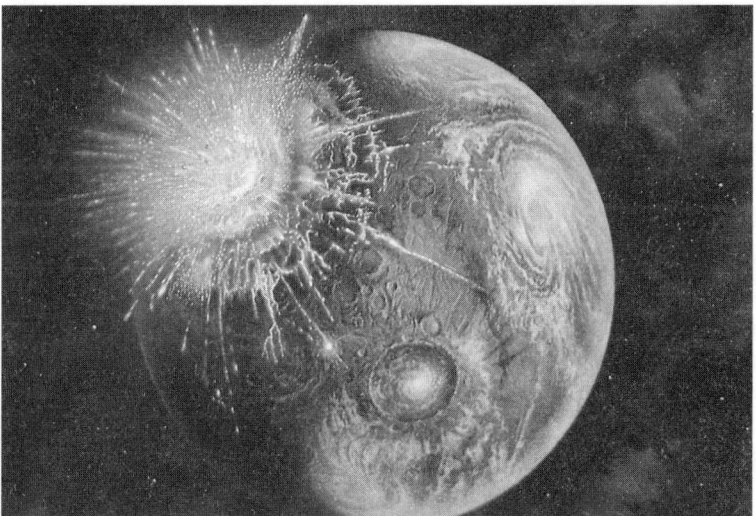

Megaimpakt auf der Erde. In der Frühzeit des Sonnensystems müssen alle
Planeten und Monde wiederholt solchen Katastrophen ausgesetzt gewesen
sein. *(Quelle: National Geographic Institution)*

Eine neue, fast schon unglaubliche, aber die Daten am besten erklärende Hypothese stammt von dem Geologen Prof. Don Turcotte von der Cornell-Universität. Er meint, daß sich die Oberfläche der Venus etwa alle 500 bis 1000 Millionen Jahre vollständig erneuert. Dann ist die thermische Energie unterhalb ihrer starren Kruste so angewachsen, daß es zu gewaltigen, mit Vulkanausbrüchen auf der Erde nicht vergleichbaren Eruptionen kommt. Die Kruste wird regelrecht zerlegt, zerstückelt, die einzelnen Segmente sinken in den Mantelbereich ab, bis die gesamte Venus vollkommen von einem Magmaozean bedeckt ist. Dann kühlt die Oberfläche wieder ab, es bildet sich neue Kruste und der Zyklus beginnt von vorn.

Demgegenüber sind die Oberflächen des Mondes und des innersten Planeten, des Merkur, sehr alt. Insbesondere der Merkur ist vollständig von Kratern bedeckt. Die allermeisten von ihnen stammen aus der frühen Zeit des Sonnensystems, als sich zwar bereits eine feste Kruste gebildet hatte, aber ein unaufhörlicher Meteoritenregen auf die Planeten niederging.

Die Mondoberfläche dagegen ist zweigegliedert. Wenn wir in einer klaren Nacht zu unserem Trabanten hinaufblicken, können wir deutlich helle und dunkle Bereiche unterscheiden. Die hellen Gebiete sind die alten, stark verkraterten Hochlandregionen des Mondes, die der Oberfläche des Merkur gleichen. Die dunklen Gebiete dagegen sind mit basaltischer Lava bedeckt und ein wenig jünger. Doch auch sie verdanken ihren Ursprung dem Einschlag gigantischer Meteoriten. Die dabei entstandenen beckenförmigen Krater wurden später von aufdringendem dunklen Magma aufgefüllt.

Es muß aber zu jener frühen Zeit, als die Erde und die anderen Planeten reine Magmakörper waren, noch weit gigantischere Einschläge gegeben haben. Und einer dieser Einschläge betraf ganz fundamental unseren Planeten, denn er schuf unseren Mond.

Nachdem Apollo-Astronauten erstmals Gesteinsproben vom Mond zur Erde gebracht hatten, rätselten Mineralogen und Chemiker über die offensichtliche Ähnlichkeit dieser Proben mit irdischem Mantelmaterial. Grundsätzlich gab es damals drei Theorien: Der Mond entstand als eigenständiger Planet und wurde von der Erde eingefangen; der Mond entstand zusammen mit der Erde aus dem gleichen Teil des solaren Nebels; der Mond ist ein »Kind« der Erde, das aufgrund der damals – verglichen mit heute – weit schnelleren Rotation unseres Planeten von diesem separiert wurde.

Keine der drei Theorien schien den Ergebnissen zu entsprechen, die nun vorlagen. Und erst mehr als ein Jahrzehnt später, nämlich 1987, gelang es drei Wissenschaftlern des *Los Alamos National Laboratory* in New Mexico und des *Harvard-Smithonian-Centers* für Astrophysik in Massachusetts, ein plausibles Modell vorzulegen. Insbesondere die Verbesserung der Computertechnologie hatte es ihnen ermöglicht, Simulationen zum Ursprung des Mondes durchzurechnen, und die Ergebnisse waren im wahrsten Sinne des Wortes »katastrophal«. Was nämlich Dr. Willy Benz, Dr. Wayne Slatterly und Prof. A.G.W. Cameron entdeckten, war, daß einst ein »Impaktor« von der Größe des Mars die Protoerde getroffen haben muß. Dabei verschmolz das Material des Impaktors zum Teil mit dem der Protoerde, gleichzeitig aber wurden große Mengen des Mantels unseres jungen Planeten herausgerissen und zusammen mit Restteilen des Impaktors in einen Orbit gezwungen. Dort sammelte sich dieses Material im Laufe einiger Millionen Jahre und vereinigte sich schließlich zu unserem Mond. Erst danach kühlten die Oberflächen der beiden Körper so weit ab, daß sich eine feste Kruste bilden konnte.

Der Merkur soll ein ähnliches Schicksal erlitten haben. Dieselben Forscher konnten aufzeigen, daß der unverhältnismäßig mächtige Eisen-Nickel-Kern des Merkurs – im Vergleich zu seinem eher geringmächtigen Mantel – nur entstanden sein kann, wenn dieser der Sonne nächste Planet in seiner frühen Geschichte von einem anderen Planeten getroffen wurde, der einen Großteil seines Mantels fortriß. Dr. Brian Tonks und Dr. Jay Melosh vom *Lunar and Planetary Laboratory* der Universität von Arizona glauben sogar, daß man die Entstehung der Eisen-Nickel-Kerne sämtlicher innerer Planeten überhaupt nur erklären kann, wenn man einen Mechanismus annimmt, der Zusammenstöße mit anderen, mond- oder planetengroßen Körpern einschließt. Nur dann dürfte es zu einer entsprechenden Wärmeentwicklung und anschließender Differentiation von Mantel und Kernbereich gekommen sein.

Wie es zur Bildung der großen Planeten kam, aus denen das äußere Sonnensystem aufgebaut ist, läßt sich noch nicht so gut nachvollziehen. Sie alle besitzen mit Sicherheit einen Kern aus Eisen, Nickel und Silikaten. Im wesentlichen aber bestehen sie aus Gasen, nämlich aus 93 % Wasserstoff sowie Helium, Methan und Ammoniak in wechselnden Verhältnissen. Dies spiegelt sich auch bei ihren Monden wider, von denen die meisten von dicken Wassereispanzern bedeckt sind. Der Jupitermond Io bildet insofern eine Ausnahme, als er vulkanisch aktiv und seine Oberfläche von einer Schwefel-Salzkruste bedeckt ist. Titan, der größte Saturnmond, besitzt eine Atmosphäre, und in den letzten Jahren ist es gelungen, mit Hilfe von Radaraufnahmen und Infrarotphotos des *Hubble*-Weltraumteleskops erste grobe Einzelheiten seiner Oberfläche zu erkennen. Die Daten, die bislang vorliegen, lassen zumindest die Möglichkeit offen, daß es auf dem Titan Ozeane und Kontinente gibt, wobei die Ozeane allerdings nicht aus Wasser bestehen, sondern aus Äthan und Methan, also Kohlenwasserstoffverbindungen.

Doch auch diese Planeten und ihre Monde müssen in der Frühzeit des Sonnensystems unglaubliche Katastrophen erlebt haben. Der Uranusmond Miranda zum Beispiel scheint durch den Einschlag eines Impaktors vollständig gesprengt und später wieder zusammengefügt worden zu sein, zu einer Zeit, als er bereits eine feste Eiskruste ausgebildet hatte. Uranus selbst muß mehrere sehr große Einschläge »verkraftet« haben. Und daß Impakte, wenn auch inzwischen in abgeschwächter Form, noch heute vorkommen, wissen wir spätestens seit 1994, als die Fragmente des zuvor zerbrochenen Kometen *Shomaker-Levy* auf dem Jupiter einschlugen.

Kometen sind, genau wie Asteroiden, Zeugen der Urzeit. Sie müssen allerdings sehr weit draußen, in den äußeren Regionen des Sonnensystems entstanden sein, setzen sie sich doch im wesentlichen aus Staub, Gestein und vor allem Eis zusammen. Es gibt inzwischen etliche Hinweise darauf, daß Kometen eine regelrechte Wolke (die sogenannte Oort'sche Wolke) bilden, die weit jenseits der Plutobahn das Sonnensystem kugelförmig umhüllt – letzte, ausgefrorene Reste des einstigen solaren Urnebels. Es liegt nahe anzunehmen, daß ihre Entstehung sehr ähnlich verläuft wie die der Planetesimalen im inneren System, zusätzlich aber noch große Mengen an Wassereis einbezogen werden. Die europäische Forschungssonde *Giotto* hat im März 1986 erstmals Photos eines Kometenkerns – in diesem Fall des berühmten Kometen Halley – zur Erde gesandt. Der Komet besitzt, ebenso wie die Asteroiden, einen unregelmäßig geformten Kern, an dessen Oberfläche an verschiedenen Stellen Gasausbrüche beobachtet werden können, die letztlich den riesigen Schweif eines solchen Kometen ausmachen. Daß neben Asteroiden auch Kometen auf die Oberflächenkrusten der frühen Planeten gestürzt sind, gilt als sicher, und wir werden noch sehen, daß ihr Beitrag zur Bildung von Wasser auf Erde und Mars nicht unterschätzt werden darf.

Mit der Verfestigung ihrer Kruste beginnt die eigentliche geologische Geschichte der Planeten. Noch in deren Frühphase gab es starke Meteoriteneinschläge, aber es trat auch zu dieser Zeit auf der Erde erstmals etwas in Erscheinung, das bislang als einmalig galt: Leben.

Nun scheint es jedoch, als habe dieser so unglaubliche Prozeß, an dessen Ende – nach fast viereinhalb Milliarden Jahren – der Mensch stand, in gleicher Weise an einem anderen Ort in unserem Sonnensystem seinen Anfang genommen – auf dem Mars. Es wird also Zeit, daß wir uns diesem Planeten zuwenden und seine Oberfläche und seine Geschichte zu verstehen suchen.

III

Zwischenspiel:
Eine Reise um den Mars

Exkursionen auf
einem phantastischen Planeten

Mars, der rote Planet des römischen Kriegsgottes. Mars, der Planet der Stürme. Mars, ein Planet des Lebens ...?

Keine andere ferne Welt hat die Phantasie des Menschen so sehr beschäftigt, wie der Mars. Insbesondere seit der italienische Astronom Schiaparelli 1878 berichtete, er habe Linien auf dem Mars entdeckt – die er, völlig korrekt im Italienischen, *canali* nannte – und der amerikanische Hobby-Astronom Percival Lovell aus diesen *canali* fälschlicherweise »Marskanäle« machte, hat das Interesse nicht mehr nachgelassen. Gegen Ende des 19. und zu Beginn des 20. Jahrhunderts wurde es schon fast zur astronomischen »Pflichtübung«, immer neue »Kanäle« auf dem Mars zu entdecken, die als großartige Bauwerke einer einheimischen Spezies galten. Man stellte sich vor, die Marsianer leiteten über ein global angelegtes künstliches Flußsystem Wasser aus den Polargebieten in die austrocknenden Wüstenflächen des Äquators.

Von diesen Vorstellungen ist nicht viel übrig geblieben. Wir wissen heute, daß es weder auf dem Mars noch auf einem anderen Planeten oder Mond des Sonnensystems intelligentes Leben gibt; die von Schiaparelli und Lovell erspähten Kanäle erwiesen sich als optische Täuschung.

Die eigentliche wissenschaftliche Erforschung des Mars begann Ende der sechziger Jahre, als erstmals Raumsonden den Roten Planeten erreichten und Fotos von seiner Oberfläche zurück zur Erde sandten. Seither hat sich unser Bild vom Mars verändert, und es verändert sich immer wieder. Denn neue Missionen erbringen neue Erkenntnisse, und glaubte man aufgrund der ersten Fotos, der Mars sei eine seit Urzeiten tote Welt, ähnlich wie der Mond und der

Merkur, wissen wir inzwischen, daß dies ganz und gar nicht so ist. Der Mars hatte, zumindest in den ersten Milliarden Jahren nach seiner Entstehung, eine sehr bewegte Geschichte, und es ist spannend, die Entwicklung dieses Planeten nachzeichnen zu können, der mehr als 55, zuweilen sogar bis zu 400 Millionen Kilometer von der Erde entfernt seine Bahn um die Sonne zieht.

Zuvor möchten wir aber eine Reise unternehmen, eine Rundreise durch die Landschaften des Mars. Wir wollen uns einen Überblick verschaffen über diese faszinierende Welt, wenigstens einige ihrer Regionen kennenlernen, um dann später das eine oder andere Detail genauer betrachten zu können. Auf unserer Reise werden wir auf unglaubliche, auf phantastische Gegenden stoßen, durch gewaltige Canyons gleiten und die höchsten Berge des Sonnensystems besteigen. In unserer Phantasie wollen wir eine Reiseroute über diesen atemberaubenden Planeten beschreiben, die vielleicht irgendwann im nächsten oder übernächsten Jahrhundert Menschen von unserer Erde in ähnlicher Weise werden nachvollziehen können.

Wir beginnen unsere Reise tief im Süden, genauer bei etwa 40° Süd und 280° Ost. Um uns herum eine Landschaft aus Hügeln, Böschungen und Furchen. Wir stehen auf steinigem, von feinem Sandstaub bedecktem Boden, darüber am Horizont die rötlichbraune, dünne Atmosphäre des Planeten. Sie reicht nicht weit hinauf ins Firmament: Es ist nicht viel mehr als eine Handbreit. Schauen wir über uns in den Zenit, so blicken wir in einen nachtschwarzen Himmel. Nur einige von der Sonne angestrahlte dünne Schleierwolken aus Eiskristallen verdecken hier und dort die Sterne. Knapp über dem erleuchteten Rand der Atmosphäre strahlt hell und ruhig ein besonders großer Stern. Und wenn wir unsere Augen anstrengen, dann können wir einen weiteren, blasseren Punkt daneben erkennen. Der helle Stern ist nichts anderes als unsere Erde. Von dort sind wir gekommen. Und der kleine Punkt daneben ist unser Mond.

Wir wenden uns wieder der Landschaft zu und lassen den Blick schweifen. Im Süden baut sich eine dunkle, rötlich schimmernde Wand auf, die näherkommt. Ein Staubsturm, dessen Front uns in etwa einer halben Stunde erreichen wird. Auch wenn der Wind – mit Geschwindigkeiten bis zu 200 Kilometern pro Stunde – in der dünnen Atmosphäre des Mars nur die allerkleinsten Staubpartikel

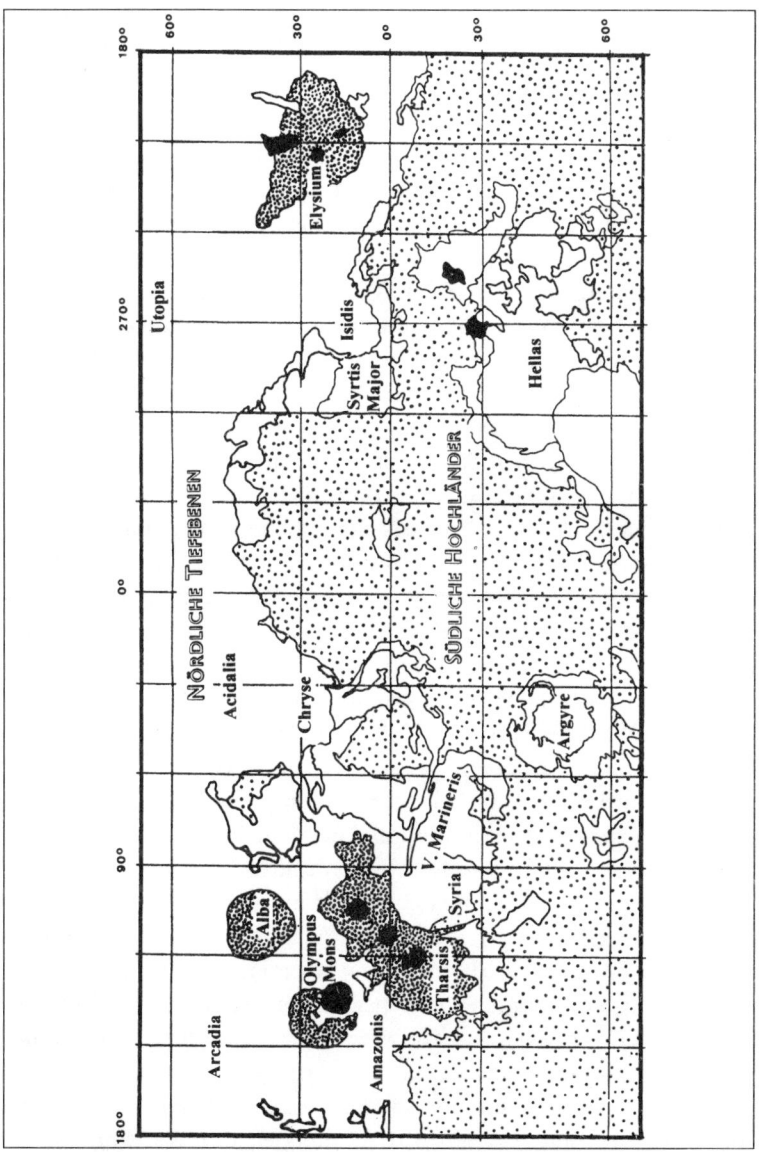

Stark vereinfachte Landkarte des Mars mit den wichtigsten geologischen Strukturen. Im Süden liegt die alte kraterreiche Hochfläche, im Norden die jüngeren Lavaebenen. Die großen Vulkane sind schwarz markiert, das *Valles Marineris* liegt knapp südlich des Äquators, etwa zwischen 60° und 90° West. *(Zeichnung: Johannes Fiebag)*

bewegen kann, wird die Sicht doch getrübt. Vor die Sonne legt sich ein rötlicher Schleier, der Horizont ist nur noch schwach zu erkennen.

Also beschließen wir, diesen Ort zu verlassen. In unserer Phantasie erheben wir uns ein paar tausend Meter in die Lüfte, um uns einen besseren Überblick zu verschaffen. Wir erkennen, daß die zerfurchte Landschaft unter uns von einem ringförmigen Gebirge umgeben ist. Der Staubsturm tobt jetzt in der Tiefe und hüllt das Becken mehr und mehr ein, Details sind kaum noch auszumachen, doch gibt uns dies die Gelegenheit, die Ausmaße dieser fast kreisrunden Vertiefung genauer zu bestimmen.

1 600 Kilometer beträgt ihr Durchmesser, bis zu fünf Kilometer liegt ihr Boden tiefer als das angrenzende Gelände. Jetzt erkennen wir, daß die runde Form kein Zufall ist: Dies ist ein gewaltiger Krater, eine riesige Impaktstruktur, die größte, die es auf dem Mars gibt, das *Hellas*-Becken. Irgendwann vor Urzeiten muß hier ein Gesteinskoloß von mehreren Kilometern Durchmesser den Planeten getroffen haben. Die Region wurde durch den Einschlag ausgehöhlt, ein viele hundert Meter hoher Ringwall aufgeworfen und das bis in den Mantel hinein reichende Loch durch die Instabilität der nachrutschenden Wände und durch aufquellendes Magma wieder aufgefüllt. Aber nur zum Teil, denn noch immer ist die Narbe gut sichtbar, sogar von der Erde aus. Fälschlicherweise hat man sogar schon, wenn Stauborkane oder Reif den Boden bedeckten, das *Hellas*-Becken mit der nahen Südpolkappe des Mars verwechselt.

Nun wenden wir uns dem Norden zu. Wir überfliegen das Becken, erreichen seinen Rand, gleiten über die durch Verwitterung zum Teil eingekerbte, zum Teil abgetragene Hügelkette des Ringauswurfs. Unter uns eine Hochebene. Meteoritenkrater, soweit das Auge reicht. Große Krater von etlichen Kilometern Durchmesser, kleinere dazwischen und darin, allein oder ineinander übergehend, ein buntes Durcheinander an Impaktstrukturen verschiedenster Größe. Manche von ihnen erscheinen uns noch ziemlich jung; sie sind kaum abgetragen. Die meisten hingegen sind alt. Man erkennt ihre zerfurchten Ränder durch die späteren Einschläge, die sie modifizierten oder fast völlig erodierten.

Die südliche ist die alte Hemisphäre des Mars. Wäre der Boden nicht rot gefärbt, würde die rötliche Atmosphäre den Himmel am

Horizont nicht erhellen, wir könnten im ersten Moment glauben, auf dem Mond zu sein.

Aber nur im ersten Moment. Denn wenn wir genauer hinschauen, erkennen wir etwas, das wir auf dem Mond nicht finden würden: uralte Wasserläufe. Mäandrierend winden sie sich durch diese Kraterlandschaft, fließen zusammen, bilden ganze Netze und »ergießen« sich dann in Vertiefungen: in alte Kraterbecken, Bruchzonen, Tiefebenen.

Dergleichen haben wir noch auf keinem Foto vom Mond gesehen. Doch wir werden auf unserer Reise noch weit imposantere Flußläufe kennenlernen, und so wenden wir unseren Blick ab und gleiten weiter in Richtung Norden. Wir überqueren den Äquator. Noch immer dehnt sich unter uns die Hochebene, noch immer sehen wir Einschlagkrater neben Einschlagkrater, unterbrochen von einigen Flußläufen, kleineren Tälern, Einbrüchen.

Dann weitet sich die Landschaft. Wir haben eine Region erreicht, die man *Syrtis Major* nennt. Auch sie bildet eine Vertiefung, aber wir finden keinen Ringwall, keine Auswurfmassen. Hier muß ein anderer Mechanismus gewirkt haben, der dieses Gebiet von tausend Kilometern Durchmesser hat absacken lassen.

Drüben, weiter im Osten, liegt die Ebene von *Isidis Planitia*, 1400 km im Durchmesser. Ist dies ein altes Einschlagbecken? Die schon stark erodierten Reste eines Ringwalls im Süden und Nordwesten sprechen dafür.

Eine Struktur in der nordwestlichen Kraterhochebene von *Isidis* lenkt unser Interesse auf sich. Wir gehen tiefer. Zwei ziemlich gerade, parallele Täler schneiden sich hier von Südwest nach Nordost in die Landschaft ein. Es sind die *Nili Fossae*, ein Grabenbruchsystem, von späteren Lavaströmen teilweise überflutet. Möglicherweise ist es bei der Bildung des *Isidis*-Beckens entstanden, vor vielen hundert Jahrmillionen.

Weiter im Norden senkt sich die Landschaft ab. Wir überfliegen die letzten Ausläufer des verkraterten Hochplateaus. Einige Zeugenberge deuten darauf hin, daß dieses Plateau früher noch weiter nach Norden gereicht haben muß.

Dann sind wir über den Rand hinaus. Nach Norden, Westen und Osten erstreckt sich eine tiefe, weite Ebene bis zum Horizont. Erneut gehen wir ein wenig tiefer. Gesteinsschüttungen beherrschen das Bild. Sind es nur vulkanische Lavadecken, die die alten Strukturen darunter zuschütten? Oder waren noch andere Mechanismen an der Entstehung dieser Landschaft beteiligt? Wir nehmen uns vor, uns später noch einmal die eine oder andere Stelle genauer anzuschauen, als ein Aufblitzen in der Ebene unsere Aufmerksamkeit auf sich lenkt. Wir fliegen näher heran und erkennen ein etwa drei Meter großes, metallenes »Ding« auf drei Beinen. Seit dem Jahr 1976 steht es hier, in *Utopia Planitia*, die Sonde *Viking II*. Die Furchen, die ihr kleiner Bagger auf der Suche nach Lebensspuren in den von löchrigem Vulkangestein bedeckten tonartigen Sandboden getrieben hat, sind kaum verweht. Ein wenig Sand hat sich in der großen Antennenschüssel gesammelt, eine feine Staubschicht bedeckt das ganze Gerät. Fast könnte man meinen, man bräuchte nur irgendwo auf einen Knopf zu drücken und das Gerät würde wieder zum Leben erwachen, die beiden Stereokameras sich bewegen und der Bagger seine Tätigkeit aufnehmen.

Ein wenig wehmütig verlassen wir diesen historischen Ort inmitten der ebenen Wüste von *Utopia*. Wir befinden uns nun schon sehr weit im Norden. Bei etwa 80° nördlicher Breite beginnt sich die Landschaft zu verändern. Große Dünenfelder tauchen vor uns auf und sanfte, geschwungene Hügel, in die sich hier und dort Täler und Steilhänge eingeschnitten haben. Flache Schichtungen liegen auf älterem Gelände. Nur jeweils zehn bis fünfzig Meter mächtig, lagern diese Schichtungen bänderartig gewunden zu Hunderten übereinander. Kaum ein Meteoritenkrater ist hier zu sehen; insgesamt scheint dies – jedenfalls für geologische Verhältnisse – ein sehr junges Gebiet zu sein, und man hat den Eindruck, als würde noch heute periodisch Schicht um Schicht auf ältere Ablagerungen gelegt. Und darüber immer wieder Dünenfelder aus dunklerem Sand, der vom Wind angehäuft wurde.

Dann blitzt in der Ferne etwas Weißes auf. Eine riesige Fläche, nur an einigen Stellen im Randbereich von Sandverwehungen bedeckt, breitet sich vor uns aus: Eis. Wir haben die Nordpolarregion erreicht. Würden wir hier das Eis durchbohren, fänden wir unter einer dünnen Schicht aus gefrorenem Kohlendioxid sehr schnell tatsächlich Wassereis. Es bedeckt in einer Mächtigkeit von bis zu sechstausend Metern die Polkappe; eingelagerte Staubschichtungen zeugen von einem lebendigen Wechselspiel zwischen dem (gefrorenen) Wasser

Marslandschaft im *Hellas*-Einschlagbecken, eine von Hügeln und Gesteins-material bedeckte Senke. *Hellas* und andere Tieflandbereiche sind die Ursprungsorte sich später teilweise global ausbreitender Staubstürme. *(Quelle: NASA/DLR)*

Von Vulkangestein unterschiedlichster Größe übersät, breitet sich die Ebene *Utopia Planitia* um die 1976 gelandete Sonde *Viking II* aus. Im Boden sind zahl-reiche flache Permafrostgräben zu erkennen, die wahrscheinlich auf die Anwe-senheit von Grundeis zurückzuführen sind. *(Quelle: NASA/DLR)*

und dem Sand der Wüste, zwischen Vordringen und Rückzug des Eises, das schon seit vielen Jahrmillionen andauert.

Ob sich unter dem Eis noch mehr verbirgt als nur Sand und Gestein? Wir beschließen, auch hier später noch einmal etwas genauer nachzuforschen. Und nun? Wohin sollen wir uns wenden? Am geeignetsten wäre eine Route, die uns direkt in die geologisch interessanteste Region des Planeten führt, zu den großen Vulkanen, den chaotischen Terrains und dem riesenhaften Canyonsystem des *Valles Marineris*.

So führt uns unser Weg wieder nach Süden, aber diesmal auf der anderen Seite des Mars hinunter, entlang des 135. Längengrades. Wieder überfliegen wir die große nördliche Ebene, die hier den Namen *Arcadia* trägt, weiter und weiter Richtung Süden. Dann steigt das Gelände abrupt an. Doch es sind nicht die Hochländer des Südens, es ist eine von vielen Spalten, Rissen und Furchen durchzogene Landschaft.

Und wenn wir jetzt zum Horizont blicken, können wir ihn bereits im Dunst der staubgefüllten Atmosphäre erahnen: den größten Berg des Sonnensystems, den Vulkan *Olympus Mons*.

Langsam rückt er näher. Seine Ausmaße sind unvorstellbar: 1 000 Kilometer Basisdurchmesser, fast 27 000 Meter hoch. Verglichen damit ist der Mount Everest mit seinen etwas mehr als 8 000 Metern fast ein kleiner Hügel, und auch der eigentlich größte Berg der Erde (wenn man von der Basis aus mißt), nämlich der Vulkan Mauna Loa auf Hawaii, ist nur halb so hoch.

Eine Steilstufe von fast tausend Metern Höhe begrenzt den eigentlichen Vulkan. Davor sehen wir ein weites Feld, viele Tausende von Quadratkilometern groß, zerfurcht, zergliedert. Es sind gigantische Felsrutschungen, die sich vom Hang des Vulkans gelöst und in die Ebene ergossen haben.

Wir fliegen den Hang hinauf. *Olympus Mons* ist ein Schildvulkan, so wie die großen Vulkane auf Hawaii. Dünnflüssige Laven haben ihn aufgebaut, und eher sachte, mit einem Steigungswinkel von nur etwa 5°, geht es nach oben. Fast könnte man meinen, über eine nur hier und da von flachen, langgezogenen Tälern durchbrochene Ebene zu fliegen. Nach knapp dreihundert Kilometern an der Spitze angekommen, verharren wir einen Moment. Vor uns öffnet sich der große Krater, genauer: die Kratercaldera, eine gewaltige, später von aufdringender Lava wieder aufgefüllte Einbruchzone des Vulkanschlotes. In einem weiten Bogen, der sich irgendwo in der Ferne verliert, erstrecken sich vor uns die Ränder. Von hier aus geht es nahezu überall 3 000 Meter steil hinab in die Tiefe. Leider können wir den Kraterboden heute nicht erkennen: Helle Nebelschwaden aus Eiskristallen versperren die Sicht.

Auf unserem Weg den Berg hinauf in die atemberaubende Höhe von 27 000 Metern haben wir nur sehr wenige Einschlagkrater gesehen – ein ziemlich sicheres Zeichen dafür, daß dieser Vulkan noch nicht allzu alt ist. Nun orientieren wir uns neu. Wir verlassen unseren direkt nach Süden gerichteten Kurs und wenden uns ziemlich genau nach Südost. Zunächst überqueren wir den tiefen Schlund der Caldera, dann geht es wieder die flache Böschung hinab, über die begrenzende Steilstufe hinaus und hinein in die Ebene, die zunächst sehr glatt, später von einigen Rillen und Furchen durchzogen ist. Zuerst kaum merklich, dann immer deutlicher, steigt das Gelände erneut an.

Wir haben die *Syria*-Erhebung erreicht, die größte »Ausbeulung« des Planeten. Genau auf der Gegenseite liegt *Syrtis Major*, jenes Einsenkbecken, das wir bereits kennengelernt haben. Es ist gut möglich, daß die gewaltige Aufwölbung hier mit mehr als zehn Kilometern über dem Niveau der nördlichen Ebenen in einem Zusammenhang mit ihm steht.

Dann taucht ein weiterer riesiger Vulkan vor uns auf. Es ist *Pavonis Mons*, einer von drei fast gleich großen Feuerbergen. In südwest/nordöstlicher Richtung ziehen sie sich, wie auf einer Perlenschnur aufgereiht, durch die *Tharsis*-Region. Tharsis bildet den höchsten Punkt der *Syria*-Erhebung, und es steht außer Frage, daß auch die großen Vulkane mit ihrer Aufwölbung in einem Zusammenhang stehen müssen.

Wir verlassen den Vulkan, dessen Einbruchcaldera bei 112° westlicher Länge genau auf dem Äquator liegt und setzen unseren südöstlichen Kurs fort. Nochmals überfliegen wir für kurze Zeit die Ebene, doch dann kündigt sich eine weitere Überraschung an: das *Labyrinthus Noctis*, das »Labyrinth der Nacht«.

Plötzlich erscheinen vor uns gerade verlaufende, weite, aber auch schmale Täler. Die größten von ihnen sind hunderte von Kilometern lang und einige zehn Kilometer breit. Sie haben steile Hänge, sind in parallelen Gruppen angeordnet und ziehen sich von West nach Ost durch die hügelige Landschaft. Seitencanyons zweigen davon ab. Manche der großen Rinnen sind miteinander verbunden, andere verengen sich plötzlich oder hören ganz auf.

Ein gigantisches Labyrinth. Die Täler sind Einbruchzonen, auf bizarre Weise in die Landschaft eingekerbt. Und doch ist all dies nur ein Vorgeschmack auf das, was uns erwartet, wenn wir uns nun direkt nach Osten wenden. Wir überfliegen die zerfurchte Landschaft, lassen uns hinabgleiten zwischen die steilen Hänge der Canyons und gelangen schließlich in ein sich immer weiter verbreiterndes Tal. Der Anblick raubt uns den Atem.

Wir haben das *Valles Marineris* erreicht, den gewaltigsten Canyon im ganzen Sonnensystem. Der berühmte Grand Canyon in Arizona fände bequem irgendwo in einem seiner Nebentäler Platz. Auf die Erde versetzt, würde sich das *Valles Marineris* von der Ostküste der USA bis hinüber zur Westküste erstrecken. 4 000 Kilometer lang, bis zu 700 Kilometer breit, reicht es bis zu sechs Kilometer tief in die Kruste des Roten Planeten.

Zum Teil sind die Wände geschichtet; dünne, ebene Lagen wechseln einander ab. An anderen Stellen scheint der Boden des Canyons selbst aus geschichtetem Material zu bestehen, so als wären hier Ablagerungen in einem stehenden Gewässer erfolgt. Häufig ist es auch zu Hangrutschungen gekommen. Teile der Wände sind abgebrochen und haben sich wie eine Flüssigkeit in das Tal ergossen, etwa in *Ophir Chasma* oder im Talabschnitt des *Candor Chasma* im Norden oder im *Coprates Chasma*, wo ein sechzig Kilometer langer Hangabschnitt zu Boden gestürzt ist. Eine unglaubliche Lawinenkatastrophe, würden wir das Geschehen auf irdische Verhältnisse übertragen. Mit einer Geschwindigkeit von zweihundert Kilometern pro Stunde müssen abertausende von Millionen Tonnen Gestein in etwa einer halben Stunde siebentausend Meter tief hinunter gerauscht sein. Erst bis zu hundert Kilometer von der abgerissenen Steilwand entfernt kam es schließlich zum Stillstand. Die riesigen, lappenförmigen Ablagerungen bedecken nun große Bereiche des Canyonbodens. Nicht ein einziger Meteoritenkrater ist auf dieser gigantischen Geröll- und Staublawine zu entdecken. Wann mag sich diese Katastrophe zugetragen haben? Erst vor ein paar Millionen Jahren oder sogar erst »gestern«?

Olympus Mons, mit 27 000 Metern Gipfelhöhe und einem Basisdurchmesser von 600 Kilometern der gewaltigste Berg im Sonnensystem. Dreidimensional umgerechnete Darstellung aufgrund der *Viking*-Photos. *(Quelle: NASA/DLR)*

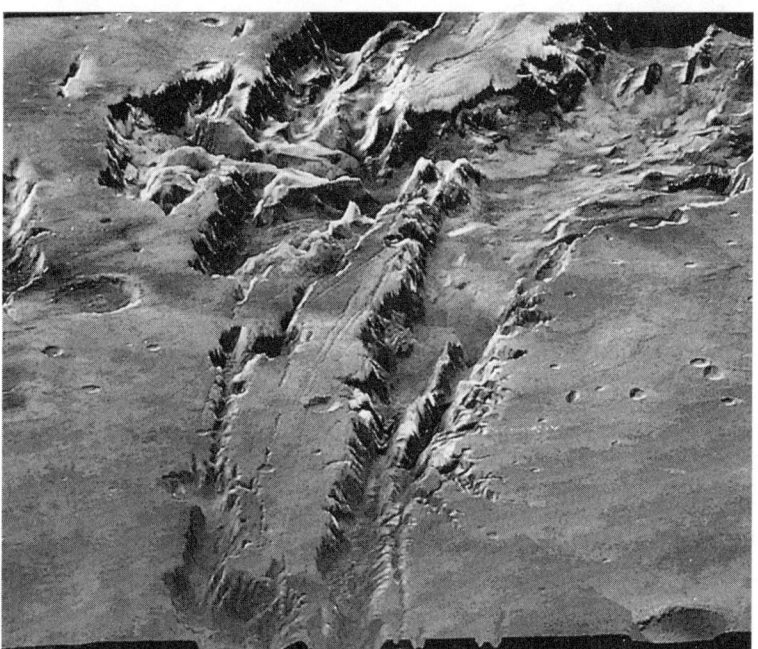

Blick in den westlichen Teil des *Valles Marineris.* Insgesamt würde dieses riesige Tal, auf die Erde übertragen, von der Pazifikküste Nordamerikas bis zur Atlantikküste reichen. *(Quelle: NASA/DLR)*

Dann stoßen wir auf Stellen mit schwarzen, ganz frisch wirkenden Lavaergüssen. Die Lava scheint aus Spalten am Canyonboden ausgeflossen zu sein. Nur eine dünne Staubschicht bedeckt hin und wieder das Material, der Wind hat es bislang weder geschliffen noch angekratzt. Hinweise darauf, daß das Innere des Mars bis heute aktiv ist?

Der Weg führt uns weiter nach Osten, immer zwischen den zum Teil hunderte von Kilometern auseinanderliegenden Wänden des Haupttals entlang. Ein paar hundert Kilometer weiter im Norden zieht sich ein parallel laufendes Tal von West nach Ost. Unser Weg führt uns durch das *Eos* und das *Capri Chasma* bis zum westlichen Ende des großen Canyons. Ein völlig chaotisches Gelände. Hier scheint überhaupt keine Regelhaftigkeit mehr zu herrschen; der Boden ist in großem Maßstab regelrecht aufgepflügt, Teile sind abgesenkt, durch wirre Täler miteinander verbunden, die Blöcke dazwischen stehengeblieben. Über zweitausend Quadratkilometer erstreckt sich dieser Bereich.

Was mag der Ursprung dieser komplexen, keiner Ordnung folgenden Struktur sein? Wir wenden uns wieder nach Norden und erkennen unter uns riesige ehemalige Flußläufe, gewaltige Stromtäler, die offensichtlich Wasser aus dem chaotischen Gelände nach Norden abgeführt haben. Möglicherweise ist das normalerweise permanent als Eis im Boden befindliche Wasser im Chaos-Land großräumig aufgeschmolzen und hat sich dann in katastrophalen Schlammfluten in die Senken des Nordens ergossen. Dort ist es verdampft, im Boden versickert und zu Eis gefroren. Die extrem dünne Atmosphäre des Mars läßt die Existenz flüssigen Wassers seit Jahrmilliarden kaum noch zu. Nähmen wir einen Gartenschlauch, um den trockenen Boden anzufeuchten – das Wasser wäre schon verdunstet, bevor es den Sand berührt hätte.

Doch wir folgen den Flußläufen weiter nach Norden und finden uns schließlich in der großen Ebene wieder. Dies ist *Chryse Planitia*, hier hinein haben die Sturzfluten aus *Chaos Chasma* ihre Schlamm- und Gesteinslawinen befördert. Und hier treffen wir auch auf einen alten Bekannten, auf *Viking I*, die Zwillingssonde jenes Gerätes, das wir in *Utopia* in Augenschein genommen haben. Wir lassen uns auf die steinige Oberfläche nieder und betrachten die Landschaft. Ein leicht hügeliges, von Blöcken aller Größenordnungen bedecktes

Gelände, am Horizont die Konturen eines kleineren Meteoritenkraters, dazwischen die eine oder andere Düne aus hellem Sand. Dies ist die Landschaft, die 1976 erstmals Menschen auf der Erde vom Mars gesehen haben. Und dies ist auch die Landschaft, in der wir unsere fiktive Reise über den Roten Planeten beenden wollen. Die Sonne versinkt gerade am Horizont, läßt den Boden um uns herum und das staubbedeckte Monument menschlicher Erfindungskraft rot aufglühen. Dann wird es schlagartig dunkel. Für wenige Minuten nur ist die Atmosphäre dort, wo die Sonne untergegangen ist, schillernd rot gefärbt, und schon umgibt uns tiefste Nacht.

Wenn wir aus der Ebene von *Chryse Planitia* hinauf zu den Sternen schauen, könnten wir meinen, während einer mondlosen, sehr klaren Nacht irgendwo auf der Erde zu stehen. Doch wenn wir *genau* hinschauen, können wir vor dem Panorama des Fixsternhimmels ein seltsames Schauspiel erleben. Zwei kleine Pünktchen, das eine auf der westlichen Seite des Horizonts, das andere auf der östlichen, steigen am Firmament empor, begegnen sich nach wenigen Stunden nahe des Zenits, um dann am jeweils gegenüberliegenden Horizont wieder aus unserem Blickfeld zu verschwinden. Es sind die kleinen Monde des Mars, Phobus und Deimos, eingefangene, unregelmäßig geformte Asteroiden, die den Roten Planeten gegenläufig umkreisen. Sie zumindest würden uns auch in der Nacht daran erinnern, wo wir uns tatsächlich befinden: in einer fernen Welt, weit weg von der heimatlichen Erde, in einer Welt, fremd und rätselhaft und doch bereit, ihre Geheimnisse preiszugeben. Wenn wir die richtigen Fragen stellen ...

IV

Das Elixier des Lebens

Wasser auf dem Mars

Anders, als man anfänglich geglaubt hatte, muß die Phase der Krustenbildung auf den inneren Welten des Sonnensystems eine Zeit infernalischer Ereignisse gewesen sein. Nicht nur die vulkanische Aktivität, auch der nach wie vor anhaltende Zustrom von Planetesimalen, Meteoriten und Asteroiden jeder Größenordnung trug dazu bei, daß die sich abkühlenden Oberflächen wieder und wieder aufrissen, ganze Regionen versenkt wurden und neues Magma nach oben trieb. Gewaltige Krustenteile müssen durch die noch ungeordneten Konvektionsströme in den Mantelbereichen der Planeten kilometerhoch aufgetürmt, zwischen brodelnden Lavameeren emporgehoben und wieder versenkt worden sein. In dieser frühen Zeit haben sich Merkur, Venus, Erde, Mond und Mars wahrscheinlich sehr ähnlich gesehen. Einen vagen Eindruck davon, wie es damals zugegangen sein könnte, erhalten wir, wenn wir uns an die Ränder lavaproduzierender Vulkane – etwa auf Hawaii oder am Magmasee des Nyiragongo in Afrika – begeben. Vor etwas weniger als 4,6 Milliarden Jahren dürften die inneren Planeten genauso ausgesehen haben, allerdings waren sie eingehüllt in dichte, undurchdringliche Schwaden einer aus Wasser- und Kohlendioxiddämpfen bestehenden Uratmosphäre.

Auch als sich schließlich die Oberflächen der Planeten soweit abgekühlt hatten, daß eine globale Kruste entstehen konnte, hielt das Meteoritenbombardement an. Es war so stark, daß noch heute das Antlitz vieler Welten in unserem Sonnensystem davon geprägt ist. Dennoch machen die meisten Krater auf dem Mars einen etwas anderen Eindruck als jene auf Mond oder Merkur. Das Material scheint beim Einschlag sowohl ausgeworfen als auch *ausgeflossen* zu sein und bildet große, sich lappenartig in die Landschaft ergießende Decken. Welche Umstände sind dafür verantwortlich? Solche Materialflüsse sind nur möglich, wenn sich große Mengen Wasser oder Eis im Boden befinden, die durch die beim Einschlag entstehende Hitze schlagartig aufgeschmolzen werden. Der Krater *Yuty*, dessen Durchmesser achtzehn Kilometer beträgt und der ein wenig nördlich von *Chryse Planitia* liegt, ist ein schönes Beispiel dafür. Seine Ausflußdecke erstreckt sich über eine Fläche von bis zu dreißig Kilometern vom Kraterrand.

Die meisten Krater auf dem Mars sind sehr alt und stammen aus der Zeit des Meteoritenbombardements, das in der Frühzeit auf die jungen Planeten niederging und vor 4,0 bis 3,8 Milliarden Jahren im sogenannten *Late Heavy Bombardment* nochmals einen Höhepunkt erreichte. Natürlich hat auch unsere Erde damals ähnlich ausgesehen wie Mond oder Merkur noch heute. Aber anders als dort haben die Subduktion von Meeresboden, Gebirgsbildungen, Ablagerungsprozessen und Erosion durch Wind und Wetter zu einer intensiven Oberflächenveränderung geführt. Alle einstmals vorhandenen Hinweise auf das ursprüngliche Gesicht der Erde sind dabei verwischt oder ganz ausgelöscht worden.

Auf dem Mars ist die südliche Hemisphäre noch generell von dieser alten, stark verkraterten, den Hochländern des Mondes ähnlichen Fläche bedeckt. Die nördlichen Lavaebenen sind etwas jüngeren Ursprungs. Nach Dr. Cordula Robinson von der *Deutschen Gesellschaft für Luft- und Raumfahrt* vollzog sich die Trennung aber relativ früh in der Geschichte des Mars, vor etwa 4,4 bis 4,2 Milliarden Jahren. Damals wurde die *Tharis*- bzw. *Syria*-Region gehoben und das nördliche Tiefland abgesenkt. Die Überflutung mit dünnflüssigen basaltischen Laven geschah erst Millionen Jahre später und verwischte damit auch hier alle Zeugnisse der früheren Gestaltung dieser Region.

Anfänglich verliefen die Geschichte des Mars und die unserer Erde also sehr ähnlich. Einschlagende Meteoriten, partiell aufschmelzende und abgesenkte Krustenteile, Lavaüberflutungen, eine dichte, mit Wasserdampf vermischte Kohlendioxid-Atmosphäre, vielleicht hier und da erste größere Wasseransammlungen. Ein erschreckendes, furchteinflößendes Bild, Landschaften, in denen unbändige Naturgewalten ein Szenario erzeugten, gegen das sich die Höllendarstellung eines Dante Alighieri wie die prosaische Beschreibung einer Blumenwiese an einem lichten Sommermorgen ausnimmt. Aber dann, vor 3,8 Milliarden Jahren, änderte sich dieses Bild. Die beiden Planeten begannen, unterschiedliche Wege zu gehen. Auf der Erde dürften bereits erste plattentektonische Vorgänge abgelaufen sein, die das Angesicht unseres Planeten während Milliarden von Jahren immer wieder aufs Neue verändern sollten. Der Mars hingegen hat derart massive Umgestaltungen seiner Oberfläche nie erfahren. Die südliche Hemisphäre wurde nur noch sporadisch durch einschlagende Meteoriten und – wie wir sogleich sehen werden – die Aktivität des Wassers und des Windes beeinflußt. Die nördlichen Tiefebenen, von großflächigen Lavaflutungen bedeckt, waren allerdings auch weiterhin Kräften aus dem Inneren des Planeten ausgesetzt.

Hier finden sich die meisten der riesigen Feuerberge. Der *Tharsis*-Aufwölbung folgte der Ausbruch von *Arsia Mons, Pavonis Mons* und *Ascraeus Mons*. Ein wenig weiter nördlich spien nicht minder aktive Vulkane ihre Glut in den auch bei Tag sternenübersäten Himmel des Mars. Gleichzeitig muß es zu weiteren riesigen Lavafluten gekommen sein, denn die Basisrümpfe dieser Vulkane stecken in einer Schicht, die sie bis hinab in unbekannte Tiefen zudecken. Ähnliches kennen wir, wenn auch in kleinerem Maßstab, von der Erde: Teile Indiens werden von solchen, inzwischen längst erkalteten Lavadecken aufgebaut.

Aber *Tharsis* war nicht die einzige Zone vulkanischer Aktivität. Weiter westlich, in *Elysium Planitia*, verwandelten Vulkane wie *Elysium Mons* und *Hecates Tholus* ihre Umgebung in ein glühendes Feuermeer. Es scheint allerdings, als sei die Aktivität dort eher zu Ende gegangen als im Bereich der *Tharsis/Syria*-Erhebung. Überhaupt gewinnt man den Eindruck, als habe sich die Vulkantätigkeit auf dem Mars zunächst über den gesamten Globus verteilt, später seien mehr und mehr aktive Bereiche »ausgeschieden« und seit etwa zwei Milliarden Jahren gebe es nur noch den unter *Tharsis*.

Tatsächlich haben erst in diesem Jahr die beiden Göttinger Geophysiker Dr. Helmut Harder und Dr. Ulrich Christensen anhand von Modellrechnungen deutlich machen können, daß dafür ganz spezielle Verhältnisse im flüssigen Mantel des Mars verantwortlich sind. Auf der Erde kennen wir sogenannte *Hot spots*, Bereiche der

Erdkruste, unter denen besonders heiße Magmaströme aufsteigen. Die Hawaii-Inselkette etwa liegt genau über einem solchen *Hot spot*. Durch plattentektonische Bewegungen wird der Pazifikboden kontinuierlich darüber hinweggeschoben, so daß es immer wieder zu neuen Ausbrüchen und damit zur Bildung neuer Inseln kommt. *Hot spots* hat es auf dem Mars auch gegeben, aber sie starben offensichtlich nacheinander regelrecht aus, bis nur noch einer unterhalb der *Syria*-Erhebung »am Leben« blieb. Er ist letztlich auch verantwortlich für die Entstehung der beiden gewaltigsten Monumente auf unserem roten Nachbarplaneten: des *Valles Marineris* und des *Olympus Mons*.

In den Tälern des Südens

Der *Olympus Mons* ist nicht nur der höchste Berg des Mars, sondern des gesamten Sonnensystems. Und er ist – für Marsverhältnisse – relativ jung. Man schätzt die Periode seiner Hauptaktivität auf maximal etwa eine Milliarde Jahre vor unserer Zeit. Vielleicht ist er in abgeschwächter Form sogar noch heute aktiv.

Eine vier- bis sechstausend Meter hohe Steilstufe begrenzt den Vulkan nach außen. Und doch erstreckt sich noch bis in eine Entfernung von siebenhundert Kilometern eine Aureole aus hügeligem Gelände, die sich wie ein Ring um den Berg legt. Was ist das? Die Überreste eines alten, weitgehend erodierten Vorgängervulkans? Oder in die Ebene hinausgespülte Teile des *Olympus Mons* selbst? Es sieht wirklich so aus, als seien diese gewaltigen Gesteinsmassen an der Steilstufe abgerissen und hätten sich weit ins Land hinein ergossen.

Derartige Massenbewegungen sind nur vorstellbar, wenn die Flanken des Vulkans mit – gefrorenem – Wasser gesättigt waren. Erneute Eruptionen hätten dann zu einer Erwärmung geführt, die das Eis schmolz, die Hänge ins Rutschen brachte und den äußeren Basisbereich des *Olympus Mons* in die Ebene verteilte. So ist also neben den Schlammauswurfkratern die Entstehung vieler Strukturen auf dem Mars in irgendeiner Weise auf die Mitwirkung von Wasser zurückzuführen.

Dieses Wasser ist heute als Eis im tieferen Boden gebunden und an den Polen in mächtigen Schichten abgelagert. Vieles deutet jedoch darauf hin, daß es früher einmal auf dem Mars *geflossen* ist und sich in großen Seen gesammelt hat. Dabei ist die Frage noch nicht entschieden, ob zu dieser Zeit andere Klimabedingungen herrschten oder ob der Mars seit jeher ein »Planet im Winterschlaf« gewesen ist.

Die Aufnahmen der amerikanischen Sonde *Mariner 9* zeigten den Forschern zum ersten Mal Strukturen, die irdischen Strömen, Flüssen und Überflutungsrückständen glichen. Sehr schnell erkannte man auch, daß man es mit drei Gruppen von Flüssen zu tun hatte: mit *Ausfluß*kanälen, mit *Abfluß*kanälen und sogenannten »fretted« Kanälen, langgezogenen Furchen, über deren Entstehung sich die Forschung noch nicht sicher ist.

Die Abflußkanäle erinnern an irdische Stromtäler mit ihren Nebenflüssen. Zeichnet man ein solches Entwässerungssystem von einer ganz normalen Landkarte ab, erhält man ein filigran wirkendes Geflecht sich immer weiter aufspaltender Arme und Seitenarme. Etwas ganz Ähnliches gibt es in Form der Abflußkanäle auch auf dem Mars, doch die Betonung liegt auf »Ähnliches«. Irdische Flußsysteme sind vielfach verzweigt. Das Muster ähnelt den Äderchen eines Blattes, beispielsweise eines Eichenblattes. Besonders schön kann man es sehen, wenn man ein solches Blatt gegen die Sonne hält. Die marsianischen Nebenflüsse scheinen eher parallel zueinander zu verlaufen, bevor sie sich mit dem Hauptstrom vereinigen. Die Täler sind steil abfallende Schluchten, die Böden erstaunlich flach. All dies kennen wir so von der Erde nicht. Und hinzu kommt, daß sich auf diesen Talböden kaum Hinweise darauf finden lassen, daß dort wirklich einmal Wasser *geflossen* ist.

Trotzdem müssen die Kanäle in irgendeiner Weise mit Wasser zu tun haben, denn Lavarinnen sind ganz anders ausgebildet. Die Frage ist also: *Wo* ist dieses Wasser geflossen – auf dem Boden oder darunter? Der Geologe Dr. Davis Pieri vom *Jet Propulsion Laboratory* der NASA meinte schon vor sechzehn Jahren, das Wasser sei *unterirdisch* abgeflossen und die Täler im Laufe der Zeit darüber eingebrochen. Die Marsoberfläche ist ja von einer mächtigen Schicht aus sogenanntem *Regolith* bedeckt, zertrümmertem Gestein, das sich im Laufe der Jahrmilliarden durch die Einschläge großer, kleiner und kleinster Meteoriten gebildet hat. Diese Schicht ist porös und somit ein hervorragender Speicher für Grundwasser oder Grundeis. Plötzliche Erwärmung durch vulkanische Aktivität oder Meteoritenimpakte könnte das Eis geschmolzen und das Wasser mobilisiert haben. Es hätte sich dann dem Gefälle entsprechend unterirdisch in Bewegung gesetzt, dabei das Gestein ausgehöhlt und die instabil gewordene Deckschicht einstürzen lassen. Hätte es sich hingegen um Quellgebiete auf der Oberfläche gehandelt, müßten die Flüsse – genau wie auf der Erde – klein und schmal beginnen und sich dann verbreitern. Das ist jedoch, bis auf wenige Ausnahmen, nicht der Fall.

Die Abflußkanäle treten in den alten, stark verkraterten Regionen des Mars auf und sind mit den dortigen Einschlagbecken verknüpft. Sie alle sind älter als 3,8 Milliarden Jahre, und ganz gleich, wie sie entstanden sind, schien es vielen doch notwendig, für diese Urzeit eine – verglichen mit heute – dichtere und wärmere Atmosphäre anzunehmen. Man stellte sich einen paradiesischen Garten Eden vor, Seen und Meere, eingebettet in sanfte, rötlich schimmernde Hügel, durch die sich die Flüsse des Hochlands wanden. Ein Ort zum Verweilen und Entspannen, Strände, an denen man fast hätte Urlaub machen können.

Diese Vorstellung ist aber problematisch, denn der Mars ist ja viel weiter von der Sonne entfernt als die Erde. Er empfängt also weniger direkte Wärmeenergie von ihr. Außerdem strahlte die Sonne damals nicht einmal so stark wie heute. Man hat ausgerechnet, daß der Energiefluß um etwa dreißig Prozent niedriger lag. Es müßte also einen »Trick« gegeben haben, mit dem die Natur die Existenz flüssigen Wassers auf dem Roten Planeten dennoch ermöglicht hätte. Dieser »Trick« könnte der Treibhauseffekt gewesen sein.

Treibhauseffekte haben in der Umweltdiskussion der letzten Jahre auch für uns an Bedeutung gewonnen, weil der Kohlendioxidanteil in der Lufthülle unserer Erde steigt. Schuld ist jedoch nicht ein vermehrter Vulkanismus, wir selbst tragen auf vielerlei Weise durch die von uns produzierten Abgase dazu bei. Diese »fangen« dann die Wärme ein, speichern sie, und die Atmosphäre heizt sich wie von selbst auf.

In seiner frühen Zeit war der Mars genauso vulkanisch wie die Erde, denn die jetzt dicke Kruste war noch »durchlässig« für die Magmenströme aus der Tiefe. Es muß also damals ein starker Aus-

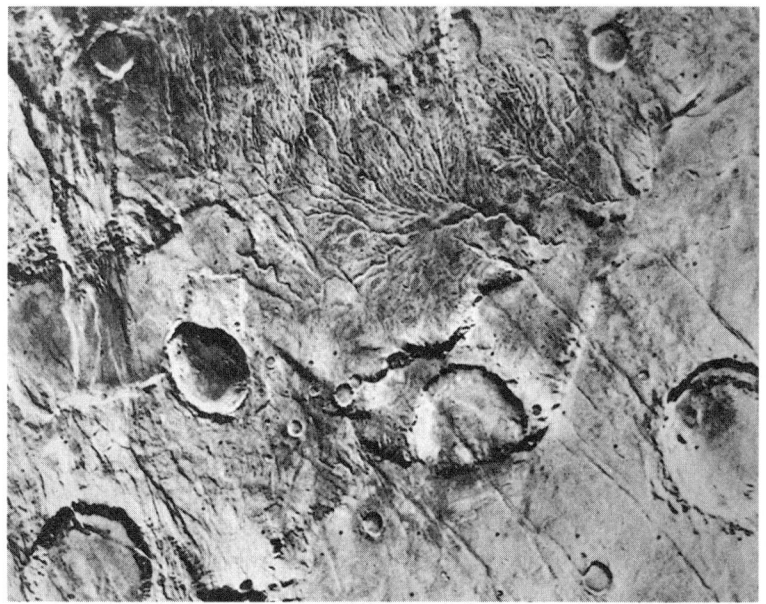

Das verzweigte System der Abflußkanäle schneidet sich in die alte Kraterlandschaft des Südens ein. Wahrscheinlich floß das Wasser aber nicht in den tiefen Schluchten ab, sondern unterhalb der Oberfläche. *(Quelle: NASA/DLR)*

Teilbereich des *Kasei Valles,* eines der großen Ausflußtäler. Hier wurden gewaltige Wasser-, Schlamm- und Gesteinsmengen während katastrophaler Flutungen in die nördlichen Tiefebenen befördert. *(Quelle: NASA/DLR)*

stoß von Kohlendioxid und Wasserdampf stattgefunden haben. Hinzu kam das Wasser einschlagender Kometen. Viel Flüssigkeit, die wieder kondensierte und dann auf oder unter der Oberfläche abfloß.

Nach den bisherigen Modellvorstellungen war dies auch möglich, weil die Druck- und Temperaturverhältnisse stimmten. Der Treibhauseffekt hätte demnach ein Klima geschaffen, das für mäßige Wärme sorgte und einen Luftdruck erzeugte, der das Wasser nicht sofort wieder verdampfen ließ, wie es heute der Fall ist. Aber eine »schöne« Welt wäre dies sicher nicht gewesen. Angesichts der von den Vulkanen ausgestoßenen Wolken an Asche und Ruß hätte sie wohl eher der Hölle geglichen als einem zweiten Paradies im All.

Die ewige Eiszeit

In letzter Zeit sind jedoch Zweifel an diesem Modell einer wärmeren Phase auf dem Mars lautgeworden. So haben beispielsweise Dr. Virginia Gulick und Prof. Victor Baker von der Universität von Arizona entdeckt, daß auch an den Berghängen einiger der nördlichen *Tharsis*-Vulkane Flußsysteme auszumachen sind. Mehr noch: Auf den Flanken des *Alba Patera* hat sich ein Flußsystem entwickelt, das eine erstaunliche Übereinstimmung mit Wasserläufen zeigt, die man auf den großen Schildvulkanen von Hawaii kartieren kann. Dort sind sie zwar durch Regenfälle entstanden und nicht, wie auf dem Mars, durch aufsprudelnde Quellen, aber doch in beiden Fällen wohl durch Wasser, das auf der Oberfläche abfloß. Der Clou an der Sache: Die Flußsysteme des *Alba Patera* sind sehr viel jünger als die Kanäle im südlichen Hochland, nämlich höchstens zweieinhalb Milliarden, möglicherweise aber auch nur fünfhundert Millionen Jahre. In diesem Zeitraum war die Marsatmosphäre mit Sicherheit nicht anders aufgebaut und der Luftdruck an der Oberfläche nicht höher als heute.

Virginia Gulick und Victor Baker schlagen vor, hier die Existenz eisbedeckter Abläufe anzunehmen, die das Wasser vor der Verdunstung schützten. So oder so hat diese Entdeckung natürlich Konsequenzen für unser Verständnis der frühen Zeit auf dem Mars, weil eine *wesentlich* dichtere Atmosphäre und erhöhte Temperaturen nun

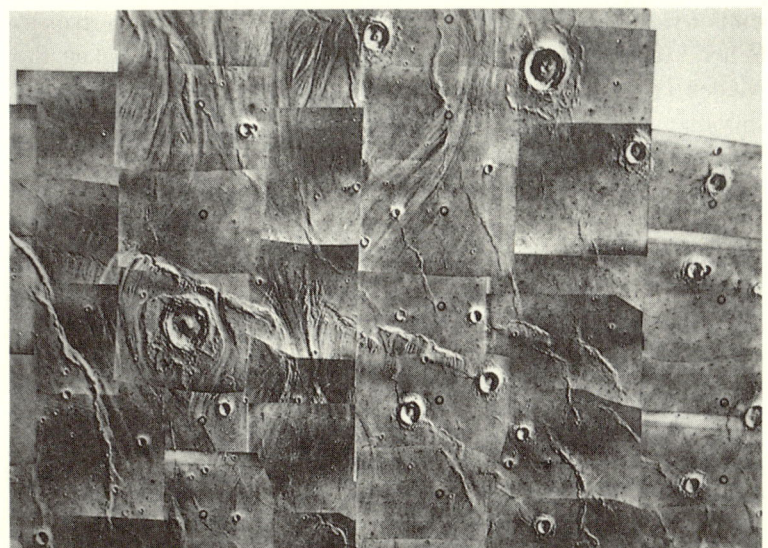

Chryse Planitia. In diese Ebene wurden Unmengen von Gesteinsmaterial geschwemmt. Gut erkennt man einzelne Inseln, die den anströmenden Flutwellen standgehalten haben. *(Quelle: NASA/DLR)*

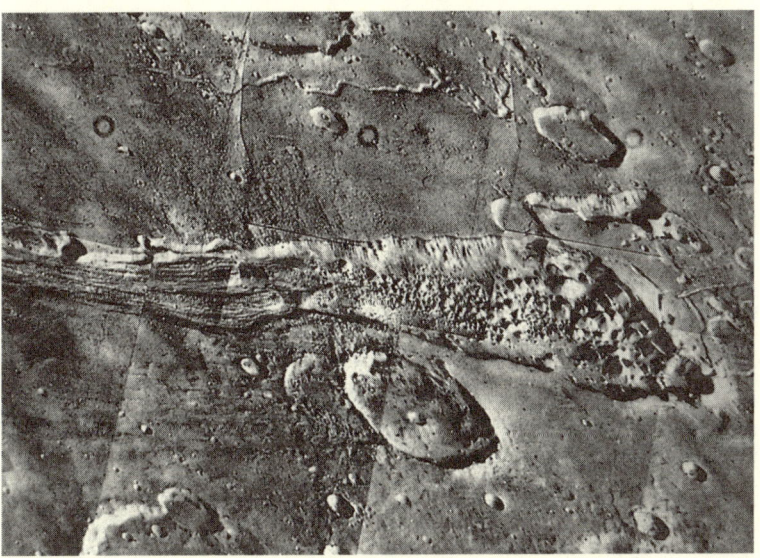

Chaotisches Terrain. Hier brachen ganze Landschaftsteile ein, als Eis im Untergrund schmolz und in Form verheerender Flutwellen abfloß. Bereiche wie diese sind die Ursprungsorte der großen Stromtäler. *(Quelle: NASA/DLR)*

gar nicht mehr nötig wären, um die zahlreichen Talnetze des südlichen Hochlandes zu erklären. Fraglos hat es während des starken Meteoritenbombardements und der massiven Vulkantätigkeit eine Phase gegeben, in der Treibhauseffekte eine Rolle spielten. Dies ergibt sich aufgrund einfacher Modellrechnungen für den Wärmehaushalt der damaligen Atmosphäre. Aber waren diese Effekte auch groß genug, um dauerhaft Temperaturen über dem Gefrierpunkt zu gewährleisten? Mit Sicherheit ist die Diskussion über diese Frage noch nicht abgeschlossen. Zukünftige Sonden werden uns weit bessere Fotos der Marsoberfläche liefern, und dann werden wir mit einer größeren Sicherheit das eine oder das andere, das »tropische« oder das »arktische« Szenario für den frühen Mars bestätigen oder ausschließen können.

Andererseits wissen wir mit Bestimmtheit, daß es einmal an der Oberfläche fließendes Wasser gegeben hat, nämlich im Grenzbereich zwischen der Hochlandfläche des Südens und den Tiefebenen des Nordens. Hier finden sich die sogenannten »Abflußkanäle«. »Fließen« ist eigentlich das falsche Wort. Wir denken dabei an eine ruhige, beschauliche Bewegung durch die Landschaft, an murmelnde Bäche, an Wellen, die leise plätschernd ans Ufer schlagen. Die Ausflußkanäle sind etwas ganz anderes. Sie entstanden, als Sturzfluten sich mit ungeheurer Gewalt ihre Bahn durch die Täler brachen, ganze Landschaften schlagartig veränderten, grollend tiefe Schlünde rissen.

Reicht unsere Phantasie aus, uns vorzustellen, welch unbeschreibliche Katastrophen hier abliefen? Prof. Victor Baker und Dr. Daniel Milton, die 1974 die Natur dieser Kanäle entdeckten, nehmen an, daß die großen Stromtäler von *Kasei, Ares, Tiu, Simud* und *Mangala Valles* in nur etwa einem Tag entstanden. Dabei müssen bis zu dreihundert Millionen Kubikmeter pro Sekunde transportiert worden sein, ein wirres Durcheinander an Wasser, Eis, Schlamm und riesigen Felsblöcken. Zum Vergleich: Im Mississippi, einem der größten Flüsse der Erde, werden pro Sekunde etwa 30 000 Kubikmeter Wasser bewegt, das ist ein Zehntausendstel davon. Etwa fünf Millionen Kubikkilometer Gestein wurden aus der Hochlandregion verfrachtet, von den reißenden Strömen mitgerissen und in *Chryse* und anderen Bereichen der nördlichen Basaltebenen verteilt.

Wieviel Wasser war dazu notwenig? Schätzungen sind natürlich nicht einfach, sie können sich nur danach richten, welche Mengen an Gestein abgetragen oder besser: abgerissen wurden. Eine vorsichtige Annahme lautet, daß es sich um wenigstens siebeneinhalb Millionen Kubikkilometer Wasser gehandelt haben muß. Was das bedeutet, kann man in etwa erahnen, wenn man sich diese riesigen Mengen über den Mars verteilt denkt: Die ausströmenden Wassermassen hätten dann ein den ganzen Mars umspannendes, fünfzig Meter tiefes Meer ergeben.

Woher ist all dieses Wasser gekommen? Was waren die Ursachen für derartige Überflutungskatastrophen? Sämtliche großen, breiten Sturzfluttäler haben ihren Ursprung in »chaotischem« Terrain, die meisten von ihnen wiederum im Gebiet östlich des *Valles Marineris*, in dieser gigantischen Einbruchzone, diesem zyklopischen Gewirr aus sich kreuzenden Tälern, erhalten gebliebenen Schichtblöcken, Trümmern, Felsklippen, jäh abfallenden Schluchten und einem Gesteinswirrwarr, für das es kein irdisches Gegenstück gibt.

Dieser gesamte riesige Bereich und zahlreiche kleinere entlang der Grenze zum Tiefland müssen auf ähnliche Weise entstanden sein. Aber wie?

Sämtliches Wasser, das der Mars als Dampf in seiner frühen Geschichte ausgaste, ergäbe, so haben James Pollack und D.C. Black vom *NASA Ames Research Center* in Kalifornien errechnet, einen etwa 160 Meter tiefen globalen Ozean. Dies ist zwar nur etwa ein Zweihundertstel der Menge, die auf der Erde entstand, aber dennoch eine respektable Menge. Ein beträchtlicher Teil davon muß nach wie vor im Boden als Eis gebunden sein. Solche Böden nennt man Permafrost- oder Dauerfrostböden, wie wir sie auch aus den nördlichen Regionen der Erde kennen.

Überflutungskatastrophen

Was geschieht nun, wenn das Eis in solchen Böden geschmolzen wird? Es liegt ja, hart und fest gefroren und damit dem umgebenden Gestein ähnlich, wie ein überdimensionales Stützgitter im löchrigen Regolith. Wird es, womöglich in einem schnellen, abrupten Prozeß erhitzt, wird die gesamte Einheit in sich zusammenfallen; allenfalls einzelne Bereiche bleiben erhalten, und in Form von

Schlamm- und Trümmerströmen wird zumindest ein Teil des Gesteins zusammen mit dem nun ganz oder teilweise geschmolzenen Wasser abfließen. Mit anderen Worten: es entstünde eine Landschaft, die ziemlich genau jenem Typus entspricht, den wir auf dem Mars als *chaotisches Terrain* bezeichnen.

Welche Ereignisse mögen zur großflächigen Aufschmelzung des Eises beigetragen haben? Denkbar sind vulkanische Interaktionen mit dem Grundeis, geothermales Schmelzen durch Wärme, die sich einfach aufgrund zunehmender Tiefe ergibt, oder auch der Ausstoß von tieflagerndem Wasser durch zunehmenden Druck von oben. Solch ein Druck könnte entstehen, wenn der Eismantel im Gestein wächst und sich mit der Zeit nach unten hin ausdehnt. Wir kennen den Effekt: Wenn wir Wasser bis zum Rand in eine Flasche füllen und diese Flasche in den Eisschrank legen, wird sie früher oder später platzen, weil das entstehende Eis ein größeres Volumen beansprucht als das flüssige Wasser. Eis, in die Poren und Spalten der Gesteinsschichten auf dem Mars eingelagert, verhält sich nicht anders. Es muß auf die tiefer liegenden, noch mit Wasser gefüllten Bereiche Druck ausüben – solange, bis dieses Wasser explosionsartig entweicht.

Eventuell waren es sogar mehrere dieser Faktoren, die zu verschiedenen Zeiten dazu führten, daß große Geländeeinheiten zusammenbrachen und das Trümmermaterial sich in die nördlichen Ebenen ergoß. Wir kennen so etwas von der Erde nicht, jedenfalls nicht aus unseren Tagen. Gegen Ende der letzten Eiszeit, vor mehr als 10 000 Jahren, scheint es aber vereinzelt zu derartigen Sturzfluten gekommen zu sein, insbesondere in Regionen Kanadas und der nördlichen USA.

Damals brach zum Beispiel eine Eisbarriere, die das aufgeschmolzene Wasser des Missoula-Sees im heutigen US-Bundesstaat Washington zurückgehalten hatte. Die Sturzfluten nahmen dabei einen Weg, der bereits durch bestehende Täler und Einsenkungen vorgezeichnet war, hobelten diese aber um bis zu zweihundert weitere Meter tief aus. Riesige Felsblöcke wurden mitgeschleppt, aus dem Gesteinsverband gerissen und hunderte von Kilometern weiter wieder abgelagert. Die Ausflußgeschwindigkeit war enorm. Man errechnete etwa dreißig Meter pro Sekunde. Wasserwirbel und sogenannte »Makroturbulenzen« beherrschten das Bild. Hier und

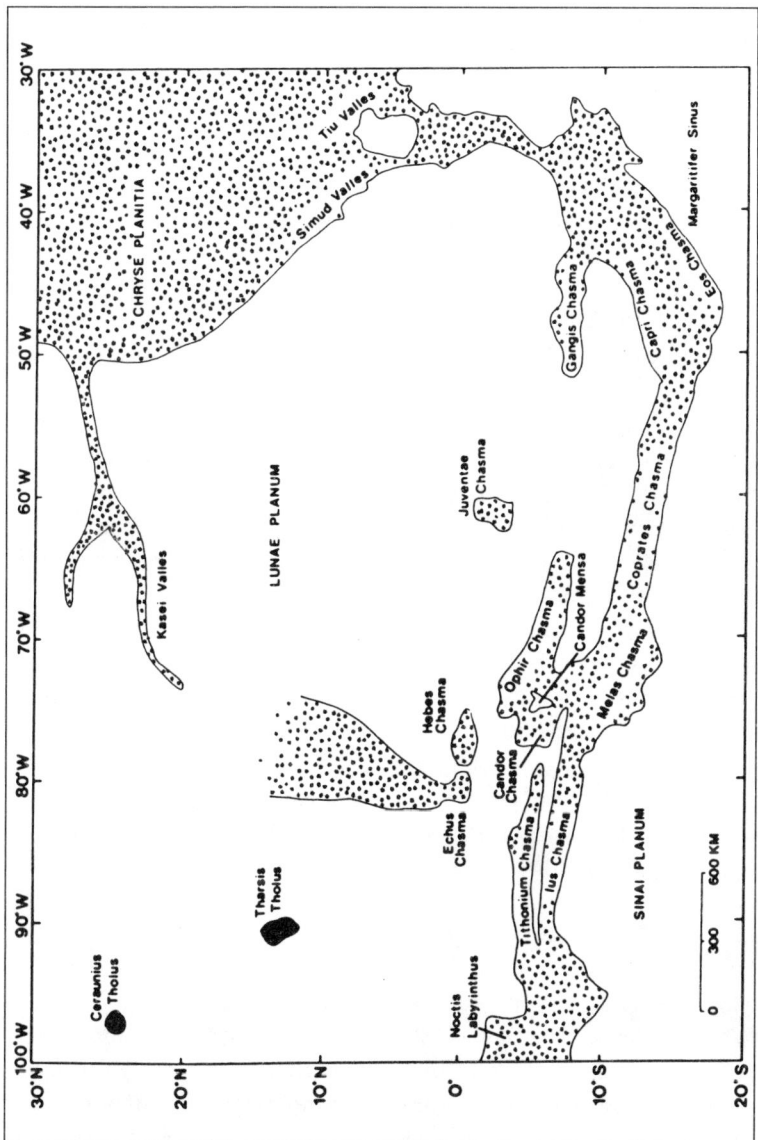

Übersichtskarte über das *Valles Marineris* und die großen Ausflußtäler *Kasei*, *Simud* und *Tiu Valles.* Die verschiedenen Bereiche des *Valles Marineris* sind wahrscheinlich einmal durch einen eisbedeckten See miteinander verbunden gewesen. *(Zeichnung von Michael Carr, US Geological Survey, bearbeitet von Johannes Fiebag)*

85

dort teilten sich die Arme, umflossen Felsmassive, die wie einsame Inseln der Brandung trotzten. Es ist gut möglich, daß damals die ersten indianischen Einwanderer dieses Schauspiel mitverfolgen konnten. Auf sie muß es wie das Ende der Welt gewirkt haben, wie ein ohrenbetäubendes, alles verschlingendes Ungeheuer aus dem Reich des Todes.

Doch innerhalb eines einzigen Tages war alles vorbei. Der See war leer, die letzten, strudelnden Wasserläufe verebbt. Zurück blieb eine völlig verwüstete, von Schlamm und Felsblöcken jeder Größenordnung übersäte Landschaft.

Schauen wir uns die Auslauftäler des Mars an, entdecken wir das gleiche Bild: Sie entstehen im »chaotischen Terrain«, winden sich als weite, schuttbedeckte Einkerbungen nach Norden, umlaufen Inseln, die der Wucht des anströmenden Materials standgehalten haben und versiegen schließlich in der Ebene, in der sie all die Trümmer des mitgerissenen Geländes zurückgelassen haben. Bilder, die uns die Dramatik dieser Ereignisse vor Augen führen und uns das Staunen lehren.

Aber die Mechanik eines solchen Vorganges ebenso wie die geomorphologischen Zeugnisse, die wir davon finden, machen deutlich, daß derartige Ereignisse nur von kurzer Dauer gewesen sein können, vielleicht einige Tage, mehr nicht. Dann verschwand das Wasser wieder – es verdunstete und lagerte sich in einer neuen Schicht Eis an den Polen ab, oder es sickerte in den Boden und wurde Teil der globalen Permafrostschicht, aus der es stammte.

Ähnlich müssen wir uns schließlich die Schlammschichtfluten vorstellen, die nach Auffassung des deutschen Planetologen Dr. Heinz Jöns von der Universität Würzburg zumindest jeweils einmal in der Geschichte des Mars von beiden Polkappen her Teile der Oberfläche überschwemmten. Früher hatte Jöns angenommen, weite Bereiche der nördlichen Ebenen seien von einem Schlammozean bedeckt gewesen. Doch damit würde man nicht nur eine große räumliche Ausdehnung verbinden, sondern auch eine entsprechende zeitliche Dauer von Hunderttausenden von Jahren, wenn nicht Jahrmillionen. Daß die Fluten riesiger Gewässer einmal Uferablagerungen auf der nördlichen ebenso wie auf der südlichen Hemisphäre hinterlassen haben, konnte Jöns anhand zahlreicher Hinweise festmachen: lappenförmig geflossene Materialeinheiten, mit Schlamm aufgefüllte Krater, schlierig verteilte Höhenzüge in Form sich kreuzender Wellenfronten, Überlaufzonen in andere Becken usw.

Dennoch glaubt Jöns heute, daß die Bezeichnung »Ozean« falsch ist. Vermutlich handelte es sich um noch gewaltigere Schlamm- und Gesteinsfluten, als wir sie von den Ausflußtälern her kennengelernt haben. Verantwortlich dafür waren Bewegungen in den Polkappen. Wenn sich mächtige Eisschichten übereinanderstapeln und der Druck auf die untenliegenden Partien zunimmt, erhöht sich dort auch die Temperatur. Es kommt zum »basalen Polkappenschmelzen«. Damit ist es wie mit vielen anderen Erscheinungen in der Natur auch: Druck und Temperatur werden zwar langsam aufgebaut, und bis zu einem bestimmten Zeitpunkt tut sich so gut wie nichts. Dann, mit einem Schlag, vielleicht angeregt durch ein kleines, lokales Erdbeben, verändert sich alles. Riesige Bereiche des abgelagerten Eises und des darunter verflüssigten Wassers geraten in Bewegung, sie brechen förmlich aus, driften in die tiefergelegenen Regionen, verschlingen Berge, Felsen und Täler und reißen ganze Landschaften mit sich fort.

Solche Sintfluten sprengen nun wirklich jedes menschliche Fassungsvermögen. Jöns nimmt an, daß die Schlammassen im Norden bis an die Grenzstufe der Hochlandregionen schwappten und zum Teil noch kilometerweit in die älteren Mündungsbereiche der Ausflußkanäle hineinliefen. Selbst diese Ereignisse waren nur von kurzer Dauer. Für die Überflutung im Bereich des Südpols wird eine Zeitspanne von wenigen Tagen, für die Schlammschichtflutung auf der nördlichen Hemisphäre maximal ein paar Wochen veranschlagt. Danach war sämtliches Wasser wieder in der kalten und von extrem niedrigem Luftdruck bestimmten Atmosphäre verdunstet. Zurück blieben die Spuren der Verwüstung und langgestreckte, rippenähnliche, sich zum Teil überkreuzende Hügelketten dort, wo die Fluten ausgelaufen und die Wellenfronten einen Großteil der transportierten Geröll- und Schuttmassen abgelagert hatten.

All diese Entdeckungen machen deutlich, daß Wasser auf der Oberfläche des Mars kaum stabil ist. Es kann dort nur für kurze Zeit existieren und ist nicht in der Lage, großräumige Meere von längerem Bestand zu bilden. Die noch vor wenigen Jahren populäre Annahme eines *Ozeanus Borealis*, der praktisch die gesamte nördliche

Halbkugel bedeckte, muß aufgegeben werden. Er hat in dieser Form nie existiert.

Seen in der Wüste

Dennoch gibt es Stellen auf dem Mars, an denen sich unter bestimmten Umständen Wasser vielleicht doch für längere Zeiten erhalten konnte, nämlich dort, wo es von einem dicken Eispanzer bedeckt gewesen ist. Eine der Stellen, die dafür in Betracht kommen, ist uns bereits bekannt – das *Valles Marineris*.

Es waren zwei amerikanische Geologinnen – Dr. Baerbel Lucchitta vom *Geological Survey* der USA in Flagstaff, Arizona, und Dr. Susan Nedell vom Geologischen Institut der *San José State University* in Kalifornien – die in den achtziger Jahren entdeckten, daß es im *Valles Marineris* große, von feingeschichteten Ablagerungsgesteinen bedeckte Flächen gibt. Solche Sedimente können entstehen, wenn der Wind Sandschicht über Sandschicht legt oder wenn feine Partikel und Körner in ruhigen Gewässern zu Boden sinken. Die Frage ist, welche dieser beiden Möglichkeiten hier eine Rolle gespielt hat.

Die Winde, die über die Canyonböden fegen, müssen sehr turbulent sein. Das Relief ist unruhig, hügelig, voller tiefer Einschnitte. Einmündende Seitentäler bewirken Ablenkungen und verteilen die entstehenden Luftströme in unterschiedliche Richtungen. Sie hätten niemals die glatten, feingeschichteten Sedimente hinterlassen können. Ablagerung in stehenden Gewässern hingegen ist von derlei Einflüssen unabhängig.

Susan Nedell kam zu dem Schluß, daß irgendwann ein einheitlicher, all die verschiedenen Täler von *Valles Marineris* verbindender See existiert haben muß. Möglicherweise gab es sogar Zeiten, in denen der Canyon bis zum Rand gefüllt war. Darauf deuten die Vorsprünge und Einbuchtungen in den Talwänden hin, wie man sie auf der Erde nur von *untermeerischen* Abhängen und Schluchten kennt.

Woraus bestehen nun die bis zu siebentausend Meter mächtigen Sedimente? Abwechselnd helle und dunkle Bänder zeigen, daß es sehr unterschiedliches Material sein muß. Baerbel Lucchitta nimmt an, daß es sich aus Staub und Sand sowie aus abgetragenen Vulkaniten zusammensetzt, die zuvor in kleinen Spalten entlang der Canyonwände ausgeflossen waren. Beides reicht aber nicht aus, um die große Menge zu erklären.

Der NASA-Wissenschaftler und Geologe Dr. Christopher McKay, ein Namensvetter von David McKay, der die Untersuchung an ALH 84001 leitete, hat zusammen mit Susan Nedell daher ein weiteres Gestein vorgeschlagen, das einen Großteil des Sediments ausmachen könnte: Karbonate. Wie auf der Erde müßte nämlich auch auf dem Mars ein Großteil des in der Frühzeit ausgegasten CO_2 in Karbonaten gebunden und in Seesedimenten abgelagert sein. Das *Valles Marineris* wäre sogar ideal dafür, da auf seinen tiefliegenden Böden ein höherer Luftdruck herrscht als anderswo auf dem Mars. Heute sind die Karbonate von einer dicken Staubschicht zugedeckt, die eine Analyse aus dem Orbit heraus unmöglich macht. Wir sehen aber, wie wichtig diese Erkenntnisse nun angesichts der tatsächlichen Entdeckung von *Karbonat*globulen in ALH 84001 sind.

Farbanalysen, die ein Wissenschaftlerteam um den Planetologen Dr. Paul Geissler (Arizona-Universität) anhand von Photos der *Viking*- und der sowjetischen *Phobus*-Sonde machte, zeigen noch etwas: nämlich kristalline Eisenoxide, Verwitterungsprodukte, die in dieser Form nur in stehenden Gewässern erzeugt werden können. Sie sind in den kleinen Spalten des *Valles Marineris* auszumachen.

Susan Nedell und ihre Kollegen haben ausgerechnet, wieviel Material im großen Marstal abgelagert wurde. Im Zentralbereich des *Valles Marineris* allein erreicht es schätzungsweise eine Menge von etwa 129 000 Kubikkilometern. Das ergäbe, über den gesamten Mars verstreut, immerhin eine Decke von neunzig Zentimetern. Fossile irdische Seen können da kaum mithalten. Der riesige Gosuite-See, der sich vor mehr als 37 Millionen Jahren in Wyoming ausdehnte, »schaffte« nur ganze 20 000 Kubikkilometer über einen Zeitraum von vier Millionen Jahren.

Noch etwas unterscheidet die beiden Gewässer: Das *Valles Marineris* muß nämlich vollständig mit Eis und darüber wiederum mit einer dicken Schicht aus Staub und Sand bedeckt gewesen sein. Andernfalls wäre selbst diese große Wassermenge innerhalb kürzester Zeit verdunstet – oder gar nicht erst entstanden. Bis zu zwei tausend Meter dürfte die Eisdecke mächtig gewesen sein. Wesentliche Teile der Talfüllung bestanden folglich aus gefrorenem und nicht aus flüssigem Wasser.

Das *Valles Marineris* ist nur ein Beispiel für eine ganze Reihe weiterer Becken, in denen sich, unter dicken Eisschichten verborgen, Wasser in flüssigem Aggregatzustand über längere Zeit hätte erhalten können. Noch bis zu siebenhundert Millionen Jahre nach dem Ende des *Late Heavy Bombardment* könnten eisbedeckte Seen auf dem Mars existiert haben, etwa im Krater *Gusev* auf der südlichen Halbkugel. In ihn mündet das große Stromtal des *Ma'adim Valles*. Die Art und Weise, wie der Schlamm den Kraterboden bedeckt, zeigt, daß das Wasser nicht unterirdisch eingedrungen sein kann, sondern tatsächlich auf dem Boden des Kraters gestanden haben muß.

»Auf dem Mars existieren zahlreiche Senken«, meint Dr. Ralf Jaumann vom Institut für Planetenerkundung in Berlin/Adlershof, »in denen sehr feines Material abgelagert wurde. Heute würde man sagen: dies ist ein ausgetrockneter See, auf dessen Grund Tonsedimente liegen. Nach dem aktuellen Stand der Forschung ist kein anderes Medium als Wasser vorstellbar, das solche Formen erzeugt hat.«

Und wie sieht es heute aus? Ein Ort, an dem flüssiges Wasser zumindest noch knapp unterhalb der Oberfläche zu finden sein könnte, ist das *Solis Lacus*. Diese große Senke liegt ein wenig nördlich des *Hellas*-Beckens, diesem genau gegenüber auf der anderen Seite des Planeten. Im *Solis Lacus* hatte der große Sandsturm von 1973 seinen Ursprung, und damals konnte im aufgewirbelten Staub dieses Beckens überraschend viel Wasser festgestellt werden. Vermutlich reicht es in Form einer Salzlösung bis in die obersten Bereiche des Bodens. Eine vielversprechende Region also, um noch heute flüssiges, wenn auch wenig genießbares Wasser auf dem Roten Planeten zu finden.

Obwohl also die klimatischen Bedingungen auf dem Mars – von den allerersten Anfängen einmal abgesehen – den Verhältnissen in einem Gefrier-Trockenschrank gleichen, trat Wasser immer wieder in der einen oder anderen Form an die Oberfläche oder floß knapp unter dieser Oberfläche ab: in den Talnetzen des Südens, in den Ausflußkanälen des Äquators, in den gewaltigen Schlammschichtfluten der Pole, an den Hängen jüngerer Vulkane, im *Valles Marineris*, in eisbedeckten Kraterseen und vielleicht sogar noch heute in besonders begünstigten Bereichen wie dem *Solis Lacus*. Was wir dabei bislang noch nicht beachtet haben, ist die an Sicherheit grenzende Wahrscheinlichkeit, daß unterirdisch ganze Wasserzirkulations*systeme* aufrecht erhalten wurden (oder sogar noch aufrecht erhalten werden), nämlich dort, wo vulkanische Aktivität hydrothermale Prozesse steuert. Und dies wird, wie wir noch sehen werden, ein wichtiger Aspekt bei der Frage sein, wo, wie, wann und unter welchen Umständen sich Leben auf dem Mars hat entwickeln können.

Doch bevor wir diese Fragen zu beantworten suchen, sollten wir uns anschauen, wie das Leben auf der Erde entstanden ist, welche allerersten Schritte es hier gemacht hat und wie die frühe Evolution nach unseren heutigen Vorstellungen ablief. Dann wollen wir zum Mars zurückkehren und uns auf das große Abenteuer einlassen, das sich uns mit der Entdeckung extraterrestischer Lebensformen auf dieser fernen Welt im All nun erstmals bietet.

V

Unsere frühen Ahnen

Lebensbeginn auf der Erde

Während ich diese Zeilen schreibe, summt unaufhörlich eine kleine Mücke durchs Zimmer. Am Bücherregal vor mir, über dem Bildschirm des Computers, fangen die grünen Blätter eines Efeus das goldgelbe Licht der untergehenden Sonne auf. Jenseits des geöffneten Fensters zwitschern Vögel, irgendwo bellt ein Hund.

All das nehmen wir für gewöhnlich kaum zur Kenntnis. Wir sind meistens viel zu abgelenkt, um uns über das lebendige Wunder der Erde Gedanken zu machen. Unsere Existenz vollzieht sich auf einem Planeten des überschäumenden Lebens. Seit vermutlich mehr als 3,8 Milliarden Jahren ist Leben auf unserer Welt heimisch, hat sich vermehrt, entwickelt, ausgebreitet, hat die skurrilsten Formen angenommen und schließlich (oder vorläufig?) auch den Menschen hervorgebracht, der sich gerne als Krone der Schöpfung sieht, als Endprodukt einer Evolution, deren »Sinn« die Schaffung seiner Intelligenz war.

Wie entstand das Leben auf unserer Erde? Welche Voraussetzungen waren dafür notwendig? Was *ist* Leben überhaupt? Wie läßt es sich abgrenzen von unbelebten Substanzen? In der biologischen Forschung haben sich drei Charakteristika herauskristallisiert, die – in ihrer Kombination – Leben definieren, nämlich die Fähigkeit zum Stoffwechsel, zur Fortpflanzung und zur evolutionären Veränderung.

Stoffwechsel und *Fortpflanzung* sind Merkmale, die wir überall in der Natur und natürlich auch an uns selbst beobachten können. Wenn wir ein saftiges, gut gewürztes Steak und anschließend ein Schokoladeneis essen, wenn ein kleines Kätzchen zum allerersten Mal eine Maus gefangen hat, wenn Pflanzen Wasser und Mineralien aufsaugen, wenn spezielle Bakterien Schwefel und Phosphor verwerten, dann werden Stoffe aus der Umgebung aufgenommen, innerhalb des Körpers umgebaut und in veränderter Form wieder ausgeschieden. Das alles wäre ein ziemlich sinnloses Unterfangen, würde dabei nicht auch für den jeweiligen Organismus etwas »herausspringen«. Der Nutzen, der dabei entsteht, ist zum einen Energiegewinnung, die aus der Verbrennung beziehungsweise Oxidation der aufgenommenen Substanzen resultiert (ausgeschieden wird letztlich die »Asche«), sowie zum anderen die Gewinnung von »Baumaterialien« für den Körper selbst. Nur wenn wir mit der Nahrung essentielle Elemente aufnehmen, wie Kalzium, das wir für den Erhalt unserer Knochen benötigen, oder Eisen, das bei der Blutproduktion eine maßgebliche Rolle spielt, ist überhaupt ein Körperwachstum möglich. *Fortpflanzung* wiederum ist notwendig, um die eigene Art zu erhalten – es geht dabei weniger um das Individuum. Anorganische Stoffe verfügen weder über einen Stoffwechsel, noch können sie sich vermehren. Diese Eigenschaften sind nur Lebewesen, und seien sie noch so klein (etwa einzelne Zellen), zu eigen.

Es kommt aber noch ein dritter Punkt hinzu, den wir erst seit der Begründung der Evolutionstheorie durch Charles Darwin kennen, nämlich die *Veränderung*. Wir, die wir nur eine begrenzte Lebensspanne zur Verfügung haben, nehmen solche Veränderungen in der Regel nicht zur Kenntnis, weil sie erst im Laufe von vielen Generationen zutage treten. Verfügten Organismen jedoch nicht über die Fähigkeit, durch Mutation Veränderungen ihrer eigenen Erbsubstanz zu erfahren, könnte es keine Entwicklung und keine Anpassung an neue Umweltbedingungen geben, die schließlich auch zur Entstehung neuer Arten und Formen führt. Wiederum sind es ausschließlich Organismen, die die Möglichkeit zu einem solchen Wandel haben, nicht aber anorganisches Material.

Wie gesagt, es ist die *Kombination* dieser drei Charakteristika, die ein »etwas« zu einem lebenden Wesen macht. Treffen lediglich zwei Merkmale zu, kann man eigentlich den Begriff Leben nicht mehr verwenden. Viren zum Beispiel, die nur aus Nukleinsäure und einem Mantel aus Protein bestehen, können sich zwar vermehren und auch mutieren (was ja gerade der heutigen pharmazeutischen Forschung Probleme bereitet, weil sich Viren sehr rasch an veränderte Umweltbindungen, sprich neuentwickelte Arzneien, anpassen und neue

Stämme ausbilden können), aber sie haben keinen eigenen Stoff-wechsel. Sie nutzen die Stoffwechselmöglichkeiten fremder Zellen und schädigen sie auf diese Weise. Sie sind also keine Lebewesen im eigentlichen Sinne, sondern stehen irgendwo zwischen der belebten und der unbelebten Materie. Dies bedeutet im Umkehrschluß aber nicht, daß sie bei der Evolution, also bei der einstigen Entstehung von Leben auf der Erde, eine Rolle gespielt haben. Da sie für ihre Reproduktion bereits existierende Zellen benötigen, müssen sie erst später in der Erdgeschichte aufgetreten sind.

Erste Schritte ins Leben

Wie ist nun das Leben auf unserem Planeten entstanden? Welche Vorstellungen hat man heute davon? Wie ist die zunächst abioti-sche, rein chemische Evolution abgelaufen, die schließlich zur ersten lebenden Zelle, zum ersten Organismus auf dieser Welt führte? Ist die Vorstellung einer »Ursuppe«, wie man sie in den vier-ziger und fünfziger Jahren entwickelte, heute noch haltbar?
All dies sind Fragen, auf die eine absolut sichere Antwort trotz aller Forschungsanstrengungen bislang nicht gefunden wurde. Unsere Vorstellungen davon, wie das Leben entstanden ist, gehen auf den britischen Physiologen John Scott Haldane und den russischen Bio-chemiker Alexander Oparin zurück, die in den zwanziger Jahren unseres Jahrhunderts erstmals versuchten, die Darwinsche Evolu-tionstheorie auch auf die Frage nach dem Lebensbeginn anzuwen-den. Demnach war Leben nicht, wie man bisher geglaubt hatte, durch spontane Selbstentstehung aufgetreten, sondern durch einen nachvollziehbaren, wenn auch noch nicht in allen Einzelheiten ver-ständlichen chemischen Prozeß.
Es mußte also darum gehen, diesen Prozeß in seiner Gänze verste-hen zu lernen. Man wußte damals bereits, daß die Uratmosphäre der Erde unserer heutigen nicht geglichen haben kann, denn der Sauerstoff, den wir zum Atmen benötigen, wurde ja erst im Laufe der Entwicklung des Lebens nach und nach durch sauerstoffprodu-zierende Pflanzen erzeugt. Doch wie war die Lufthülle damals genau zusammengesetzt? Welche Stoffe herrschten vor?
Wir haben nun leider nicht die Möglichkeit, eine Zeitmaschine

etwa viereinhalb Milliarden Jahre in die Vergangenheit zurückzu-
senden und Analysen der damaligen Atmosphäre und der Konzentration präbiotischer Substanzen in den jungen Ozeanen vorneh-
men zu lassen. Doch ist es zu Beginn der fünfziger Jahre gelungen,
durch Vergleiche mit den Atmosphären anderer Planeten und
bestimmte theoretische Annahmen festzustellen, daß eine ganz
bestimmte Zusammensetzung vorgeherrscht haben muß: eine
atmosphärische Mischung aus Kohlendioxid, Methan, Ammoniak
und Stickstoff. Diese Stoffe wurden von der frühen Erde im Zuge
ihrer starken vulkanischen Aktivität ausgeschieden und in einer von
heftigsten Stürmen und ungeheuren Orkanen erschütterten Gashülle über die rauschenden Ozeane des neugeborenen Planeten
gewirbelt.

Nun sind aber die diese Gase aufbauenden Elemente auch für biologische Organismen wichtig. Kohlendioxid (CO_2) setzt sich aus
Kohlenstoff und Sauerstoff zusammen, Methan (CH_4) aus Kohlenstoff und Wasserstoff, Ammoniak (NH_3) aus Stickstoff und Wasserstoff. Es schien also so zu sein, daß diese Stoffe in irgendeiner Weise
zur Lebensentstehung beigetragen haben, sofern sie neu kombiniert
»zusammengebracht« wurden. Kohlenstoff vor allem ist für unsere
Art von Biologie (und über eine gänzlich andere haben wir keine
Kenntnis) besonders wichtig, weil es in der Lage ist, ganz besonders
stabile und lange Ketten, Netze und andere räumliche Strukturen
zu bilden und mehr als 2 300 Verbindungen mit anderen Elementen
einzugehen. Sauerstoff ist nur zu neun derartigen Verbindungen in
der Lage, Wasserstoff sogar nur zu zwei.

Wie also konnten chemische Veränderungen in Gang gebracht werden, die zu einem Fortschritt bei der Entwicklung hin zum Leben
führen sollten? Ohne Zweifel brauchte man dafür Energie, und
zwar große Mengen an Energie. Diese waren in der Uratmosphäre
fraglos vorhanden, nämlich in Form jener unaufhörlich zuckenden
Blitze, die die damals noch dunkle, von dicken Wolkenschichten
verhangene Erde wieder und wieder in ein unwirkliches Licht
tauchten. Hinzu kamen thermische Energiequellen wie Vulkane
und in den obersten Schichten der Atmosphäre natürlich auch das
Licht und die Wärme der Sonne.

Ende der fünfziger Jahre wurde von Stanley Miller, einem Studenten des berühmten Nobelpreisträgers Harold Urey, eine solche

Uratmosphäre im Labor »rekonstruiert«. Miller füllte seine Glaskolben mit einem Gemisch aus Ammoniak, Methan, Wasserstoff und Wasserdampf, von denen Urey und er annahmen, daß es in ähnlicher Form zum Aufbau der Lufthülle auf der frühen Erde beigetragen hatte, und jagte tagelang elektrische Ladungen von 60 000 Volt durch dieses für uns Menschen ziemlich giftige Gebräu.

Das Ergebnis war erstaunlich und löste einen geradezu euphorischen Taumel in den Medien aus, waren in dieser künstlichen »Uratmosphäre« doch in der Tat einige »Lebensbausteine«, nämlich Aminosäuren, entstanden. Aminosäuren sind molekulare Verbindungen, die die für Organismen, ganz gleich ob Bakterium, Tintenfisch oder Mensch, so bedeutenden Proteine bzw. Enzyme (Eiweißkörper) aufbauen. In späteren Experimenten, bei denen man die Mischungen veränderte, wurden auch andere Aminosäuren erzeugt. Insgesamt erscheint die »Ausbeute« dieser Experimente bis auf den heutigen Tag beeindruckend: Einige hundert verschiedene Aminosäuren, darunter die für den Aufbau der Desoxyribonukleinsäure (DNA, dem eigentlichen »Lebensmolekül«, das die genetischen Informationen speichert und weitergibt) so wichtigen Aminosäuren Glycin und rechts- wie linksdrehendes Alanin (die irdische Biochemie kennt allerdings aus bisher ungeklärten Gründen nur Aminosäuren, deren Molekülstrukturen linksherum gedreht sind). Auch verschiedene Carbonsäuren wurden gewonnen, Ameisensäure, Propionsäure, Essigsäure, Glycolsäure, rechts- und linksdrehende Milchsäure, Fettsäuren, Blausäure, Formaldehyd und verschiedene andere komplexe Kohlenwasserstoffe und Stickstoffverbindungen.

Entgegen der weitverbreiteten und nur aus der damaligen Euphorie verständlichen Auffassung, Miller habe bei seinem Experiment *Leben* erzeugt, sind solche Amino- und anderen Säuren freilich noch lange nichts Lebendiges. Was Miller und jene, die seine Versuchsanordnung später immer wieder neu variierten, herstellten, waren kleine Bauklötzchen für Leben. Im Grunde preßten sie aus einem Haufen Sand und Kalk ein paar Steine, die anschließend völlig ungeordnet auf einem Haufen herumlagen. Vom zu erbauenden Haus fand sich weit und breit keine Spur.

Eine »RNA-Welt« am Anfang?

Im Gegenteil, die Kluft (manche reden auch von einem Abgrund) zwischen den Ergebnissen der Simulationsexperimente und der Hoffnung, mit diesen Bausteinen wenigstens *Vorläufer* der ersten Zellen, die sogenannten Progenoten zu schaffen, ist so groß wie nie zuvor. Einerseits ist nämlich, wie Prof. Dr. Klaus Dose vom Institut für Biochemie in Mainz meint, klargeworden, daß Replikation, Vermehrung, Wachstum und Entwicklung von Zellen von sehr vielen verschiedenen Faktoren abhängt. Solche Faktoren können aber nur als Funktionen in bereits bestehenden supramolekularen Strukturen erfüllt werden, wie es sie am Anfang gewiß noch nicht gab. Andererseits ist es in den Experimenten bislang nicht gelungen, wirklich signifikante Mengen an über die Aminosäuren und Nukleotide hinausgehenden hochmolekularen Verbindungen zu schaffen, etwa Nukleinsäuren oder Ribose (ein Zucker, der als Baustein der Ribonukleinsäure, der RNA dient) oder überhaupt Zuckerverbindungen. Zudem waren die erhaltenen Mengen angesichts dessen, was man zuvor an Zutaten – etwa an Kohlenstoff – einsetzte, geradezu minimal. Das liegt möglicherweise daran, daß in der Uratmosphäre doch noch andere Dinge eine Rolle spielten, von denen wir nichts wissen.

Unser Problem besteht darin, daß wir keine unmittelbare Kenntnis der wirklichen Verhältnisse auf der frühen Erde haben. Sämtliche Hinweise sind verlorengegangen, wurden durch die geologische und meteorologische Aktivität der Erde selbst vernichtet. So sind wir mehr oder weniger auf Spekulationen angewiesen, die uns zwar einige Schritte weitergebracht haben, aber ob wir in die richtige Richtung steuern oder einen völlig falschen Weg eingeschlagen haben, können wir nicht wissen.

Immerhin haben sich heute, vierzig Jahre nach Millers erstem Experiment, die Vorstellungen über die Zusammensetzung der Uratmosphäre stark verändert. Höchstwahrscheinlich hat sie nicht die großen Mengen an Methan, Ammoniak und Wasserstoff enthalten, von denen Miller und Urey noch ausgingen, sondern war in erster Linie wohl aus Kohlendioxid, Stickstoff, Wasserdampf und nur sehr *geringen* Anteilen an Schwefelwasserstoff, Wasserstoff und Kohlenmonoxid zusammengesetzt. Wasserstoffhaltige Moleküle wurden nämlich von der harten Ultraviolett-Strahlung der Sonne aufgesplittet, der dadurch freigewordene leichte Wasserstoff entwich ins All. Heute schützt die durch pflanzliche Photosynthese entstandene Ozonschicht die Atmosphäre vor dieser UV-Strahlung, aber damals gab es sie noch nicht. Mit dem Wasserstoff ging also permanent ein wesentlicher Baustein organischer Moleküle verloren, die Atmosphäre war, was die Bildung solcher Moleküle betrifft, in Wahrheit extrem *reaktionsträge!*

Und noch etwas ist inzwischen deutlich geworden, was sich eigentlich schon im klassischen Miller-Experiment abzeichnete: Die »Ursuppe« selbst, jene wäßrige Lösung der Ozeane, in die die durch Energie und atmosphärische »Zutaten« neu entstandenen Molekülverbindungen geregnet und geschwemmt worden sein sollen, um dann im Zuge der Entwicklung zur ersten lebenden Zelle fortzuschreiten, hätte eine solche Entwicklung nahezu unmöglich gemacht. Denn diese Molekülverbindungen, die Blausäure, die Aminosäuren, die Aldehyde und Amine, sind äußerst reaktiv und fügen sich rasch zu verschiedenen, noch immer schwer definierbaren Polymeren zusammen, aber nicht zu jenen komplexen Molekülketten, wie sie für den Aufbau lebender Zellen notwendig sind.

Solche Moleküle sind vor allem die DNA (Desoxyribonukleinsäure) und die RNA (Ribonukleinsäure). Proteine, die aus Aminosäuren bestehen und als Katalysatoren aller biochemischen Vorgänge in Organismen fungieren, sind allein nicht in der Lage, als Schablonen für die »Ausrichtung« dieser Aminosäuren zu dienen. Sie können so nicht in Reaktionen miteinander verknüpft werden, um schließlich wieder neue Proteine zu bilden. Es ist also keine Protein-Protein-*Vermehrung* möglich. Diese Aufgaben übernehmen die DNA und die RNA. Die wie ein gewundener »Reißverschluß« organisierte Doppelschraube der DNA gleicht einer in sich gedrehten Strickleiter, wobei die Sprossen von vier unterschiedlich miteinander angeordneten Stickstoffbasen gebildet werden. Die Reihenfolge dieser Basen, die gewissermaßen die Buchstaben des Gentextes darstellen, legt direkt die Reihenfolge der Aminosäuren fest. Reißt dieser Reißverschluß bei der Teilung auf, lagern sich wieder die gleichen Stickstoffbasen an den beiden auseinanderdriftenden Leitersträngen an, so daß zwei identische neue DNA-Doppelschrauben entstehen. Da die DNA durch die verschiedenartige Kombination der Stickstoffbasen die Erbinformation der jeweiligen Zelle gespeichert hat, ist dies der wichtigste Schritt in der Zellteilung, bei dem diese Information von der Eltern- auf die Tochterzelle übertragen wird.

Für die Weitergabe der Erbinformation bedient sich die DNA eines »Hilfsmittels«, nämlich der RNA, der Ribonukleinsäure. Dabei werden von einem der aufgespaltenen Stränge Kopien synthetisiert (eben die RNA), die dann wiederum dazu in der Lage sind, an vielen Stellen gleichzeitig Proteine herzustellen. Wenn also das DNA-Molekül das RNA-Molekül erzeugt, gibt es auf diese Weise die genaue Anweisung zur Proteinsynthese weiter. Es vermehrt bzw. verdoppelt sich also nicht nur, sondern stellt gleichzeitig ein System zur Erzeugung von Proteinen her.

Wir wollen hier nicht tiefer in dieses spezielle Gebiet der Molekulargenetik eindringen, aber doch noch darauf hinweisen, daß die RNA seit einiger Zeit von vielen Biologen als jenes Molekül angesehen wird, das die eigentliche biologische Evolution einleitete. Modelle zur »Selbstreplikation« der RNA, mit deren Hilfe sich die Evolution genetischer Informationen in heutigen Organismen zurückverfolgen läßt, sollen zeigen, daß die RNA eine dominante Rolle bei der Entstehung des ersten Lebens spielte, daß also zuerst die Information entstand und weitervermittelt wurde. Mit anderen Worten: Der eigentlichen Lebenswelt ging eine RNA-Welt voraus, in der Proteine ohne Bedeutung gewesen sind oder schlicht nicht anwesend bzw. in denen die Aufgaben der Proteine von der RNA mitübernommen wurden.

Diese Auffassung vertritt zum Beispiel der Göttinger Molekularbiologe und Nobelpreisträger Prof. Manfred Eigen: »Man kann mit Gewißheit sagen, daß sich auf den urzeitlichen Wegen der Synthese und Differenzierung in sehr geringen Mengen kurze Nukleotidsequenzen bildeten, die man im Sinne der heutigen Biochemie als »richtig« bezeichnen würde: Sie besaßen dieselben Basen, dieselben kovalenten Verknüpfungen und dieselbe Stereochemie, das heißt dieselbe räumliche Anordnung der chemischen Gruppen.« Diese Moleküle fügten sich demnach zu stabileren Organisationsformen zusammen – nämlich zur RNA – und »überlebten«.

Aber liegen die Dinge wirklich so einfach? Prof. Klaus Dose wider-

So ähnlich mag die frühe Erde ausgesehen haben – eine von Lavaflächen, heißer Asche und Vulkanen geprägte Landschaft. Damals allerdings war die Oberfläche, anders als zum Beispiel heute auf Lanzarote, in dichte Schwaden aus Kohlendioxid- und Wasserdampfwolken eingehüllt. *(Quelle: Johannes Fiebag)*

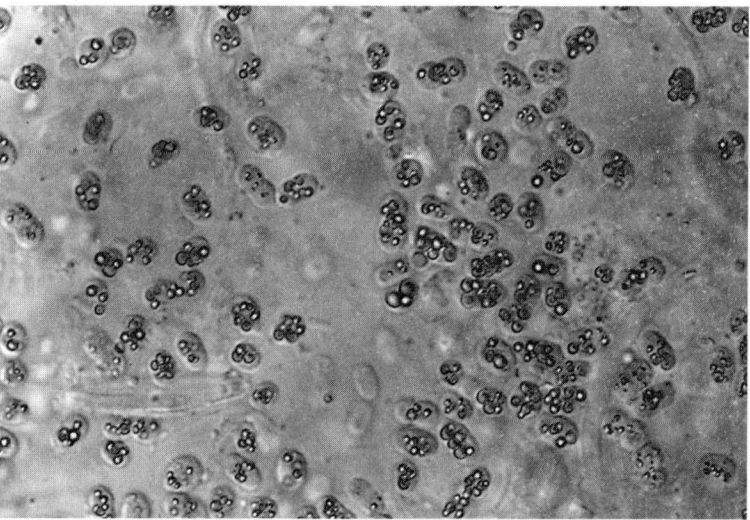

Purpurbakterien, primitive Lebensformen auf der Erde. Aus ähnlichen Mikroben entwickelte sich die gesamte heutige Biosphäre unseres Planeten. Doch wie die einzelnen Schritte dieser Evolution bis zur ersten Zelle aussahen, ist noch immer ungeklärt. *(Quelle: Manfred Kage)*

spricht dem und meint, die Eigenschaft bestimmter RNA-Vorstufen in heutigen Organismen, selbst biokatalytisch aktiv zu sein und damit in gewisser Weise die Rolle der Enzyme zu übernehmen, habe keinen nachweisbaren Bezug zur präbiotischen Evolution auf der frühen Erde: »Man darf nämlich nicht vergessen, daß jeder Schritt der Genexpression in heutigen Zellen, also auch die RNA-Synthese, von Proteinen kontrolliert wird. Die zahlreichen Debatten über die Frage, ob Proteine, Protoproteine oder Polynukleotide während der frühen Phasen der präbiotischen Evolution vorherrschten, haben uns der Lösung des Problems ›Ursprung des Lebens‹ nicht nähergebracht.«

Daran ändert auch nichts, daß eine Forschergruppe um den amerikanischen Biochemiker Reza Ghandiri vom *Scripps*-Forschungsinstitut in La Jolla (USA) nun erstmals nachweisen konnte, daß Eiweiße (also Proteine, Enzyme) sich selbst vervielfältigen können. Ein aus 32 molekularen »Bausteinen« zusammengesetztes Protein vermochte bei ihren Experimenten aus seinen beiden getrennten Hälften beliebig viele Kopien herzustellen. Die Forscher gaben zwei unterschiedlich lange Teile des Proteins in eine spezielle Lösung und fügten Spuren des kompletten Moleküls hinzu. Das ursprüngliche Eiweiß stellte aus zwei Teilstücken ein Ganzes her, und jedes neu synthetisierte Protein konnte wiederum die beiden Teile zusammenfügen.

Es sieht also so aus, als könnten sich Proteine auch ohne die Hilfe von DNA beziehungsweise RNA vermehren, was die ganze RNA-Welt nun wieder auf den Kopf stellt. Mit anderen Worten: Es liegt noch vieles im Dunkel der Vorzeit, und all unsere Annahmen sind letztlich nur mehr oder weniger abgesicherte Spekulationen. Fraglos muß es eine Art »Hyperzyklus« gegeben haben, bei dem Proteine und Nukleinsäuren zusammengewirkt haben: Nukleinsäuremoleküle legen die Bildungskriterien für ein neues Proteinmolekül fest, das seinerseits wieder die Vermehrung der Nukleinsäure katalysiert. Ein fortschreitender, auch der Evolution unterliegender Prozeß, der die funktionelle Effizienz einer genetischen Information optimiert, wie Manfred Eigen es formuliert. Dennoch ist unklar, wie die einzelnen Schritte ganz am Anfang verlaufen sind, was also zuerst da war – das Proteinmolekül oder die Nukleinsäure, die Henne oder das Ei.

Rätsel des Lebens

Da wir Menschen aber nun einmal da sind und die Lebenswelt in all ihrer Vielfalt um uns herum existiert, muß es auf der anderen Seite irgendeinen Prozeß gegeben haben, der diese Vielfalt erzeugt und »ins Leben gerufen« hat. Irgendwie und irgendwo muß es zunächst eine chemische Evolution gegeben haben, die präbiotische Moleküle, also Aminosäuren, Nukleinsäuren, Fettsäuren, Zucker und Basen hervorbrachte, und eine daran anschließende molekulare Evolution, die diese Säuren zu komplexeren Molekülketten verband. Dabei müssen Makromoleküle (zum Beispiel Aminosäurepolymere) und sich bereits selbst organisierende supramolekulare Strukturen wie die Membranvesikel geschaffen und schließlich Protobionten oder Protozellen gebildet worden sein. Diese Protozellen müssen sich dann weiter zu Protogenoten entwickelt haben, den Vorläufern des heutigen Lebens, und diese endlich zu den drei großen Stämmen, die wir heute kennen, nämlich die Prokaryoten oder Eubakterien (Zellen ohne Zellkern), die Eukaryoten (Zellen mit Zellkern und alle davon abstammenden Lebewesen einschließlich uns selbst) sowie die urtümlich und fremdartig erscheinenden Archaebakterien.

Wie diese Schritte im einzelnen erfolgten, auch das ist nach wie vor nicht geklärt. Der amerikanische Biochemiker Prof. S. W. Fox konnte Ende der sechziger Jahre erstmals im Labor sogenannte Mikrosphären erzeugen, indem er warme Proteinlösungen abkühlen ließ, in denen bestimmte chemische Reaktionen abgelaufen waren. Diese Mikrosphären konnten sogar, wenn man sie lange genug in der Lösung beließ, ihrerseits wieder Knospen ausbilden, sie reagierten auf bestimmte Säuregrade in der Umgebung mit dem Aufbau einer zweischichtigen Membran, und sie fanden sich zum Teil zu regelrechten Trauben zusammen. Interessanterweise hat man solche Mikrosphären auch in ältesten Gesteinsschichten entdeckt. Sie scheinen also Vorläufer der späteren Zellen zu sein, aber ihnen fehlte natürlich noch etwas ganz Entscheidendes, nämlich die Merkmale einer geordneten, identischen Vermehrung auf der Grundlage des Zusammenwirkens von Polynukleotiden und Proteinen.

Ebenfalls nicht endgültig geklärt ist die Frage, wie die Eukaryoten, die Zellen mit Zellkern und Organellen entstanden sind. Fraglos müssen sie sich in irgendeiner Weise aus einem gemeinsamen Vorfahren der Prokaryoten und von ihnen selbst entwickelt haben, auch wenn man diesen Vorfahr fossil nicht kennt. Doch die Eukaryoten sind in der Regel nicht nur deutlich größer – nämlich bis zum Zehntausendfachen – als ihre weit primitiveren Vettern (von denen heute die Bakterien und die Cyanobakterien, früher auch Blau- oder Blaugrünalgen genannt, überlebt haben), sondern im Gegensatz zu diesen hochspezialisiert. Vor allem besitzen sie einen gegen die übrige Zelle abgegrenzten Zellkern, in dem sich der DNA-Chromosomenfaden befindet, sie besitzen Organellen, die bestimmte Aufgaben übernehmen, einen sogenannten »Golgi-Apparat«, in dem Moleküle umgebaut werden und Mitochondrien, die als »Kraftwerke« der Zelle fungieren.

Möglicherweise haben sich die Eukaryoten selbst organisiert, indem sie als Freßzellen primitivere Prokaryoten aufnahmen und diese regelrecht »versklavten«. Aus ihren rudimentären »Resten«, so sieht es der französische Biologe und Nobelpreisträger Prof. Christian de Deuve, entwickelten sich dann diese speziellen Elemente, die die Eukaryoten im Laufe der Evolution so erfolgreich machten. Ihre erste große Bewährungsprobe hatten sie, als die Atmosphäre unserer Erde »vergiftet« wurde – durch Sauerstoff.

Vor etwa zwei Milliarden Jahren müssen durch die Photosyntheseaktivität der Cyanobakterien (sie spalten mit der durch die Sonne erhaltenen Energie Wasser auf und bauen es unter Zuhilfenahme von Kohlendioxid zu Glucose um; als Abfallprodukt entsteht Sauerstoff) erstmals größere Mengen an Sauerstoff in die Atmosphäre gelangt sein. Bis dahin war das irdische Leben anaerob organisiert, d. h., es kam ohne Sauerstoffatmung aus, im Gegenteil, Sauerstoff war tödlich, da es sehr schnell zur Entwicklung starker Zellgifte beiträgt. Die Anpassung erfolgte fraglos über einen langen Zeitraum, in dem der Sauerstoffgehalt der Atmosphäre stetig stieg, bis er vor erst 800 Millionen Jahren in etwa den heutigen Wert erreicht hatte.

Die Anpassung der Prokaryoten war nur möglich, weil sie über die längst integrierten spezialisierten Organellen zunächst den schädlichen Sauerstoff umwandelten und dadurch Energie gewannen und ihn später über die Mitochondrien sogar direkt nutzten. Wäre dies nicht geschehen, säßen wir heute nicht hier und könnten nicht dieses Buch lesen und uns Gedanken über weit exotischere Lebensformen auf dem fernen Mars machen.

Die Verhältnisse und Umweltbedingungen auf der frühen Erde werden wir hundertprozentig wohl nie rekonstruieren können, einfach weil uns immer nur Annahmen zur Verfügung stehen, aber keine oder nur sehr spärliche direkte Hinweise. Wir haben schon darauf hingewiesen, daß sich zum Beispiel die Vorstellungen über die Zusammensetzung der Uratmosphäre der Erde innerhalb der letzten vierzig Jahre deutlich gewandelt haben und mit anderen Faktoren ist es ähnlich. Einer dieser Faktoren ist die Temperatur, die nach Bildung der Kruste und Entstehung der Meere auf der Erde geherrscht hat. Noch bis in jüngste Zeit, das heißt bis in die achtziger Jahre hinein, ging man zum Beispiel davon aus, daß die bereits in den ersten 100 Millionen Jahren aus dem oberen Erdmantel ausgegaste Atmosphäre ebenso wie die sich auf der Oberfläche ausbreitenden Meere sehr warm gewesen sind. Dr. James Kasting und Dr. Thomas Ackerman vom *NASA Ames Research Center* in Moffet Field, Kalifornien, stellten 1986 Überlegungen vor, wonach die Temperatur zwischen 85° und 110° Celsius geschwankt habe, und zwar in einer relativ trockenen, gegen weitere Treibhauseffekte gefeiten Atmosphäre.

Andererseits ist aber bereits in den siebziger Jahren klar geworden, daß die Strahlungsenergie der Sonne damals nur etwa siebzig Prozent des heutigen Wertes ausmachte. Dennoch glaubte zum Beispiel der amerikanische Astronom Prof. Carl Sagan noch 1977, dies sei durch Treibhauseffekte wieder ausgeglichen worden, so daß die Temperatur konstant über 0° Celsius gelegen haben müsse.

Inzwischen haben aber theoretische Überlegungen von Dr. James Kasting zu der Annahme geführt, daß diese Effekte wohl doch nicht so stark gewesen sind. Demzufolge sollen die Meere der Erde noch vor etwa vier Milliarden Jahren von einem etwa dreihundert Meter dicken Eispanzer bedeckt gewesen sein (ein Szenario, das uns in verblüffender Weise an unsere heutigen Vorstellungen vom frühen Mars erinnert). Lediglich die darunter befindliche Schicht dürfte durch die Aktivität radioaktiver Elemente genügend aufgeheizt und daher flüssig gewesen sein.

Damit erhält das Bild von einer warmen »Ursuppe«, in die unaufhörlich präbiotische Moleküle aus der Atmosphäre tropften und sich in einer dicken, öligen Schicht auf der Meeresoberfläche ansammelten, deutlich erkennbare »Kälterisse«. Und die Frage, wie unter diesen Bedingungen Leben entstanden sein soll, wie vor allem die präbiotischen Moleküle zusammengefunden und sich selbst organisiert haben könnten, scheint wieder neu gestellt werden zu müssen.

Lebenszerstörer...

In erster Linie geht es darum, »neue« Energiequellen als Lieferanten für jene Anstöße zu finden, die die chemische Evolution »triggerten«. Worin könnten diese Energiequellen bestanden haben, wo könnten wir sie lokalisieren? Zwei Möglichkeiten sind in letzter Zeit stärker ins Blickfeld geraten, die lange Zeit vernachlässigt wurden und die uns einerseits die Erforschung des frühen Sonnensystems und andererseits die Ozeanographie vermittelt hat, nämlich das starke Meteoritenbombardement bis hin zum *Late Heavy Bombardment* einerseits und die hydrothermale Aktivität in der obersten Kruste der Ozeanböden andererseits. Beides scheint bei der Entstehung des Lebens auf unserer Erde eine weit bedeutendere Rolle gespielt zu haben als man lange Zeit glaubte (beziehungsweise man hatte diese Aspekte überhaupt nicht oder nur kaum beachtet).

Die frühe Erde wurde eben nicht nur durch aus dem Inneren kommende, sogenannte endogene Kräfte erschüttert, sondern auch durch von außen kommende. Gerade wenn wir uns die alten Oberflächen von Mond und Merkur und die der südlichen Hemisphäre des Mars anschauen, erhalten wir in etwa eine Ahnung davon, wie das Angesicht unserer Erde im Archaikum (einer Unterteilung des erdgeschichtlich sehr langen Präkambriums) gestaltet gewesen sein muß. Wir haben auch hier leider keine direkten Hinweise mehr. Die ältesten Gesteine, die wir von unserer Erde kennen, sind 3,96 Milliarden Jahre alt, aber die Erde entstand vor 4,57 Milliarden Jahren – das ist eine recht große Lücke von 610 Millionen Jahren. Die gesamte Ozeankruste aus dieser Zeit ist inzwischen vermutlich mehrfach »recycled« worden, d.h. in Subduktionszonen versenkt, aufgeschmolzen, in der sogenannten Asthenosphäre zwischen Kruste und Erdmantel bewegt und in mittelozeanischen Rücken wieder ausgestoßen worden. Und sämtliche Spuren frühester Kontinente wurden ebenfalls vernichtet und lassen sich nur noch indirekt über Isotopenmessungen an seltenen Erden und in Zirkonen nachweisen. Aber die Ergebnisse sind umstritten. Einige Forscher, etwa Dr. Charles Harper und Dr. Stein Jacobsen von der Harvard-Universität meinen, sie hätten bei ihren Analysen Hinweise auf granitische Kontinente schon hundert Millionen Jahre nach der Entstehung der Erde gefunden. Dr. Steve Galer und Dr. Steve Goldstein, die beide am Max-Planck-Institut für Chemie in Mainz tätig sind, meinen aber, die Werte wiesen auf jüngere Kontinentalkruste hin. Damit sei zwar nicht gesagt, daß es zu so früher Zeit noch keine Kontinente gegeben habe, nur seien die Anhaltspunkte dafür eher vage. Die ältesten sicheren Kontinentalgesteine, die bislang entdeckt wurden, sind Metamorphite (also bereits durch hohen Druck und Temperatur umgewandelte ehemalige Sedimente) aus dem Nordwesten Kanadas. Der dortige *Acasta-Gneis* ist 3,96 Milliarden Jahre alt.

Wie also sah sie aus, die Erde im Archaikum, zu einer Zeit, als diese Gesteine abgelagert wurden? Eine kalte, erstarrte Lavawüste, nur unterbrochen von ganzen Ketten gewaltiger Vulkane, die glühendes Magma und feurige Schlacken in den dunklen Himmel warfen? Ein bis in 300 Meter Tiefe gefrorener Ozean, zugedeckt mit einem dicken Panzer aus Wassereis und trüben Einschaltungen vulkanischer Aschen, die unablässig vom Himmel regneten? Eine trübe, schwarzbraun gefärbte Atmosphäre aus giftigen Gasen, in denen Wirbelstürme mit einer uns heute völlig unbekannten Gewalt, Orkane und nicht enden wollende Gewitterregen die kargen Berge umtosten? Ja und nein, denn wir dürfen einen wichtigen Faktor nicht vergessen: die Meteoriten mit bis zu hundert oder noch mehr Kilometern Durchmesser, die Ozeane und Landflächen trafen.

Welchen Einfluß übten sie aus, auf die Kruste, die Ozeane, die Atmosphäre und das Leben, das sich in ihnen entwickelte oder entwickeln sollte? Das Szenario, das sich ergibt, ist noch »chaotischer« als man es sich bislang vorgestellt hatte. Meteoritenkörper mit einem Durchmesser von 190 Kilometern würden – wenn sie mit einer Geschwindigkeit von 17 km/h aufträfen – mit einem Schlag mehr als 10^{26} Joule (eine 1 mit 26 Nullen) an Energie freisetzen, die sich in seismische und in Wärmeenergie umwandelte. Das würde ausreichen, um die oberen 200 Meter der heutigen Weltmeere sofort zu verdampfen. Ein Körper von der Größe der Asteroiden Vesta oder Ceres mit 440 Kilometern Durchmesser hätte sogar sämtliches Wasser der damaligen Weltmeere in die Atmosphäre verdampft. Nach Berechnungen von Dr. Norman Sleep und seinen Kollegen vom Institut für Geophysik an der Stanford-Universität in Kalifornien haben die Erde etwa vierundzwanzigmal soviele Meteoriten getroffen wie den Mond. Etwa sechzehn »Megaimpakte« dürften wohl darunter gewesen sein. Megaimpakte sind solche, bei denen riesige Krater – wie das *Mare Imbrium* auf der Vorderseite des Mondes mit 1 200 Kilometern Durchmesser oder das *Aitkin*-Becken am lunaren Südpol mit 2 500 Kilometern Durchmesser – durch die Kruste bis hinein in den Mantel geschlagen werden.

Dabei wären die lokalen Auswirkungen noch »verschmerzbar«. Beim Auftreffen eines 500-Kilometer-Asteroiden würde auf der Erde ein Krater von 1 500 Kilometern Durchmesser entstehen, der eine etwa hundert Meter mächtige Auswurfdecke bis in eine Entfernung von 4 000 Kilometern erzeugen und einen drei Kilometer dicken Ringwall aufwerfen würde. Aber es kämen andere Effekte hinzu, nämlich das Aufkochen des Ozeans durch die sich ausbreitende Schockwelle und die Hitze der zurückfallenden Trümmer bzw. des herabregnenden Staubes, der Aufbau einer gigantischen Flutwelle von vielen tausend Metern Höhe und die Vergiftung des Meeres durch die Verbindung verdampfenden Wassers mit verdampfendem silikatischen Gestein.

Derartige und die weit häufigeren »kleineren« Einschläge müssen die Eisdecke auf den Meeren wieder und wieder geschmolzen haben. Trotzdem kann dies keine Erleichterung für die ersten Prozesse der Lebensentstehung bedeutet haben, denn diese Einschläge sorgten ja dafür, daß jeder Schritt in Richtung Leben sofort wieder abgebrochen wurde. Die Frage, wann erste Lebensäußerungen auf der frühen Erde angesichts derart höllischer Szenarien nun wirklich stattgefunden haben, bleibt umstritten. Dr. Kevin Maher und Dr. Daniel Stevenson vom Institut für Geologie und Planetologie des *California Institute of Technology* in Pasadena nehmen an, dies sei in geschützten Bereichen in den Tiefen der Ozeane trotz alledem schon vor 4,0 bis 4,2 Milliarden Jahren der Fall gewesen. Dr. Verne

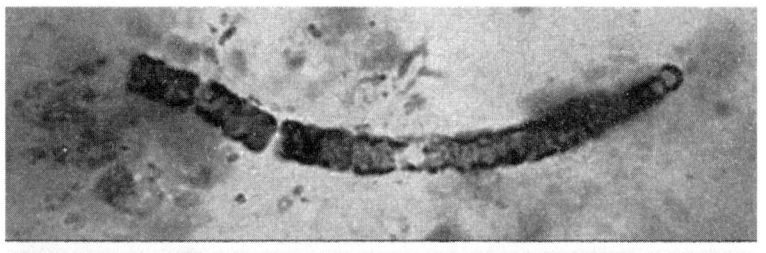
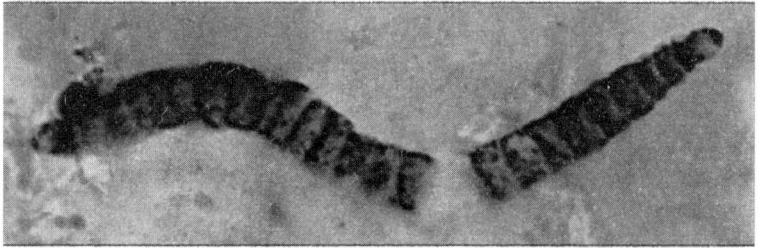
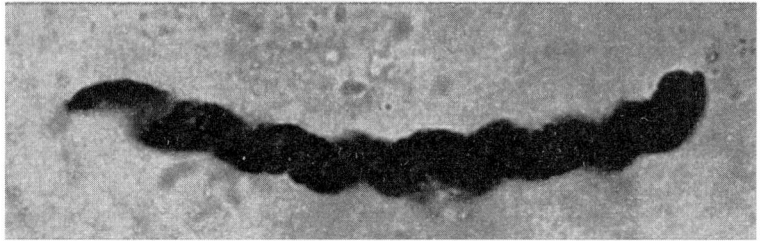

3,5 Milliarden Jahre alt sind diese Fadenbakterien aus uraltem Gestein Australiens. Manche Forscher glauben, daß es erste Mikroben schon kurz nach Entstehung der Ozeane vor mehr als vier Milliarden Jahren gegeben hat. *(Quelle: Archiv Fiebag)*

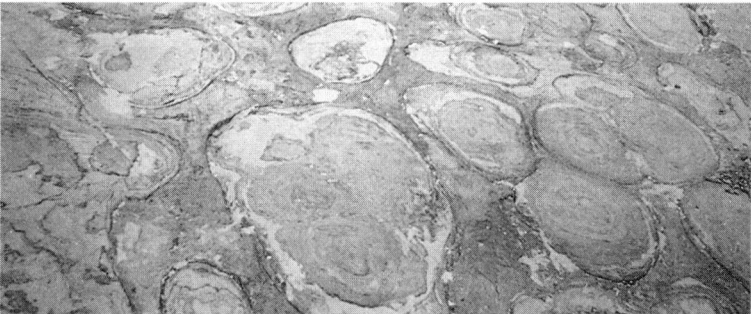

Fossil erhaltene, fast eine Milliarde Jahre alte Stromatolithen, Ablagerungen aus kreisförmig wachsenden Algenkolonien und Kalksedimenten. Auf solche Fossilien könnte man vielleicht auch auf dem Mars stoßen. *(Quelle: Archiv Fiebag)*

Oberbeck und Dr. Guy Fogleman vom *NASA Ames Research Center* in Moffet Field, Kalifornien, widersprechen dem: Insbesondere die großen Einschläge hätten zu einer sofortigen und absoluten Sterilisierung der Erde geführt und jeder Lebensprozeß oder jede chemische Evolution sei vollständig abgebrochen worden. Erst nachdem die Anzahl der Einschläge zurückging, sei es dem beginnenden Leben möglich gewesen, Fuß zu fassen. Oberbeck und Fogleman nehmen dafür den Zeitraum vor 3,7 bis 4,0 Milliarden Jahren an.

... und Lebensbringer

Doch so sehr die Meteoriteneinschläge das beginnende Leben zerstörten, so trugen sie doch auch wieder zur Lebensentwicklung bei. Einerseits könnten sie nämlich beim Aufprall durch die das Gestein ebenso wie die Ozeane durchlaufende Schockwelle Energie geliefert haben, die die spontane Reaktion zur Bildung präbiotischer Molekülketten begünstigte, zum anderen wissen wir heute, daß Meteoriten und Kometen selbst reich an präbiotischen Substanzen sind. Erstmals von Dr. Keith Kvenvolden und einer Wissenschaftlergruppe vom *NASA Ames Research Center* im *Murchison*-Meteoriten beschrieben, wurden diese Studien in den folgenden Jahren ausgeweitet und führten zu erstaunlichen Erkenntnissen.

Der Meteorit stürzte am 28. September 1969 nahe der kleinen Ortschaft Murchison in Australien zur Erde, zersplitterte schon in der Atmosphäre und verstreute seine Einzelteile über einer fast acht Quadratkilometer großen Fläche. Er zählt zu den kohligen Chondriten, und was Kvenvolden und seine Kollegen entdeckten, waren nicht weniger als fünf verschiedene Aminosäuren, nämlich Glycin, Alanin, Glutamin, Valin und Prolin.

Spätere Arbeiten zeigten die Anwesenheit weiterer Aminosäuren beziehungsweise konnten die bereits entdeckten genauer differenzieren. Auch in anderen kohligen Chondriten wurden Aminosäuren gefunden, ebenso wie in der geologischen Grenzschicht, die zwischen der Kreide- und der Tertiärzeit entstanden ist. Damals, vor 65 Millionen Jahren, stieß ein großer Meteorit oder Komet mit der Erde zusammen, schuf einen riesigen Krater im heutigen Yukatan

(Mexiko) und führte zum Aussterben der Saurier und vieler anderer Lebewesen im Meer und auf dem Land. Dem riesigen Impakt vorausgegangen sein müssen aber schon eine ganze Reihe kleinerer Einschläge. Außerdem folgten ihm zahlreiche weitere. Man kann also annehmen, daß damals eine ganze Kometenwolke ins innere Sonnensystem eindrang. Vor allem in den Sedimentschichten unter und über der eigentlichen Kreide-/Tertiärgrenze, in denen sich auch Teile dieser Kometenwolke niederschlugen, wurden extraterrestrische Aminosäuren gefunden.

Schließlich hat der Marburger Paläontologe Prof. Hans-Dietrich Pflug im *Murchison*-Meteoriten kleine Mikrovesikel isolieren können, die den Mikrosphären gleichen, die Ende der sechziger Jahre erstmals unter Laborbedingungen synthetisiert worden waren und von denen man annimmt, daß sie – unbelebte – Vorstufen zu den späteren Zellen darstellen. Pflug schreibt:»Neben strukturlosen Teilchen kann man eine Vielfalt strukturierter Kleinformen ausmachen: Kokken, Stäbchen, einfache und verzweigte Röhren. Die Gebilde kommen einzeln vor, häufiger aber vereinigt zu Zellketten, Zellhaufen oder lückenlosen Verbänden, die dann größere Körper bilden. Die Kolonien entwickeln sich offenbar aus Sprossungs- und Teilungsprozessen. Allen Individuen gemeinsam ist der prinzipielle Aufbau: Der innere Hohlraum wird von einer soliden Wand umschlossen, die sich im Querschnitt aus mehreren Schichten aufbaut und eine feine radiäre Struktur aufweist. Das Erscheinungsbild erinnert an fossile Bakterien, wie sie in irdischen Gesteinen vorkommen.«

Doch derartige Mikrovesikel können, wie Pflug aufzeigt, rein anorganisch produziert werden, so wie auch die extraterrestrischen Aminosäuren abiotischen Ursprungs sind. Beide bilden – darüber müssen wir uns immer im klaren sein – *Vorstufen* des Lebens, nicht Leben selbst. Aber was diese Entdeckungen deutlich gemacht haben, ist zweierlei: Zum einen, daß bereits im Weltall diese Vorstufen gebildet werden können (dies zeigt auch die Entdeckung von Aminosäuren und anderen organischen Verbindungen in interstellaren Molekülwolken), und zum anderen, daß die frühe Erde mit einer meterdicken Schicht solchen Materials geradezu bedeckt gewesen sein muß.

Darüber hinaus gab und gibt es immer wieder Vorstellungen, die Erde könnte sogar höherentwickelte präbiotische Teile beziehungsweise tatsächlich lebende Organismen aus dem Weltraum empfangen haben, die dann ihrerseits die Evolution auf unserem Planeten starteten. Solche als »Panspermie« bezeichneten Hypothesen gehen auf den Astronomen Prof. Svante Arrhenius zurück, der sie erstmals 1903 veröffentlichte. Doch schon in der Antike hatte man derartige Gedanken entwickelt. In den vergangenen zwei Jahrzehnten ist diese Hypothese insbesondere in den Arbeiten des berühmten britischen Astronomen Prof. Sir Fred Hoyle und seines Kollegen, des indischen Mathematikers Prof. Chandra Wickramasinghe, neu durchdacht worden und hat durch den DNA-Entdecker Prof. Francis Crick und seinen Kollegen Prof. Leslie Orgel eine interessante Variante erfahren (beide traten 1973 mit der Annahme hervor, solche Mikroben seien galaxisweit von einer hochentwickelten außerirdischen Intelligenz unter Zuhilfenahme interstellarer Sonden verstreut worden). Auch wenn diese sehr speziellen Sichtweisen nach wie vor heftig umstritten sind, zeigen Experimente doch, daß Mikroben, wären sie völlig ungeschützt dem luftleeren Strahlungsfeld des Weltraums ausgesetzt, zwar absterben würden, daß aber andererseits schon eine sehr dünne Schutzschicht sie vor diesem Schicksal bewahren könnte. Eine solche Schicht wäre zum Beispiel in den Staubkörnern interstellarer Wolken gegeben. Experimente an Bord der amerikanischen Raumstation *Skylab* zeigten 1973 sogar, daß bestimmte Bakterien vielleicht doch überleben könnten. Etwa fünfzig Prozent der dem Vakuum ausgesetzten Bakterien gingen bei den Versuchen ein, die anderen überlebten, und von diesen wiederum zehn Prozent zeigten durch Mutationen, daß sie sich dem für sie neuen Medium schnell anzupassen begannen.

Kometen, diese aus der Anfangszeit des Sonnensystems stammenden Mischungen aus Eis, Staub und Gestein, die den kohligen Chondriten wohl am nächsten kommen, dürften in ihrem Inneren durchaus Zonen aufweisen, in denen solche Bakterien gedeihen könnten. Daß Wasser tatsächlich in Meteoritenmutterkörpern zirkulieren kann, zeigen Untersuchungen am *Allende*-Meteoriten, ebenfalls einem kohligen Chondriten. In ihm fanden sich verwitterte Olivin-Minerale – verwittert durch die Anwesenheit von flüssigem Wasser. Möglicherweise wird aber erst ein Kometenlander oder eine Kometenmaterial-Rückholmission Klarheit in bezug auf diese Fragen erbringen.

Nach wie vor ungewiß ist allerdings, wie – wenn man die Panspermie-Hypothese in Betracht zieht – solche Mikroben in interstellaren Wolken entstehen könnten, selbst wenn dort all die Ingredenzien zur Verfügung stehen, die dafür benötigt werden. Sind die Bedingungen in dieser Art Wolken tatsächlich geeigneter als auf einem Planeten? Die Diskussion darüber ist noch nicht abgeschlossen und wird durch die Entdeckung immer neuer organischer Verbindungen – jüngst zum Beispiel Essigsäure in interstellaren Wolken nahe des galaktischen Zentrums im Sternbild Schütze – immer wieder neu entfacht werden.

Die ältesten Spuren

Einigermaßen sicher ist bislang nur, daß die ersten wirklichen Lebensspuren in den ältesten (3,5 bis 3,8 Milliarden Jahre alten) Gesteinen unseres Planeten auftreten, wobei diese Formen umso umstrittener sind, je weiter wir in die Vergangenheit zurückgehen. 3,5 Milliarden Jahre alte fadenförmige Bakterien, die wahrscheinlich den Cyanobakterien zuzuordnen sind, fanden sich in der sogenannten Overwacht-Formation in Südafrika und gleichalte Stromatolithen, also schichtig aufgebaute Algenablagerungen, im Pilbara-Block und an anderen Orten in Westaustralien.

Mögliche Lebensspuren aus noch älterer Zeit – nämlich von vor 3,8 Milliarden Jahren und damit aus der Periode unmittelbar nach dem Ende des *Late Heavy Bombardment* – fanden der bereits genannte Marburger Paläontologe Prof. Hans-Dietrich Pflug und Dr. Manfred Schidlowski vom *Max-Planck-Institut für Chemie* in Mainz. Schidlowski untersuchte den in Karbonaten eingelagerten Kohlenstoff der 3,76 Milliarden Jahre alten Isua-Quarzite von West-Grönland. Natürlicher Kohlenstoff setzt sich im wesentlichen aus zwei unterschiedlichen Isotopen oder Arten von Kohlenstoff zusammen, nämlich dem leichteren ^{12}C und dem schwereren ^{13}C (hinzu kommen noch geringe Mengen an radioaktivem ^{14}C, mit dem man unter anderem Altersdatierungen durchführen kann). Hohe Anteile von ^{12}C sind ein charakteristischer Hinweis auf biologische Entstehung, da bei der Photosynthese eine Anreicherung gegenüber dem schwereren ^{13}C stattfindet. Bei seinen Untersuchungen konnte

Schidlowski nun in den Isua-Sedimenten eine solche Anreicherung feststellen. Er schreibt: »Photosynthese muß es seit fast vier Milliarden Jahren als in erster Linie von mikrobakteriellen Ökosystemen erzeugten biochemischen Prozeß gegeben haben, und während desselben Zeitraums ist sie ein wichtiger Faktor in der geochemischen Umwandlung der Erdoberfläche gewesen. Diese Schlußfolgerung auf der Basis unseres derzeitigen Wissens hinsichtlich der geologisch überlieferten Isotopenaufzeichnungen wäre falsch, wenn es einen globalen Vorgang gegeben hätte, dazu in der Lage, in einer erstaunlichen Weise die Kohlenstoffisotopenfraktionierung in der Photosynthese nachzuahmen.«

Aber einen solchen Prozeß scheint es nicht gegeben zu haben, denn nirgends finden sich irgendwelche Hinweise darauf, und er wäre auch nur schwer vorstellbar. Im Gegenteil – bei jüngsten Untersuchungen an Apatit-Kristallen im Isua-Gneis wurde dort eingeschlossener Graphit entdeckt, reiner Kohlenstoff, wie er in dieser Form nur von Organismen produziert wird. Alter: 3,87 Milliarden Jahre. Daraus ergibt sich, daß tatsächlich schon um diese frühe Zeit sehr ausgedehnte Bakterien bzw. Algenkulturen in den Meeren heimisch gewesen sein müssen, unmittelbar nachdem das starke Meteoritenbombardement zu Ende ging. Dies stimmt auch mit der Annahme überein, daß das Leben schon zur Zeit der großen Einschläge wieder und wieder Fuß zu fassen suchte, eine wirkliche Ausbreitung und Entwicklung aber schlagartig erst dann in Gang kam, als diese Versuche nicht mehr von außen behindert oder sogar unterbrochen werden konnten.

Auch die Entdeckungen von Prof. Hans-Dietrich Pflug, die er zusammen mit seinem Kollegen Dr. H. Jaeschke-Boyer 1979 veröffentlichte, deuten in diese Richtung. Die beiden spürten ebenfalls in den Sedimenten von Isua winzige kugelförmige, fadenförmige und zu ganzen Kolonien zusammengeschlossene Objekte auf, von denen sie annahmen, daß es sich um fossilisierte Mikroben handelt. Diese *Isuasphaera isua* genannten Strukturen sind etwa 20 bis 40 μm groß und ähneln den uns bereits bekannten, künstlich erzeugten Mikrosphären von S. W. Fox, die man als Vorstufen einer Zelle betrachtet. Natürlich konnte es nicht ausbleiben, daß diese Entdeckung heftigst kritisiert wurde und man versuchte, die Strukturen von Isua als rein anorganische Elemente zu interpretieren – man fühlt sich hier an den Streit über die organische oder anorganische Natur der von David McKay und seiner Gruppe in ALH 84001 entdeckten bakterienförmigen Elemente erinnert. Tatsächlich sind die Einwände in etwa die gleichen. Immerhin konnten Pflug und Jaeschke-Boyer aufzeigen, daß *Isusphaera isua* tatsächlich über interne wie externe Merkmale verfügt, die eindeutig aufzeigen, daß es sich »nicht um ein abiotisches Produkt, sondern um einen wirklichen Organismus« gehandelt hat.

Aber in all diesen Fragekomplexen ist ständig Bewegung. Neue Entdeckungen bringen neue Erkenntnisse, und viele Vorstellungen, die wir noch heute von der jungen Erde und der Entstehung und Verbreitung des Lebens auf ihr haben, werden morgen schon antiquiert sein. Nur ein letztes Beispiel: Lange Zeit ging man davon aus, daß erst vor etwa 395 Millionen Jahren das Leben das Festland eroberte. Dieses Datum ist auch nach wie vor für höhere Pflanzen und die Fauna gültig. Doch nun hat sich gezeigt, daß zumindest Bakterien wohl schon *sehr* viel früher, nämlich im jüngeren Proterozoikum vor 800 bis 1 200 Millionen Jahren, an Land heimisch waren. Dr. Robert Horodyski und Dr. Paul Knauth entdeckten sie fossilisiert in den feinen Rissen des *Mescal*-Kalksteins von Arizona und des *Beck-Spring*-Dolomits im südlichen Kalifornien. Nach ihren Untersuchungen müssen die Bakterienkolonien damals bereits so ausgedehnt gewesen sein, daß sie Verwitterung, Erosion, Sedimentation und andere geochemische Abläufe in ihrer Umgebung beeinflußten.

Die Entstehung und frühe Entwicklung des Lebens auf unserer Erde ist ein noch längst nicht in allen Details verstandener Prozeß. Fraglos aber hat es im Kosmos und bereits vor der Entstehung des Sonnensystems eine chemische Evolution gegeben, die zu primitiven abiogenen Vorformen des Lebens führte. Und nicht minder offensichtlich ist, daß diese Vorformen, sobald sie einen entsprechenden »Nährboden« gefunden hatten, geradezu zwangsläufig eine Evolution durchmachten und sich dann in relativ kurzer Zeit – ungeachtet aller Hindernisse – zu lebenden Organismen entwickeln konnten.

Dies war auf der frühen Erde vor mehr als vier Milliarden Jahren so. Und dies war auf dem Mars, unserem rötlich schimmernden Nachbarn im All, vermutlich nicht wesentlich anders.

VI

Leben in der roten Wüste

Spekulationen
zur Biologie des Mars

Leben auf dem Mars gehört seit jeher zu den Standardthemen der Science-fiction. Spätestens seit Percival Lowell zu Beginn unseres Jahrhunderts die Idee von intelligenten Marsbewohnern populär machte, spielen diese in der Phantasie der Autoren utopischer Romane eine nicht mehr wegzudenkende Rolle. Orson Welles Hörspiel über eine fiktive Invasion vom Mars, die von den amerikanischen Rundfunkteilnehmern 1936 für bare Münze genommen wurde, führte zu einer regelrechten Massenpanik. Und vor allem in den fünfziger und sechziger Jahren, also in der ersten Phase des »UFO-Zeitalters«, glaubten viele, wir würden von außerirdischen Raumschiffen vom Mars besucht. Ein gewisser Cedric Allingham, der damals die Photos eines Marsmenschen und seines Raumschiffs in Umlauf brachte, wird noch heute von der »Kontaktlerbewegung« als Heiliger verehrt – obwohl längst klar ist, daß es sich bei Cedric Allingham um den bekannten britischen Astronomen Prof. Patrick Moore handelte, der sich damit nur einen Scherz hatte machen wollen.

Auf dem Mars hat es mit Sicherheit kein hochentwickeltes intelligentes Leben gegeben. Dafür waren die Bedingungen – anders als auf der Erde mit ihrem über lange geologische Zeiträume hinweg stabilen, mäßigwarmen Klima – niemals günstig genug. Wenn wir uns hingegen die Anfangszeit der Entwicklung beider Planeten bis zur Periode unmittelbar nach dem *Late Heavy Bombardment* anschauen, müssen wir heute zu unserem Erstaunen erkennen, daß die Unterschiede damals gar nicht so groß waren.

Erde und Mars wurden aus dem gleichen Staub des präsolaren Nebels gebildet und anschließend von einem starken, die gesamten

Planeten immer wieder erschütternden Meteoritenbombardement heimgesucht. Auf Erde wie Mars wurde durch dieses Meteoritenbombardement kohlenstoffreiches präbiotisches Material aus dem Weltall angehäuft – auf dem Mars, dessen Atmosphäre weit dünner ist als die der Erde, sogar durch kosmische Staubpartikel deutlich mehr. Erde wie Mars waren vulkanisch extrem aktiv. Erde wie Mars besaßen eine Atmosphäre, die sich im wesentlichen aus Kohlendioxid und Wasserdampf zusammensetzte. Erde wie Mars verfügten über flüssiges Wasser. Erde wie Mars wiesen auf ihrer Oberfläche mehr oder weniger große Wasserflächen auf, die zumindest zeitweise von dicken Eispanzern bedeckt waren. Auf Erde wie Mars wurde dieses Wasser episodisch geschmolzen – durch die Meteoriteneinschläge und durch den Vulkanismus. Auf Erde wie Mars kam es zu Interaktionen zwischen Vulkanismus und Wasser, die in hydrothermaler Tätigkeit, sei es auf dem Land oder unterhalb bestehender Wasserflächen, resultierten. Und zumindest von der Erde wissen wir, daß bereits zu dieser Zeit, spätestens aber nach dem unmittelbaren Rückgang der Einschlaghäufigkeit, die ersten Lebensformen existierten.

Das »Ursuppen«-Konzept, das in der Öffentlichkeit, in den Schulen und selbst in der populären Literatur noch immer als konkurrenzloses Standardmodell zur Lebensentstehung vertreten wird, ist von den maßgeblichen Forschern längst zu Grabe getragen worden: »99 Prozent aller Wissenschaftler«, meinte schon vor fünf Jahren der am Göttinger Max-Planck-Institut für Biophysikalische Chemie tätige Chemiker Dr. Bernd-Olaf Küppers, »gehen heute davon aus, daß das Leben nicht in Ozeanen, sondern in Pfützen, Gesteinsporen oder an katalytisch wirkenden Oberflächen entstanden ist. Die Evolution nutzt alles, was ihr die Chemie an Möglichkeiten bietet.« Mehrere Alternativen zum »Ursuppen«-Konzept sind derzeit in der Diskussion:

– Leben entstand als organischer Film auf der Oberfläche von Pyrit, einer Eisen-Schwefelverbindung, im Volksmund auch »Katzengold« genannt (chemisch FeS_2). Diese auf den Münchener Chemiker Dr. Günter Wächtershäuser zurückgehende Hypothese besagt, daß die ersten präbiotischen Organismenvorläufer ihre Energie durch eine Reaktion von Eisensulfid (FeS) mit Schwefelwasserstoff (H_2S) bezogen.

– Leben entstand durch eine Kette chemischer Reaktionen von Thioester. Unter Thioester versteht man bestimmte schwefelhaltige Verbindungen, die in heutigen Organismen zum Tragen kommen. Prof. Christian de Deuve, der diese Hypothese aufgestellt hat, meint, Thioester habe eine chemische Kettenreaktion verursacht, die der des Zellstoffwechsels sehr ähnlich sei. Gleichzeitig hätten ebenfalls aus Thioester gebildete Protoenzyme als Katalysatoren gedient und so die erste RNA geschaffen. Voraussetzung für solche Reaktionen seien heiße und saure Umgebungen gewesen.
– Leben entstand in Verbindung mit Tonen, meinen der Chemiker Prof. A.G. Cairns-Smith von der Universität Glasgow und Dr. David Mauzerall von der Rockefeller-Universität in New York. Tone seien am besten geeignet, als Katalysatoren für Lebensprozesse zu dienen, da Tonkristalle selbstreplizierend seien und Ton sich wegen seines komplexen Aufbaus immer wieder selbst verändern könne. Erste »Tonorganismen« könnten diese Funktionen genutzt haben, bis sie schließlich ohne den Ton auskamen (eine Phase, die Cairns-Smith als »genetic takeover« bezeichnet) und die eigentliche Lebensevolution starteten.
– Leben entstand in der unmittelbaren Nähe untermeerischer hydrothermaler Quellen oder an der Oberfläche in der Nähe solcher Orte.

Gerade diese letzte Variante findet in den vergangenen Jahren zunehmend Beachtung und hat durch die Entdeckung der Archaebakterien an Zugkraft gewonnen. Wir wollen uns daher kurz mit ihr befassen, um dann zum Mars zurückzukehren und versuchen, die Relevanz all dieser Entdeckungen für die Frage nach Leben in der roten Wüste unseres Nachbarn im All zu verstehen.

Extremleben

Es war 1977, als das für Forschungszwecke in der Tiefsee gebaute U-Boot »Alvin« 280 Kilometer nordöstlich der Galapagos-Inseln im Pazifik erstmals die sogenannten Schwarzen Raucher entdeckte. In der Theorie bereits lange bekannt, konnte mit Messungen und photographischem Material nun eindeutig belegt werden, daß es dieses seltsame Phänomen tatsächlich gibt. Heute weiß man, daß sie in bestimmten Zonen des Meeresbodens, nämlich dort, wo Ozeankruste versenkt wird oder auftaucht, sehr häufig sind.

Was sind Schwarze Raucher? Stellen wir uns die dunkle, ziemlich kalte Welt 2500 Meter unter der Meeresoberfläche vor. Eine Welt wie auf einem anderen Planeten; Lebensspuren sind hier nur noch rar. Im Bereich der mittelozeanischen Rücken, dort, wo entlang gewaltiger untermeerischer Gebirgszüge Ozeanboden neu gebildet wird, ist alles übersät von grau-schwarzen, kissenförmigen Lavablöcken.

Aber es gibt auch bizarre Oasen hier unten. In den Bruch- und Rißzonen tritt immer wieder Wasser in die Kruste ein. Es beginnt dort zu zirkulieren und wird schließlich andernorts wieder ausgestoßen. Erstaunlich konstant auf 350° Celsius erhitzt, tritt es aus dem Ozeanboden aus, angereichert mit einer Fülle an Metallen und Sulfidmineralen. Diese Minerale bauen im Laufe der Zeit meterhohe Schornsteine auf, turmähnliche Gebilde, aus denen unablässig schwarze Fontänen gestoßen werden. Eigentlich ist die heiße Lösung aus Wasser, Eisen, Zink, Kupfer, Schwefelwasserstoff und Kieselsäure nahezu farblos. Aber im Kontakt mit dem kalten Meerwasser entsteht eine Suspensionsflüssigkeit aus feinen Eisensulfidteilchen, die aus der abkühlenden Lösung ausgeschieden werden. Sie ergeben das typische Bild eines Schwarzen Rauchers.

Ihre »außermeerischen« Gegenstücke haben solche Schwarzen Raucher im Grunde in den Geysiren, die man zum Beispiel aus Island oder dem Yellowstone-Nationalpark in Nordamerika kennt. Auch hier gerät Wasser – in diesem Fall Grund-, Fluß- oder Seewasser – in Kontakt mit erhitzten Gesteinsschichten oder sogar direkt mit flüssigem Magma im Untergrund, wird verdampft und in hohen Fontänen explosionsartig ausgeschieden. Aufgrund des hohen Drucks in 2500 und mehr Metern Tiefe findet bei den Schwarzen Rauchern aber keine Verdampfung statt, die eigentliche Lösung bleibt erhalten.

Im Umfeld dieser eigentümlichen hydrothermalen Quellen wurde eine ganze Reihe seltsamer, bis dahin völlig unbekannter Lebensgemeinschaften entdeckt: Riesenmuscheln, Krebse, Bart- und Röhrenwürmer, die sich diesem Milieu angepaßt haben und in völliger Dunkelheit allein von den Rohstoffen leben, die ihnen der Schwarze Raucher zur Verfügung stellt. Eine fremdartige Welt, beheimatet auf unserem eigenen Planeten.

Und hier nun hat man erstmals jene Bakterien gefunden, die so vollkommen anders anmuten als alles, was man bis dahin kannte. Sie scheinen sehr urtümlich zu sein, und daher nannte ihr Entdecker, der Biologe Prof. Carl Woese, sie Archaebakterien. All ihre Merkmale sind so verschieden von anderen Bakterien, daß Woese – zunächst, wie könnte es anders sein, heftig dafür kritisiert – sie neben den Eukaryoten und den Prokaryoten einer völlig neuen Gruppe zuordnete. Archaebakterien leben nicht vom Licht der Sonne, sondern letztlich von der Energie, die durch radioaktiven Zerfall im Inneren der Erde freigesetzt wird. Das vom Magma erhitzte Wasser, reich an Schwefelwasserstoff, Eisenoxiden und aus dem Gestein gelösten sulfidischen, also schwefelhaltigen Mineralen, wird von den Bakterien aufgenommen und im Rahmen ihrer Stoffwechselprozesse umgewandelt. Die dabei freiwerdende Energie ist die »Lebenskraft« dieser Organismen.

1977 entdeckt, ist es aber erst jetzt gelungen, den vollständigen genetischen Code einer dieser Mikroben – nämlich von *Methanococcus jannaschii* – zu sequenzieren, d.h. zu entschlüsseln. Die Arbeitsgruppe um Dr. Craig Venter vom *Institute for Genomic Research* in Rockville (Maryland, USA) gab das erstaunliche Ergebnis auf einer Pressekonferenz ebenfalls im August bekannt, die wissenschaftliche Abhandlung darüber erschien kurz darauf in SCIENCE. In der Tat erscheint ein Vergleich mit der Entdeckung der Lebensspuren in ALH 84001 durchaus angebracht, denn etwa 56 Prozent der insgesamt 1738 Gene dieses Methan produzierenden Bakteriums waren bislang völlig unbekannt, nur weniger als 20 Prozent stimmen mit jenen anderer komplett sequentierter Bakterien überein. Hinsichtlich der Stoffwechselchemie ähneln sie zwar den prokaryotischen Formen, aber was ihre Gene betrifft, verbindet sie mehr mit den eukaryotischen. Sie scheinen also entwicklungsgeschichtlich irgendwo zwischen beiden Formen angesiedelt zu sein.

Methanococcus jannaschii lebt in der Nähe der heißen Quellen auf dem Ozeanboden des Pazifiks. Dort wurde er 1982 von Dr. Holger Jannasch, einem Biologen von der *Woods Hole Oceanographic Institution*, aufgespürt. Das kleine Bakterium bevorzugt Temperaturen zwischen 48° und 94° Celsius und einen Wasserdruck von 200 Atmosphären – genug, um jedes normale U-Boot zusammenzuquetschen. »Wenn es irgend etwas gibt, das so aussieht, als käme es aus dem All und hätte das Leben hier in Gang gebracht – dies wäre ein geeigneter Kandidat dafür«, meinte Craig Venter in der Pressekonferenz am 22. August 1996. »Wir können nicht nach Leben auf anderen Planeten suchen, wenn wir nicht einmal das Leben auf unserem Planeten verstehen. Diese Sequenzierung gibt uns nun eine weit bessere Chance, Leben in anderen Teilen des Universums aufzufinden.«

Die Archaebakterien sind – wie ihr Entdecker Prof. Carl Woese schon in den siebziger Jahren feststellte – im Gegensatz zu anderen Lebensformen kaum durch Evolution verändert worden. Es handelt sich bei ihnen fraglos nicht um die »Urform« aller einzelligen Organismen auf der Erde, aber doch um solche, die viel von ihrer ursprünglichen Art und ihrem ursprünglichen genetischen Code zu erhalten vermochten.

Dennoch konnte es nicht ausbleiben, daß schon relativ bald nach Entdeckung der Schwarzen Raucher und der das Umfeld solcher submarinen Quellen besiedelnden Mikro- und Makrofauna die Idee entwickelt wurde, derartige Bereiche könnten die Entstehungsorte des Lebens gewesen sein. Dieser Gedanke geht auf den Chemiker Prof. John Corliss vom *Goddard Space Center* der NASA zurück, der bei einer der ersten Expeditionen zu den heißen Quellen auf dem Ozeanboden selbst dabei war. Und in der Tat wären vergleichbare Orte auch während der Zeit des Meteoritenbombardements ausgesprochen geschützte Punkte gewesen. Von direkten »Volltreffern« einmal abgesehen, dürften sie kaum ernsthaft betroffen gewesen sein. Es ist gut vorstellbar, daß die damals sehr dünne Ozeankruste unzählige Risse und Spalten aufwies, an denen Meerwasser »verschluckt« wurde, das an anderen Stellen erhitzt wieder ausgestoßen wurde. Unmengen von Schwarzen Rauchern müssen in langen, gezackten und gebogenen Linien über die Ozeanböden verteilt gewesen sein – Raum genug, um dem beginnenden Leben eine gute Chance zur Entwicklung zu bieten.

Unterdessen ist auch deutlich geworden, daß man – sofern man die genetischen Linien der Eukaryoten, der Prokaryoten und der Archaebakterien zurückverfolgt – auf Vorläufer stößt, die allesamt extrem hitzeliebend waren. Man nennt ein solches Verhalten hyper-

»Schwarze Raucher«, hydrothermale Quellen auf den Böden der Ozeane. In ihrer Umgebung siedeln zahlreiche Mikrobenarten, Würmer, Muscheln und Krebse, die es sonst nirgends auf der Welt gibt. Solche Orte mögen auch die ersten Lebensräume überhaupt auf der Erde gewesen sein. *(Quelle: Woods Hole Oceanographic Institution)*

Heißes Wasser dringt auch auf dem Land bis an die Oberfläche. Wie hier im *Yellowstone*-Nationalpark werden die Quellen von Bakterienkolonien besiedelt, die das Wasser dunkel färben. Ähnliches könnte es auch auf dem Mars geben oder gegeben haben. *(Quelle: Christoph Opfermann)*

thermophil. Dies kann eigentlich nur bedeuten, daß die frühesten Organismen im Umfeld der Schwarzen Raucher existierten. Und nur sie hatten vermutlich auch Chancen, das *Late Heavy Bombardment* bis vor 3,8 Milliarden Jahren zu überleben. An hohe Temperaturen gewöhnt, waren sie die einzigen, denen die sich immer wieder aufheizenden Ozeane nicht zur Todesfalle wurden. Allen anderen Mikroben, die damals vielleicht schon irgendwo einen kühleren Lebensraum erobert hatten, wurde ihre Unfähigkeit, mit derartigen Katastrophen umzugehen, zum Verhängnis. Somit wird es immer wahrscheinlicher, daß die heutigen Lebensformen, einschließlich uns selbst, nicht nur aus den Ozeanen stammen, sondern aus Bereichen, die extrem heiß waren und unter hohem Druck standen. Eine deutlich veränderte Auffassung gegenüber dem, was wir alle einst in den Schulen lernten und was dort zum größten Teil noch immer gelehrt wird.

Thermophile Bakterien leben ebenfalls in der unmittelbaren Umgebung oberirdischer heißer Quellen, etwa im berühmten Yellowstone-Nationalpark in den Rocky Mountains. Ganze Matten von Algen siedeln um die immer wieder periodisch ausbrechenden Dampf- und Wasserfontänen: Cyanobakterien, Photosynthese betreibende Bakterien, Sulfate, also die Salze der Schwefelsäure reduzierende Bakterien, Archaebakterien, Pilze, eukaryotische Algen und andere Organismen. Ältere, abgestorbene Schichten werden unter feinen Lamellen von opalartigem Siliziumoxid (chem. SiO_2) begraben und bleiben so als moderne, stromatolithenähnliche Fossilien in sinterförmigen Ablagerungen erhalten.

Europas Ozeane

Der NASA-Wissenschaftler Dr. John Corliss, auf den die Idee vom Ursprung allen irdischen Lebens in der Nachbarschaft submariner hydrothermaler Quellen zurückgeht, war auch der erste, dem bewußt wurde, welche Relevanz diese Hypothese für die Suche nach außerirdischen Lebensformen hat. Auf einer Konferenz, die sich unter dem Motto »Bioastronomie – Die nächsten Schritte« 1987 mit derartigen Problemen befaßte, stellte er die Frage, inwieweit solche Orte, also heiße Quellen auf dem Grund von Meeren oder auch oberirdisch in Form von Geysiren, auf anderen Welten anzutreffen sein könnten.

Auf der gleichen Konferenz kam auch der berühmte Evolutionsbiologe Prof. Robert Shapiro zu Wort. Schon 1980 hatte er, zusammen mit dem nicht minder berühmten Physiker Prof. Gerald Feinberg, drei notwendige Bedingungen erarbeitet, die einzig und allein für die Entstehung von Leben relevant sind, nämlich erstens ein Fluß freier Energie, zweitens ein materielles System, das in der Lage ist, mit der Energie zu interagieren und drittens genug Zeit, um die Komplexität aufzubauen, die wir mit Leben verbinden.

Dies ist eine Kombination von grundsätzlichen Voraussetzungen, die überall gegeben sind, ganz gleich, ob wir sie auf die Erde, den Mars oder einen anderen Planeten anwenden. Sie gibt uns darüber hinaus die Möglichkeit, Lebensentstehung in einem möglichst weiten Rahmen zu erfassen, unabhängig von der Anwesenheit von Wasser, »zum Beispiel Leben, das in nicht-wäßrigen Lösungen existiert (wie etwa Ammoniak oder Kohlenwasserstoffe) und Leben, das auf mineralischen Systemen basiert und weniger auf einer organischen Chemie«, wie Prof. Shapiro meint.

Wir brauchen jedoch, was den Mars betrifft, gar nicht über eine derart exotische Biologie zu spekulieren. Es genügt, wenn wir uns auf das beschränken, was wir von der Erde kennen: Leben in der Nähe hydrothermaler Quellen, unter dicken Schichten von Eis und im Inneren von Steinen. All diese zum Teil bizarren Lebenshabitate gibt es auf unserem Planeten – und wir werden gleich sehen, daß die Chancen, sie auch auf dem Mars zu finden, alles andere als gering sind.

Hydrothermale Quellen, gleich ob auf der Erdoberfläche oder auf einem Ozeanboden, benötigen zwei wichtige Voraussetzungen: Wasser und Wärme, in diesem Fall Wärme, die im Untergrund durch vulkanische Aktivität erzeugt wird. Beides existiert auf dem Mars. Wasser war zu allen Zeiten anwesend und ist es noch heute – sei es als Eis im Untergrund des Permafrostbodens oder in mächtigen Schichten an den Polen abgelagert. Vulkanismus hat es auf dem Mars in gleicher Weise gegeben, möglicherweise bis in unsere Zeit. Auch eine andere Welt in unserem Sonnensystem bietet, wie es scheint, ähnliche Bedingungen: der Jupitermond Europa. Er gehört zu den vier großen Galileischen Satelliten, die 1610 von dem berühmten italienischen Astronomen entdeckt wurden. Io, der innerste dieser Monde, ist eine vulkanisch extrem aktive Welt. Gigantische Vulkane schleudern Schwefel und dunklen Gesteinsstaub bis 200 Kilometer hoch in den dunklen Himmel, an dem Jupiter wie eine gigantische Kugel hängt. Jupiter ist es auch, der durch seine starken Gravitationskräfte den Vulkanismus am Leben erhält.

Es sind die gleichen Kräfte, die zum Beispiel im Erde-Mond-System Ebbe und Flut auf unserem Planeten erzeugen und die Eigenrotation des Mondes im Laufe der Jahrmilliarden so abgebremst haben, daß er uns nur noch die »Vorderseite« zuwendet. Der Jupitermond Europa, der seinen Planeten in einer weiteren Bahn umläuft als Io, bekommt diese Kräfte in ähnlicher Weise zu spüren. Zwar gibt es auf seiner Oberfläche keine Vulkane, aber der dicke Eispanzer, den die noch weiter außen liegenden Monde Ganymed und Callisto kennzeichnen, scheint durch die »Ebbe-und-Flut-Reibung« im Inneren geschmolzen zu sein.

Erste Hinweise darauf, daß sich unter einer Eisschicht von vielleicht einigen Kilometern Mächtigkeit ein globaler Ozean befinden könnte, ergaben die Aufnahmen der beiden *Voyager*-Sonden im Jahr 1979. Riesige, teilweise kilometerbreite Spaltentäler durchziehen die von nur sehr wenigen Meteoritenkratern bedeckte grau-weiße Oberfläche. Berechnungen, die man in den achtziger Jahren aufgrund dieser und anderer Daten anstellte, zeigten, daß Europa über einem silikatischen Felskern wahrscheinlich einen etwa 100 Kilometer mächtigen Ozean und darüber einen Eispanzer von etwa 10 Kilometern Mächtigkeit trägt.

Die neuesten Aufnahmen der deutsch-amerikanischen *Galileo*-Sonde vom August 1996 bestätigen dieses Bild nicht nur, sie zeigen unzweifelhaft größere und kleinere Eisschollen, die sich noch in jüngster Zeit bewegt haben müssen. Sie wurden rotiert und verschoben, und dies ist nur vorstellbar, wenn wir annehmen, daß sie auf einer Schicht schwimmen, die ihnen die Möglichkeit dazu gibt. Es könnte sich um »warmes Eis« oder aber, was viel wahrscheinlicher ist, um einen Wasserhorizont handeln.

Somit wäre Europa ein weiterer Kandidat für die Existenz primitiver Organismen in unserem Sonnensystem. Prof. Steven Squyres und seine Mitarbeiter haben gezeigt, daß diese Dreiteilung von silikatischem Felskern, Wasserozean und Eisschicht schon über sehr

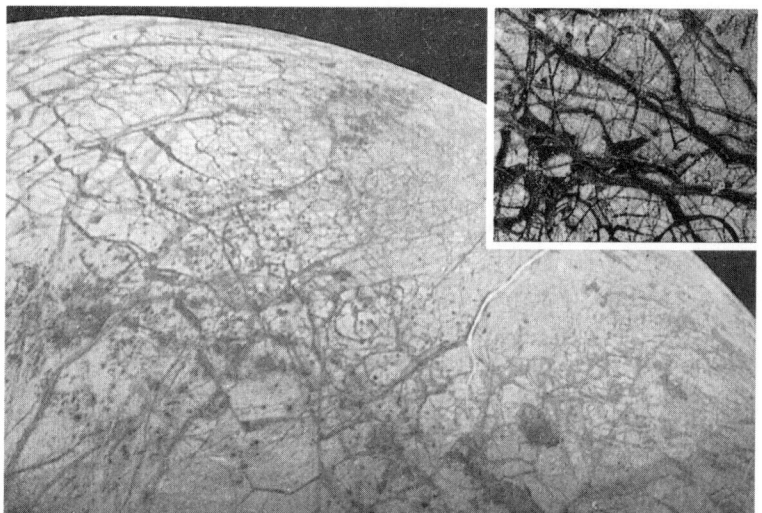

Eisschollen bedecken die Oberfläche des Jupitermonds Europa. Befindet sich darunter ein riesiger Ozean? Existieren auch hier – vielleicht in der Nähe heißer Quellen oder unter der Eisdecke – Algenkolonien? Foto der Raumsonde *Galileo. (Quelle: NASA/DLR)*

EETA 79001, ein weiterer der bislang insgesamt zwölf Marsmeteoriten. Auch er wurde in der Antarktis gefunden, und auch in ihm stießen Forscher schon vor Jahren auf Anzeichen für einstige Lebensformen auf dem Roten Planeten. *(Quelle: NASA/DLR)*

lange geologische Zeiträume andauern muß, daß also mögliche Lebensformen durchaus die Chance zur Entwicklung gehabt hätten. Man könnte sich vorstellen, daß sie unterhalb des Eismantels leben, dort, wo Licht durch die Spalten und Brüche eintritt. Oder aber auf dem Ozeanboden, wo vielleicht – angetrieben durch die Gravitationsenergie Jupiters – hydrothermale Quellen wie auf unserer Erde das Wasser erwärmen. Erst in diesem Jahr entdeckten Forscher des *British Antarctic Survey* Riesenalgen, die in den Küstengewässern der Antarktis unterhalb von Eisschichten bis in einer Tiefe von vierzig Metern siedeln. Diese Algen wachsen sogar auch im antarktischen Winter, wenn fast völlige Dunkelheit herrscht, und dann sogar schneller als im Sommer. Bis zu mehreren Metern groß, nutzen sie dabei noch Lichtstärken von nur 0,24 Watt pro Quadratmeter – weit über ein Tausendstel weniger als bei direkter Sonneneinstrahlung. Ihr Photosynthesesystem muß sich also vollkommen den speziellen Licht- und Temperaturverhältnissen dieses Lebensraumes angepaßt haben.

Mit Spannung warten die am *Galileo*-Projekt beteiligten Wissenschaftler nun darauf, ob sich während der kommenden »Europa-Encounter« der Sonde zusätzliche Hinweise auf einen Ozean finden lassen, zum Beispiel aktive Geysire. Es sei noch angemerkt, daß man um Europa erst kürzlich eine wenn auch extrem dünne, aber doch meßbare Sauerstoffatmosphäre festgestellt hat. Sie übt auf die Oberfläche einen Luftdruck aus, der einem hundertmillionstel Teil der irdischen Atmosphäre in Meereshöhe entspricht. Von dieser Gashülle wird zwar angenommen, daß sie auf anorganische Weise entstanden ist, andererseits hat der amerikanische Astronom Prof. Tobias Owen aber schon 1980 vorgeschlagen, die Entdeckung von molekularem Sauerstoff bei Planeten *anderer* Sonnensysteme als Hinweis auf eine florierende Biologie zu werten. Vielleicht sollte man sich einfach überraschen lassen, was *Galileo* noch entdeckt und welche Schlüsse man letztlich daraus ziehen kann.

Heiße Quellen und EETA 79001

Doch kehren wir zurück zum Mars. Sind wir nämlich, was vulkanische Aktivität auf Europa betrifft, bislang eher auf Vermutungen angewiesen, weisen doch insbesondere im *Valles Marineris* und dort wiederum in den Tälern des *Ophir, Candor* und *Coprates Chasma* dunkle, in langen Streifen abgelagerte Gesteinsflecke auf jüngste Lavaergüsse hin. Offenbar sind hier erst vor kurzem, d.h., innerhalb der letzten Jahrmillionen, sogenannte mafische, also an dunklen Mineralen reiche Vulkanite entlang von Spalten und Rissen ausgetreten und an der Oberfläche erstarrt.

Hinweise auf Wechselwirkungen zwischen dem Grundeis im Boden und vulkanischer Aktivität gibt es auf dem Mars zuhauf. Dr. Peter Mouginis-Mark vom *Institut für Planetare Geowissenschaften* der Universität Hawaii hat eine Spezialuntersuchung der Elysium-Region gemacht und ist auf zahlreiche, offenbar ebenfalls noch recht junge Spuren derartiger Interaktionen gestoßen. Schmelzwasserablagerungen, Einbruchzonen und kleine Ausflußkanäle bestimmen das Bild. In Elysium haben die Eruptionen der Vulkane *Hecates Tholus, Elysium Mons* und *Albor Tholus* das Eis im Boden geschmolzen, das Wasser mobilisiert, warme Quellen entstehen lassen und schließlich die genannten Strukturen erzeugt.

Direkte *Beweise* für hydrothermale Aktivität in Form heißer Quellen konnten bislang auf dem Mars allerdings nicht gefunden werden, d.h., wir haben kein Photo, auf dem sich zweifelsfrei ein solches Element vulkanischer Aktivität identifizieren ließe. Das kann aber nicht weiter verwundern, denn dafür war die Bildauflösung sowohl der *Mariner-*, als auch der *Viking-*Sonden viel zu gering. Hinzu kommt, daß in vielen dieser Quellen Wasser gar nicht bis an die Oberfläche gelangte, sondern im Boden verblieb und dort zirkulierte. Bakterien, die an derartige Bedingungen angepaßt wären, gibt es auch auf der Erde. Sie betreiben keine Photosynthese, sondern sind chemoautotroph, d.h., sie ernähren sich ausschließlich von dem Material, das ihnen ihre unmittelbare Umgebung zur Verfügung stellt.

Dennoch gibt es, was hydrothermale Quellen betrifft, einige indirekte »Hinweisschilder«, auf die man bei künftigen Missionen achten sollte. Dr. M.R. Walter von der Macquarie-Universität in Australien und Dr. David des Marais vom *Ames Research Center* der NASA entwarfen 1993 eine entsprechende Strategie, denn hydrothermale Aktivität verändert die Umgebung einer heißen Quelle auf charakteristische Weise. Empfindliche Spektrometer sollten zum

Beispiel in der Lage sein, Mineralfolgen in Verbindung mit hydrothermaler Umwandlung aufzuspüren. Einzelne Quellhügel sind generell zehn bis einige hundert Meter groß, und sie treten häufig in Gruppen auf, die ihrerseits wieder Bereiche bis zu zehn Quadratkilometern bedecken können.

»Heiße Quellen«, meinen die beiden Geologen, »mögen nicht unbedingt die beste Möglichkeit repräsentieren, organisches Material zu bewahren. Aber sie wären hervorragend geeignet, Mikrofossilien zu erhalten, weil diese durch die mineralischen Ausfällungen vor der Zerstörung geschützt wären. Hinzu kommt, daß Mikrobengemeinschaften einen großen Bereich im Umfeld hydrothermaler Quellsysteme besiedeln, und das erhöht die Chance, Reste davon im Gestein zu finden.«

Walter und des Marais schlagen vor, sowohl in den Quellgebieten der Abflußkanäle nach dort erhalten gebliebenen, versteinerten Mikrobenkolonien – etwa in Form von Stromatolithen – als auch in den Seesedimenten zu suchen, in die das Wasser abgeflossen ist. Und natürlich im *Valles Marineris*. Bis in die jüngste Zeit hinein kam es dort zu vulkanischer Aktivität, und zu den Zeiten, als es mit Wasser unter einer dicken Schicht von Eis gefüllt war, muß es zu hydrothermalen Erscheinungen gekommen sein, die vielleicht sogar den Schwarzen Rauchern auf dem Grund der irdischen Ozeane geglichen haben. Insofern wäre das große Marstal einer der hoffnungsvollsten Kandidaten, um Hinweise auf die Tätigkeit heißer Quellen und damit verbunden auch auf biologische Aktivität zu finden. Man kann sich gut vorstellen, wie tief unter der staub- und sandbedeckten Eisdecke des *Valles Marineris*, entlang zahlreicher Spalten und Risse, siedendheißes Wasser aus dem Boden gequollen ist, die unmittelbare Umgebung aufgeheizt hat und einer fremden, vielleicht sehr bizarr anmutenden Mikrofauna ideale Bedingungen zum Überleben ermöglichte – zu einer Zeit, als anderswo auf dem Mars längst die »ewige Eiszeit« angebrochen war. Wenn wir eines Tages die Möglichkeit haben, im *Valles Marineris* zu landen, dort eine Sonde abzusetzen oder sogar im Rahmen einer bemannten Mission Geologen und Paläontologen die Gesteine direkt in Augenschein nehmen zu lassen, stoßen wir vielleicht in der unmittelbaren Umgebung der dunklen Vulkanite auch auf Stromatolithen. Oder zumindest auf die »chemischen Fingerabdrücke«

Die Trockentäler in der extrem lebensfeindlichen kalten Ross-Wüste der Antarktis. Hier entdeckte Prof. Imre Friedmann erstmals Organismen, die innerhalb von Steinen leben. Auf dem Mars könnten sich vielleicht noch heute vergleichbare Mikroben ins Innere von Felsen zurückgezogen haben. *(Quelle: E. Imre Friedmann)*

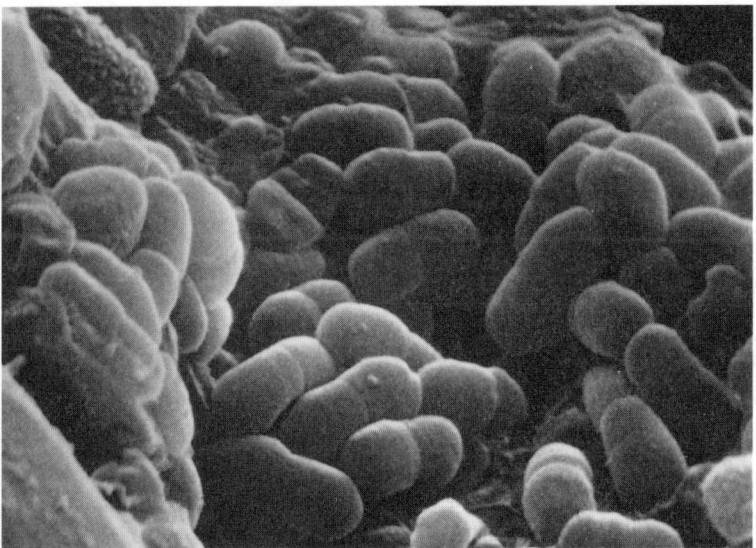

Bakterien wie diese besiedeln die feinen Porenräume des *Beacon*-Sandsteins in der Antarktis. Vor ihrer Entdeckung hätte niemand für möglich gehalten, daß es solche Lebenshabitate auf unserer Erde gibt. *(Quelle: E. Imre Friedmann)*

einstiger Marsmikroben. Aminosäuren zum Beispiel könnten sich in den tieferen Bodenschichten und in den Polargebieten durchaus erhalten haben. Berechnungen zeigen, daß trotz der zerstörerischen UV-Strahlung an der Oberfläche noch heute etwa 1,6 Prozent aller einstmals auf dem Mars vielleicht vorhandenen Alanin-Aminosäuren vorhanden wären. Auch in organischem Kohlenstoff und Stickstoff kann man solche »Fingerabdrücke« sehen: Beide Elemente sind in irdischen Böden gegenüber der darunterliegenden Kruste signifikant angereichert, und diese Anreicherung geht natürlich auf das Konto biologischer Aktivität. Wir müssen also nicht zwangsläufig Fossilien finden, die uns Aufschluß über die einstigen »Marsbewohner« geben, es können durchaus auch *indirekte* Indikatoren sein.

Die PAHs im Marsmeteoriten ALH 84001 sind ein Beispiel dafür. Aber es gibt noch einen weiteren Meteoriten vom Mars, der in dieser Beziehung nicht minder interessant ist, nämlich EETA 79001 *Elephant Moraine*.

Wie sein berühmter »Kollege«, wurde auch er auf den Blaueisfeldern der Antarktis entdeckt, allerdings schon fünf Jahre zuvor. Die Mineralogen Prof. Ian P. Wright, Dr. M.M. Grady und Dr. C.T. Pillinger vom Institut für Erdwissenschaften der Universität in Milton Keynes (Großbritannien) untersuchten den acht Kilogramm schweren Brocken im Jahr 1989. In einigen der feinen Risse und Spalten hatten sie schon zuvor eine erhöhte Konzentration an Karbonaten gefunden, und nun interessierte es sie, woraus sich der darin gebundene Kohlenstoff eigentlich genau zusammensetzte.

Sie wählten ein Untersuchungsverfahren, das im Ergebnis jenem entspricht, das Dr. Manfred Schiedlowski für den Nachweis biologisch erzeugten Kohlenstoffs in archaischem Gesteinsmaterial aus dem Isua-Gneis einsetzte, und auch hier ging es darum, festzustellen, wie genau das Verhältnis von ^{12}C zu ^{13}C beschaffen war. Die Probe wurde zu diesem Zweck langsam auf 1200° Celsius erhitzt und die Anteilmengen der dabei freiwerdenden Kohlenstoffisotope mit einem Massenspektrometer gemessen. Das Ergebnis war nun in der Tat erstaunlich.

Insgesamt überwog zwar erwartungsgemäß das bei anorganischen Bildungsprozessen von der Natur verwendete schwerere ^{13}C bei weitem. Aber im Temperaturbereich zwischen 300° und 450° Celsius ging sein Anteil zugunsten des leichteren ^{12}C deutlich zurück.

Dies ist, wie wir gesehen haben, charakteristisch für den Einbau von Kohlenstoff in Organismen. Daraus läßt sich schließen, daß die Karbonate zwar im wesentlichen anorganisch gebildet wurden, aber doch signifikante, wenn auch geringe Anteile (im Promille-Bereich) an organischem Material enthalten.

Schon ein Jahr zuvor waren übrigens in EETA 79001 neben den Kalziumkarbonaten auch Kalziumsulfate gefunden worden, also Salze. Darüber hinaus entdeckte man geringe Anteile an Magnesium und insbesondere an Phosphor, zwei Elemente, die für die Biologie eine besondere Rolle spielen, sowie Stickstoff. Alle Faktoren zusammengenommen – das Auftreten von Kalziumsalzen, Magnesium, Phosphor, Stickstoff und die Existenz von ^{12}C – deuten darauf hin, daß wir mit diesem Meteoriten einen zweiten »Botschafter« vom Mars in Händen halten, der uns Hinweise auf einstiges Leben in unserer Nachbarwelt geben kann. Es würde uns nicht wundern, wenn bei einer neuerlichen Untersuchung, jetzt mit der modernen Technologie eines Transmissions-Elektronenmikroskops, auch in diesem Meteoriten bakterienähnliche Strukturen gefunden würden. EETA 79001 ist deutlich jünger als ALH 84001, er entstand vor etwa 1,1 Milliarden Jahren. Vorausgesetzt, die entdeckten Spuren gehen tatsächlich auf organische Aktivität zurück, würde dies bedeuten, daß knapp drei Milliarden Jahre, nachdem sich Mikroben in ALH 84001 tummelten, Leben auf dem Mars noch immer existent war. Eine wichtige Erkenntnis, denn vor 1,1 Milliarden Jahren waren die klimatischen Verhältnisse auf dem Roten Planeten vermutlich nicht anders als sie es heute sind. Mit anderen Worten: Wenn es damals tatsächlich Leben auf dem Mars gab, stehen die Chancen vielleicht gar nicht so schlecht, es noch immer dort anzutreffen.

Antarktisanalogien

Wir wollen uns aber, bevor wir auf diesen Aspekt zurückkommen, noch mit zwei weiteren »Lebensoasen« auf dem frühen Mars beschäftigen: nämlich mit der Möglichkeit biologischer Aktivität unterhalb von dicken Eisschichten in Flüssen und Seen und innerhalb von Steinen. Zu beiden Möglichkeiten hat insbesondere der amerikanische Biologe Prof. Imre Friedmann entscheidende Forschungsarbeit geleistet.

Am Institut für Biologie der *Florida State University* in Talahassee beschäftigt, einem US-Bundesstaat, in dem ein beständig schwülheißes Klima selbst in den klimatisierten Labors die Arbeit erschwert, zog es ihn und einige seiner Mitarbeiter Mitte der siebziger Jahre in die Antarktis. Was sie dort entdeckten, war eine kleine wissenschaftliche Sensation, nämlich Mikroben, die innerhalb von Steinen beheimatet sind, die also eine kryptoendolithische Lebensweise entwickelt haben.

Friedmann und seine damalige Assistentin und spätere Frau Roseli Ocampo wurden vor allem in der Wüste Ross im südlichen Viktorialand fündig. Zwar weitgehend eisfrei, ist diese steinige, extrem trockene Kältewüste für Leben denkbar ungeeignet, vielfach wird sie sogar als die extremste und lebensfeindlichste Region auf unserem Planeten bezeichnet. Durchschnittlich 1 600 Meter hoch gelegen, klettern die Temperaturen auch im Sommer niemals über 0° Celsius, im Winter wird es bis zu -60° Celsius kalt.

Daß Algen tatsächlich in Steinen leben können, d.h. sich die feinen Poren als Lebensraum erobert haben, wußte man zuvor schon von Proben aus der Negev und vom Sinai. Daß sie aber auch in den Trockentälern der Antarktis heimisch sind, war völlig unbekannt, und die erste Veröffentlichung darüber 1976 in SCIENCE erregte beträchtliches Aufsehen. Die Algen der Wüste Ross bewohnen vor allem den sogenannten *Beacon Sandstone*, Felsgestein, das dort am Aufbau vieler Gebirge beteiligt ist. In den Poren zwischen den einzelnen Sandkörnchen haben sie sich nahe der Oberfläche ein einmaliges Lebenshabitat erschlossen, weil diese Poren Feuchtigkeit speichern und die Temperaturen bei direkter Sonneneinstrahlung bis auf 17,8° Celsius klettern können. Das Gestein selbst erweist sich darüber hinaus als mechanisches Schutzschild gegen Windabrasion und zu hohe Dosen an ultraviolettem Licht.

Friedmann und die Mitglieder seiner Arbeitsgruppe konnten im Laufe der Jahre eine Vielzahl mikrobiologischer Lebensgemeinschaften in den Ross-Sandsteinen und in den Sandsteinen des McMurdo-Hochlandes auffinden: Verschiedenste Cyanobakterien, Pilze und Flechten, also symbiotisch mitander verbundene Algen- und Pilzkulturen. Da diese Ökosysteme den Stein, den sie bewoh-

Heute ist es nur Bodennebel, aber vor etwa 3,5 Milliarden Jahren dürften viele der großen Einschlagbecken auf der südlichen Halbkugel des Mars von Eis bedecktes Wasser enthalten haben. Das Bild, das sich einem Betrachter damals geboten hätte, wäre diesem Photo nicht unähnlich gewesen. *(Quelle: NASA/DLR)*

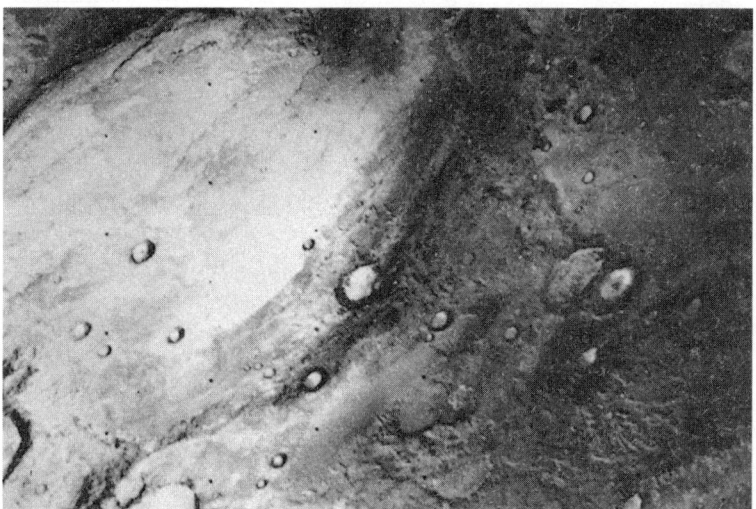

In der Nähe der südpolaren Eiskappe sind Abflußkanäle zu erkennen, die in Meteoritenkrater münden (zum Beispiel rechts unten). Unter dem mächtigen Eispanzer des Nord- und Südpols könnte es noch heute Seen mit flüssigem Wasser geben. *(Quelle: NASA/DLR)*

nen, auf ganz charakteristische Weise allmählich verändern, kann ihre einstige Anwesenheit auch noch festgestellt werden, wenn sie selbst längst abgestorben sind. So vermochten zum Beispiel Prof. Andrew Knoll vom Institut für Evolutionäre Biologie der Cambridge-Universität in Massachusetts solch endolithische Fossilien, einschließlich der von ihnen verursachten »Mikrobohrungen« in 800 Millionen Jahre alten Kalk-Dolomit-Serien in Ostgrönland, nachzuweisen.

Die Bedeutung, die sich daraus für den Mars ergibt, ist offensichtlich. Es gibt keine Region auf unserer Erde, die den Verhältnissen auf dem Roten Planeten so gleicht wie die Trockentäler im südlichen Viktorialand. Imre Friedmann und Roseli Ocampo waren die Parallelen sofort deutlich geworden, und sie schrieben darüber bereits in ihrer ersten Arbeit 1976. Bei späteren Forschungseinsätzen wurden diese Gemeinsamkeiten weiter herausgearbeitet. 1984 meinten sie: »Noch vor mehr als 40 Millionen Jahren gab es auf dem antarktischen Kontinent eine Fülle an verschiedenen Lebensformen. Als der Kontinent dann in seine heutige Position wanderte, setzte die Vergletscherung ein und das Klima wurde kalt und trocken.« Erst in den vergangenen vier Millionen Jahren wurde die Wüste Ross ebenso wie das McMurdo-Hochland wieder eisfrei, wobei die Spitzen einiger Berge offensichtlich während dieser ganzen Zeit aus dem dicken Eispanzer herausgeschaut haben. Dorthin müssen sich die Überlebenden der einst blühenden Antarktis-Fauna und -Flora in Form kleiner Mikroben, Pilze und Flechten zurückgezogen haben, bevor sie schließlich auch in den Sandsteinen der Wüste Ross und des McMurdo-Hochlandes wieder Fuß fassen konnten. Wenn das so ist, dann bilden die kryptoendolithischen Mikroorganismen heute den letzten Vorposten des Lebens in einer Umwelt, deren Bedingungen im Laufe der Jahrmillionen immer schlechter wurden.

In bezug auf den Mars vermuten Imre Friedman und Roseli Ocampo, daß sich auch dort »die letzten der überlebenden Mikroorganismen in isolierte mikroskopische Nischen zurückgezogen haben, vergleichbar mit denen, die heute in der Antarktis zu finden sind. Obwohl die Analogie zwischen Mars- und Erdbedingungen kaum weitergeführt werden kann, so vermag man doch andererseits die Möglichkeit der Existenz von fossilen oder sogar noch aktiven mikrobakteriellen Lebensräumen auf dem Mars derzeit nicht völlig auszuschließen.«

Noch ein anderes Umfeld könnte als Rückzugsgebiet für einstige Marsmikroben gedient haben: Evaporite. So bezeichnet man Gesteine, die beim Austrocknen stehender Gewässer gebildet werden, zum Beispiel Salzminerale wie Anhydrit, Steinsalz, Kalisalz und so weiter. Bei solchen Prozessen können nun halophile Bakterien, also Mikroorganismen, die an starke Salzkonzentrationen angepaßt sind, in die sich ausbildenden Salzkristalle eingeschlossen werden, ja, sie sind sogar in der Lage, innerhalb dieser Salzgesteine weiterzuleben. 200 Millionen Jahre alte Evaporite mit solchen Einschlüssen hat man bereits auf der Erde gefunden. Könnte etwas Vergleichbares nicht auch auf dem Mars geschehen sein?

Durchaus, glaubt zum Beispiel Dr. Lynn Rothschild vom *NASA Ames Research Center* in Moffet Field. Als das Wasser in den Kraterseen des Mars oder auch im *Valles Marineris* allmählich eindampfte, könnten sich eventuell vorhandene Bakterien nicht nur in die Hohlräume von Steinen, sondern auch in die Kristalle von Salzen »geflüchtet« haben. In gleicher Weise, nimmt sie an, sei es möglich, diese Art von Lebensformen im Eis zu finden – sowohl im Grundeis des Bodens als auch in den Wasser- und Kohlendioxideiskappen des Nord- und Südpols.

Friedmann weist in seinen Arbeiten auf ein weiteres Lebenshabitat hin, das gleichfalls vor allem in der Antarktis zu finden ist, nämlich Seen, die ständig von dicken Eispanzern bedeckt sind. Wir hatten schon in bezug auf das *Valles Marineris* darauf hingewiesen, aber wir müssen wohl davon ausgehen, daß auf sämtlichen Gewässern des Mars, die einst in großen Kratern oder anderen Senken existiert haben, solche Eisschichten ausgefroren waren. Wir können nicht einmal ganz ausschließen, daß Seen noch heute existieren – unter den mächtigen Eisablagerungen am Nord- und Südpol.

Die Sedimentationsbedingungen und die Lebensgemeinschaften in solchen Seen der Antarktis haben vor allem Susan Nedell und ihre Kollegen untersucht. Die feingeschichteten Ablagerungen etwa im Lake Hoare nahe der Küste des Ross-Meeres entsprechen ziemlich genau jenen Schichtungen, die das gleiche Forscherteam auch im *Valles Marineris* entdeckte. Die Eisschichten schirmen das Wasser dieser antarktischen Seen fast vollständig von der Außenwelt ab.

Lake Hoare zum Beispiel besitzt einen um 300 Prozent höheren Sauerstoffgehalt, als es der Fall wäre, wenn die Wasseroberfläche sich in ständigem chemischen Austausch mit der Luft befände. Der Stickstoffgehalt ist um 160 Prozent höher. Diese hohen Konzentrationen werden sowohl durch rein chemische als auch durch biologische Prozesse erzielt.

Genau wie in der Kältewüste sind es auch unter dem Eis im wesentlichen Algen, also Cyanobakterien, die sich in Form ganzer Matten frei im Wasser schwebender, den Boden besiedelnder oder an der Eisdecke hängender Kolonien zusammengefunden haben. Neben diesen Cyanobakterien hat man auch Diatomeen (Kieselalgen) und andere Bakterienarten gefunden. Die meisten von ihnen fällen Kalzit aus und bilden so auf dem Boden alternierende Lamellen organischer und anorganischer Natur – auch dies moderne Stromatoliten, wie wir sie in ähnlicher Form bereits aus den Gesteinsfolgen des Archaikums kennen.

Nun hatten Susan Nedell und ihre Kollegen auch im *Valles Marineris* nicht nur feine Schichtungen, sondern auch Hinweise auf Karbonate gefunden. Diese Entdeckung läßt weitreichende Schlüsse zu: Es könnte nämlich sehr gut sein, daß dort – genau wie im Lake Hoare oder anderen Seen der Antarktis – einst Algenmatten unterhalb des dicken Eispanzers trieben, in einem durch die hydrothermalen Quellen im Boden erwärmten Wasser, während unten, an eben diesen Quellen, andere Formen von Bakterien heimisch waren. Insofern bietet das *Valles Marineris* von allen Regionen des Mars die besten Chancen, auf Spuren einstiger Organismen zu stoßen. Wir dürfen dabei allerdings kaum erwarten, höherentwickelte mehrzellige Tiere und Pflanzen oder gar Gliedertiere zu finden – diese traten auf der Erde erst knapp dreieinhalb Milliarden Jahre nach der Entstehung des Lebens auf. Vor 570 Millionen Jahren, an der Schwelle vom Präkambrium zum Kambrium, kam es in den Meeren unseres Planeten zu einer wahren »Explosion« von Leben. Warum dies geschah, ist eines der großen Rätsel der Paläontologie. Doch im Gegensatz zum Mars besaß die Erde in all diesen Milliarden von Jahren ein relativ stabiles Klima mit Durchschnittstemperaturen über dem Gefrierpunkt, offene Meere, eine sich aufbauende Sauerstoffatmosphäre und eine Ozonschicht, die vor der tödlichen UV-Strahlung der Sonne schützte. All das hat es auf unserem roten Nachbarn im All nie gegeben. Die Temperaturen lagen im Durchschnitt immer unter dem Gefrierpunkt (nur an einigen wenigen Stellen werden heute in den Sommermonaten auch Temperaturen über 0° Celsius erreicht), es gab niemals Meere, die tödliche UV-Strahlung der Sonne konnte stets ungehindert auf den Boden treffen.

Und trotzdem scheint es doch zumindest primitives Leben in Form einzelliger Organismen gegeben zu haben – dies ist jedenfalls der Schluß, den wir aus unseren Betrachtungen ziehen können. Leben, das sich den unwirtlichen Bedingungen dieses Planeten angepaßt hatte, das unterhalb von Eisdecken lebte, den Boden in der Nähe heißer Quellen besiedelte, sich in das Innere von Steinen zurückzog. Gerade der Meteorit ALH 84001 und sein jüngerer »Bruder« EETA 79001 geben uns Hinweise darauf, daß dieses Leben auch auf dem Mars Milliarden von Jahren überdauert haben könnte.

... und heute?

Die Frage, die sich zwangsläufig stellt, hat man schon vor zwanzig Jahren zu beantworten versucht: Gibt es noch heute Leben auf dem Mars? Damals, 1976, landeten die beiden amerikanischen Raumsonden *Viking I* in *Chryse Planitia* und *Viking II* in *Utopia Planitia*. Eine ihrer wichtigsten Aufgaben war die Analyse des Marsbodens an der Landestelle. Hielten sich im Boden Bakterien auf? Konnten mit den beiden Stereokameras vielleicht sogar optische Hinweise auf eine noch bestehende Marsbiologie entdeckt werden?

Die Antwort war letztlich negativ – jedenfalls wurde das in der Öffentlichkeit so dargestellt. Doch die Ergebnisse der jeweils drei unterschiedlichen Analysemethoden waren keineswegs so eindeutig, wie später immer wieder behauptet wurde. Warum das geschah, entzieht sich unserer Kenntnis. Auch dies ist ein »Marsrätsel«, denn unseres Erachtens ist es äußerst ungerechtfertigt zu behaupten, die Sonden hätten *kein* Leben nachgewiesen. Allenfalls kann man sagen, die Ergebnisse seien *nicht eindeutig* beziehungsweise *widersprüchlich* gewesen.

Worum ging es konkret? Schon Jahre bevor die beiden Sonden an der Spitze von Titan-III-E-Centaur-Raketen Cape Canaveral verließen und zu ihrer monatelangen Reise zum Mars aufbrachen, hatte die NASA an drei verschiedene Wissenschaftlergruppen den Auftrag vergeben, mit unterschiedlichen Versuchsanordnungen die Frage nach Leben auf dem Mars klären zu helfen. Dazu sollten Bodenproben an den Landestellen mit einem kleinen Bagger-Greifarm entnommen, das Material in ein mitgeführtes Minilabor eingefüllt und dort entsprechenden Analysen unterzogen werden. Es blieb den Wissenschaftlerteams überlassen, welche Methoden sie im Rahmen dieser technischen Richtlinien entwickelten. Drei unterschiedliche Analyseverfahren wurden schließlich von der NASA akzeptiert, nämlich

— *das Gasaustausch-Experiment.* Dabei wurde einmal mit und einmal ohne die Zugabe einer Nährlösung von Aminosäuren, Salzen und Vitaminen mit Hilfe eines Massenspektrometers untersucht, ob mögliche Mikroben im Rahmen ihres Stoffwechsels Kohlendioxid, Wasserstoff, Stickstoff, Methan oder Sauerstoff abgeben. Leben hätte als nachgewiesen gegolten, wenn das Experiment zweimal positiv verlaufen wäre und nach einer Erhitzung auf 160° Celsius negativ (weil dann alle Organismen hätten abgestorben sein sollen).
— *das Photosynthese-Experiment.* Es sollte messen, ob und inwieweit die sich im Boden entwickelnden Gase photosynthetisch verändert werden. Dazu wurden die Proben in drei Inkubationskammern fünf Tage lang mit radioaktiv markiertem CO_2 und CO versetzt und trocken und feucht, einmal mit und einmal ohne zusätzliche Bestrahlung unter einer Xenon-Lampe Licht und Wärme ausgesetzt. Anschließend wurde die CO_2-Atmosphäre entfernt und die Bodenprobe auf 120°, 625° und 700° Celsius erhitzt. Wären bei all diesen Temperaturen immer noch ^{14}C-Kohlenstoffisotope freigesetzt worden, hätte dies als Nachweis für biologische Aktivität angesehen werden können.
— *das Stoffwechsel-Experiment.* Auch dieses arbeitete mit radioaktiv markiertem Kohlenstoff, der den Nährlösungen beigegeben wurde. Organismen hätten diese Nährlösung aufnehmen und den radioaktiv markierten Kohlenstoff wieder abgeben sollen. Das Experiment sollte über jeweils zwölf Tage laufen, die Abgabe an radioaktivem Kohlenstoff wäre demnach am Anfang Null

Der während des Winters zum Teil eisbedeckte Meteoritenkrater von Mani-cougan im Norden Kanadas hat einen Durchmesser von siebzig Kilometern. So ähnlich kann man sich die eisbedeckten Krater und Seen vorstellen, die einst auf dem Mars existiert haben. *(Quelle: NASA/DLR)*

Gestein und Sanddünen in *Chryse Planitia*, aufgenommen von *Viking I*. Die Ergebnisse der 1976 durchgeführten biologischen Experimente zur Suche nach Leben auf dem Mars waren sehr widersprüchlich. *(Quelle: NASA/DLR)*

gewesen und hätte – die »Verdauung« durch Organismen vorausgesetzt – dann langsam und stetig ansteigen müssen, um sich schließlich auf einem bestimmten Niveau einzupendeln.

Die Experimente wurden in gleicher Weise sowohl in *Chryse Planitia* als auch in *Utopia Planitia* durchgeführt, und sie verliefen an beiden Landestellen in gleicher Weise irritierend. In beiden Fällen nämlich ergab sich für das Gasaustausch- und das Photosynthese-Experiment ein negatives Ergebnis, für das Stoffwechsel-Experiment hingegen ein positives.

Es ist in diesem Zusammenhang wichtig festzuhalten, daß ursprünglich alle drei Experimente nach Maßgabe der NASA unter der Prämisse erarbeitet worden waren, daß jede dieser Versuchsanordnungen *für sich* den Nachweis von Leben auf dem Mars erbringen, jedes hinreichend Eigenevidenz besitzen sollte. Nur unter dieser Bedingung waren die drei Experimente schließlich überhaupt für die *Viking*-Mission akzeptiert worden. Es war, mit anderen Worten, im Vorfeld niemals die Forderung aufgestellt worden, alle drei Tests sollten *zusammen* den Nachweis erbringen oder ausschlaggebend sei ein 2:1-Verhältnis.

Doch genau so wurde es später gehandhabt. Kaum waren die ersten Ergebnisse aller drei Messungen auf dem Tisch, entschieden sich die maßgeblichen Wissenschaftler, die Testfolgen *insgesamt* als negativ zu beurteilen. Ungeachtet der zuvor ausgegebenen Prämissen ist es bis heute im wesentlichen dabei geblieben. Die positiven Resultate des Stoffwechsel-Experiments wurden als Folge einer »exotischen Chemie« deklariert, und im Laufe der Jahre gab es immer wieder Versuche, mit verschiedenen chemisch-mineralogischen »Tricks« die so widersprüchlichen Ergebnisse zu einem Bild zusammenzufügen. Da mit dem Gasaustausch-Experiment keine organischen Bestandteile im Boden nachgewiesen werden konnten, mußten verschiedene Mechanismen zum Einsatz kommen, die einerseits dieses negative Resultat und andererseits die positive Entwicklung im Stoffwechsel-Experiment erklären konnten. Die harte UV-Strahlung, so nahm man an, hätte alles Leben im oberen Bereich des Bodens Jahrmilliarden zuvor zerstört, es konnte folglich mit Hilfe des Gasaustausch-Experiments nicht aufgefunden werden. Andere Forscher glauben, der Boden selbst enthalte starke Oxidationsmittel beziehungsweise es komme zu einer photokatalytischen, also durch die Sonneneinstrahlung ausgelösten Oxidation möglicher biologischer Bestandteile der Bodenschicht, die jegliche organische Verbindungen inzwischen zerstört hätten. In einer 1989, dreizehn Jahre nach der Landung auf dem Mars, von Wissenschaftlern des Polytechnischen Instituts in Worcester, Massachusetts, veröffentlichten Arbeit heißt es, daß »verschiedene Modelle für diese biologischen Experimente entwickelt, aber keine übereinstimmende Erklärung für die Beobachtungen erzielt werden konnte«. Die Forschergruppe schlug daher ihrerseits vor, nun eine Kombination aus anorganischen, zum Teil durch ultraviolettes Licht veränderten Nitratsalzen und schwerlöslichen Metallkarbonaten wie Kalzit anzunehmen, die im Boden auftraten und die Effekte erzeugten. Eine entsprechende Mischung hatte in von ihnen durchgeführten Experimenten ein ähnliches Ergebnis wie 1976 auf dem Mars produziert. Diese Annahme ist allerdings reine Theorie, denn wir wissen weder, ob es solche Nitratsalze, noch ob es solche Kalzite im Marsboden gibt. Die *Viking*-Bodenanalysen jedenfalls erbrachten keinen Hinweis darauf.

Wie sahen nun eigentlich Dr. Gilbert Levin und Dr. Patricia Straat, die beiden Wissenschaftler, die das Stoffwechsel-Experiment entworfen hatten, die Angelegenheit? Schon in ihrem vorläufigen Abschlußbericht wenige Monate nach der erfolgten Landung auf dem Mars meinten sie: »Allen anderen konträren Hypothesen zum Trotz bleibt die vage Möglichkeit bestehen, daß biologische Aktivität auf dem Mars beobachtet wurde.«

Im Vorfeld der *Viking*-Missionen wurden zahlreiche irdische Bodenproben mit der von Levin und Straat entwickelten Anordnung untersucht. Die Abbildung auf S. 147 oben zeigt zum Beispiel den Verlauf eines solchen Experiments mit einem gewöhnlichen Boden aus Kalifornien. Man erkennt gut den raschen Anstieg auf 10 000 cpm (counts per minute), also der Zählung radioaktiver Teilchen pro Minute während einer Periode von acht Tagen. Eine auf 160° Celsius aufgeheizte Kontrollprobe erbrachte ein essentiell negatives Resultat, da alle Organismen abgestorben waren. Tests wie diese wurden unter simulierten Marsbedingungen zu Hunderten durchgeführt, und zwar mit verschieden dicht von Bakterien besiedelten Böden. Wie auch immer – die Resultate entwickelten sich nicht minder interessant, nachdem die *Viking*-Sonden mit der Untersuchung der Proben auf dem Mars begonnen hatten.

Die Abbildung auf S. 147 unten zeigt vier Zyklen des Stoffwechsel-experiments, das vom *Viking-I*-Lander ausgeführt wurde: zwei aktive und zwei Kontrolluntersuchungen. Die aktiven Zyklen beschreiben deutlich die gleiche Entwicklung wie in der irdischen Probe aus Kalifornien, die Kontrollzyklen produzierten gleichfalls Ergebnisse in unmittelbarer Nähe der Nachweisgrenze des Instruments, d.h., es wurde in der aufgeheizten Probe keine biologische Aktivität mehr festgestellt.

Am Landeplatz in *Utopia* ergaben sich dieselben Resultate. Da das Gasaustausch-Experiment und das Photosynthese-Experiment aber auch hier negativ verliefen, wurde sehr schnell die Hypothese vertreten, das starke UV-Licht der Sonne »aktiviere« irgendwie den Marsboden und verfälsche damit die Daten des Stoffwechsel-Experiments. Levin und Straat hatten aber die Möglichkeit, auf dem Landeplatz in *Utopia* diese Hypothese zu überprüfen, indem die Experimente von der Erde aus manipuliert wurden. Die Lander-Kontrollingenieure bewegten während der Nachtperiode den Arm des Bodensamplers, rückten einen Stein zur Seite, der den Boden unter sich für Hunderttausende von Jahren oder gar Jahrmillionen vor dem Einfall ultravioletten Lichts bewahrt hatte und führten eine Probe dieses geschützten Bereichs in die Experimentiervorrichtung ein. Nur um weniges geringer, reagierte auch diese Probe im aktiven Bereich zwischen 8 000 und 9 000 cpm.

Wäre das eindeutig positive Ergebnis, das Levin und Straat vom Mars erhielten, mit irdischen Proben erzielt worden, die Daten wären unzweifelhaft als Beweis für die Anwesenheit von Organismen im Boden gewertet worden. In gewisser Hinsicht waren die Marsresultate des Stoffwechsel-Experiments aber auch enttäuschend. Als nämlich eine zweite Dosis der Nährlösung in die Mars-bodenprobe eingeführt wurde, erwarteten Levin und Straat − so, wie man es in irdischen Proben gewöhnlich beobachtet hatte − ein erneutes Anwachsen der Gasproduktion als Folge eines neuerlichen Wachstums. Aber eine solche Reaktion zeigte sich nicht, was für die ohnehin schon skeptischen Experimentatoren der beiden anderen biologischen Versuche erneut ein Hinweis zu sein schien, daß es keinerlei Leben im Marsboden gab.

Eine notwendige Neubewertung

Gilbert Levin und Patricia Straat hatten sich zunächst mit diesem Befund zufriedengeben müssen. Im Rahmen der Vorbereitung zu einer NASA-Konferenz zehn Jahre später durchforsteten sie aber nochmals die Versuchsprotokolle, die in der Vorbereitungszeit des *Viking*-Projekts angelegt worden waren. Vielleicht zeigten sich ja doch Hinweise auf ein ähnliches Verhalten bei irdischen Testläufen? Tatsächlich fanden sie die Analyseergebnisse einer aus der Antarktis stammenden Bodenprobe mit der Nummer 664. In diesem Boden, der ursprünglich – also bei der ersten Injektion – ein positives Ergebnis gezeigt hatte, war das Gas im Anschluß absorbiert worden, so daß der Kurvenverlauf exakt die Marsresultate widerspiegelte. Levin und Straat konnten jetzt zeigen, daß die im Antarktisboden lebenden Mikroorganismen, die man zuvor durch klassische mikrobiologische Analyseverfahren nachgewiesen hatte, im Laufe der Acht-Tages-Periode vollständig abgestorben waren. Konnte nicht das gleiche auch auf dem Mars geschehen sein?

Während Gilbert Levin und Patricia Straat sämtliche Protokolle der Testläufe nun sehr aufmerksam erneut durchgingen, stießen sie auf eine weitere antarktische Bodenprobe, nämlich Nummer 726. Bei dieser Probe war bei einer naß-chemischen Analyse ein organischer Anteil von 0,03 % festgestellt worden. Die anschließenden Tests mit dem Gasaustausch- und dem Photosynthese-Experiment hatten dagegen *keine* Anzeichen für Organismen erbracht. Dies war ein eindeutiger Hinweis darauf, daß die Empfindlichkeit der Instrumente nicht hoch genug war, um eine sehr geringe Konzentration organischer Komponenten nachzuweisen.

Die Protokolle aber zeigten es: Unzweifelhaft hatten Levin und Straat es mit ihrer Instrumentierung vermocht, den geringen organischen Gehalt in diesem Boden aufzuspüren. Sowohl die Resultate der zweiten Injektion als auch die der sterilisierenden Kontrollexperimente zeigten, daß die Gasentwicklung von Organismen erzeugt worden war. Damit wird deutlich, was auf dem Mars geschehen sein könnte: Die Anwesenheit einer *extrem geringen* Menge organischer Materie wurde nur von dem Stoffwechsel-Experiment registriert, nicht aber von den beiden anderen, auf größere Konzentrationen lebender Mikroorganismen geeichten Instrumente.

Ein anderes, weitgehend nicht zur Kenntnis genommenes »Experiment« war die Suche nach optisch sichtbaren Lebensformen. Natürlich erwartete niemand, irgendwo einen »Sandhasen« durch die rote Wüste von *Chryse Planitia* hoppeln zu sehen oder irgendwelche skurrilen Rieseninsekten beim Beäugen der Versuchsanordnungen auf dem Lander in *Utopia* zu photographieren. Man dachte eher an niedere Pflanzen, Flechten, Moose, die vielleicht hier oder da, auf oder unterhalb von Steinen ausgemacht werden konnten.

Die Gesteinsbrocken, die *Viking I* und *Viking II* in der unmittelbaren Umgebung photographierten, sind dunkel, zuweilen sogar schwarz, grau oder hellgrau gefärbt. Es handelt sich sowohl am ersten als auch am zweiten Landeplatz um Vulkanite, wobei das Material in *Utopia* weit mehr und größere Poren besitzt als in *Chryse*. Offensichtlich war die Lava hier gasreicher, so daß die geweiteten Hohlräume entstehen konnten. Nahezu alle Steine sind von einer rötlich-bräunlich-ockerfarbenen Sand- und Staubschicht überzogen, nur hin und wieder schimmert die eigentliche Färbung des Materials durch.

Um so überraschter war man, als man auf einem der Steine, nur wenige Meter vom *Viking-I*-Lander entfernt, einige grünliche Flecken ausmachte. Levin und Straat schreiben dazu: »Wir entdeckten, daß die Konfiguration der Flecken sich im Laufe der Zeit veränderte. Spektralanalysen, die am *Jet Propulsion Laboratory* in Pasadena gemacht wurden, zeigten, daß es sich um die am kräftigsten grün erscheinenden und am geringsten farbgesättigten Objekte im gesamten Sichtfeld handelte, wobei zum Beispiel Flechten in sehr unterschiedlichen Farben auftreten können: rot, gelb, violett, gold, sogar weiß, schwarz und farblos, aber natürlich auch grün.«

Um zu überprüfen, ob und wie sich Flechten auf einem Stein mit den Kameras der *Viking*-Sonden tatsächlich abbilden ließen, besorgten sich Gilbert Levin und Patricia Straat einen solchen Stein und legten ihn in eine simulierte, dem Umfeld des Marslanders nachempfundene Landschaft in einem der großen Räume des Kontrollzentrums. Sie plazierten ihn genau an jener Stelle, an der er auch »in Wirklichkeit« lag und ließen Photos von einem Flugsimulationsmodell aus machen, das über das gleiche Kamerasystem verfügte wie die Geräte auf dem Mars. Auch die Beleuchtung der Szene war den Verhältnissen auf dem Mars angepaßt. »Die grünli-

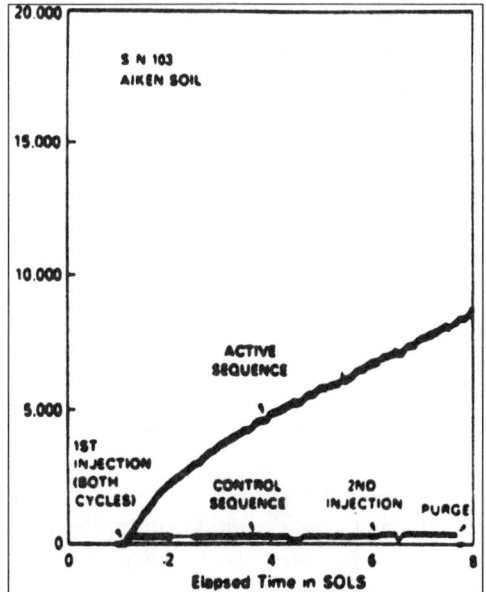

Diagramme, die Hinweise auf die Existenz von Leben auf dem Mars geben? Oben: Die Ergebnisse des Stoffwechselexperiments bei einem gewöhnlichen kalifornischen Boden, der durchschnittlich von Bakterien besiedelt wird. Innerhalb von acht Tagen zeigt der Kurvenverlauf einen Anstieg auf etwa 10 000 cpm. Ein Kontrolltest nach einer Erhitzung auf 160° Celsius macht deutlich, daß alle Bakterien abgestorben sind (untere »Null-Linie« im Diagramm).

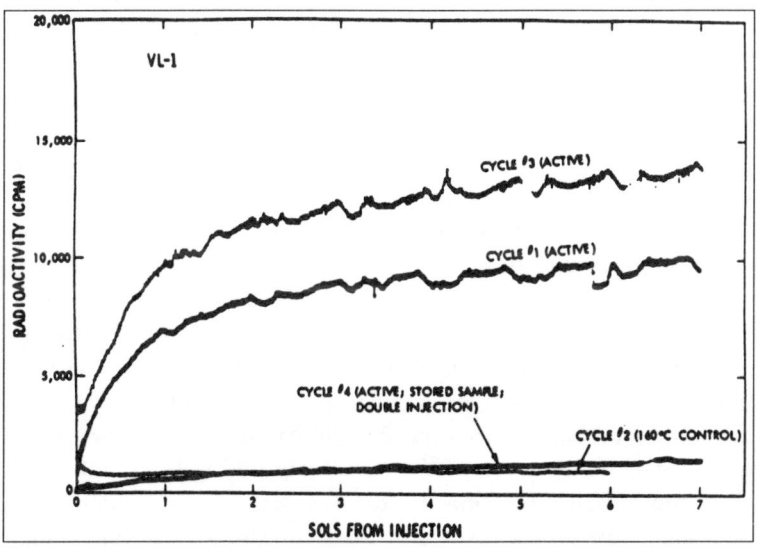

Das Diagramm unten spiegelt die Verhältnisse auf dem Mars wider. Auch dort gab es bei den Proben eindeutige Ergebnisse, die von den Experimentatoren heute als Anzeichen für Leben auf dem Mars interpretiert werden. Ein Kontrolltest ergab auch hier eine »Null-Linie«. *(Quelle: Gilbert Levin/Patricia Straat. NASA)*

147

chen Flechten«, beschreiben Levin und Straat das Ergebnis ihres kleinen Experiments, »waren weniger gut sichtbar als in der direkten Sonne außerhalb des Gebäudes und erinnerten an die Photos, die wir vom Mars hatten. Als wir diese Photos dann einer Farbsättigungsanalyse unterzogen, waren wieder die Bereiche der Flechten die am wenigsten farbgesättigten Objekte im Blickfeld, genauso, wie es auch tatsächlich auf dem Mars gewesen war.«

Natürlich ist dies kein Beweis dafür, daß *Viking I* tatsächlich einen mit Flechten überzogenen Felsen photographiert hat. Aber es ist doch recht merkwürdig, daß diese interessante Einzelheit in der Diskussion um das Vorhandensein von Leben auf dem Mars weitgehend unbeachtet geblieben ist. Überhaupt scheint sich bislang kaum jemand die Mühe gemacht zu haben, die Originalstudien zu lesen oder überhaupt zur Kenntnis zu nehmen. Es ist nicht auszuschließen, daß es tatsächlich im Marsboden chemische Abläufe gibt, die wir einfach noch nicht verstehen und die ein positives Resultat des Stoffwechsel-Experiments vortäuschten. Es ist aber gleichermaßen möglich, daß dieses positive Resultat dadurch erzeugt wurde, daß es exakt das anzeigte, wofür es konstruiert war: mikrobakterielles Leben im Marsboden von *Chryse Planitia* und *Utopia Planitia*.

Interessanterweise sind inzwischen auch andere Forscher bereit, diese Möglichkeit wieder in Betracht zu ziehen. So meinten beispielsweise Prof. David Thomas vom Institut für Biologie der Universität Alaska und sein Kollege Dr. Joshua Schimel vom Institut für Arktische Biologie derselben Universität 1991, daß die *Viking*-Ergebnisse auf den ersten Blick Leben zwar ausschlössen, »doch letztlich erscheinen die Resultate eher zweifelhaft. Da die Bedingungen für Leben auf dem Mars bestenfalls marginal sind, ist ein Beprobungssatz von zwei – nämlich in *Chryse* und in *Utopia* – viel zu klein, um Aussagen über die Bewohnbarkeit des gesamten Planten zu machen. Die zwei *Viking*-Landeorte sind wahrscheinlich gar nicht repräsentativ für den größten Teil der Marsoberfläche. Auch ist es nie gelungen, die grünen Flecken, die auf einigen Marssteinen beobachtet wurden, abiotisch zu erklären. Und schließlich: Die *Viking*-Lander scheinen einfach an den falschen Punkten gesucht zu haben – nämlich im obersten Bereich des Bodens statt tiefer darunter oder in den Steinen, die um das Gerät verstreut liegen.«

Die beiden Biologen weisen in ihrer Arbeit auch darauf hin, daß außerirdische Lebensformen völlig andere Biomoleküle verwenden und einen andersartigen Metabolismus aufgebaut haben könnten: »Sie könnten zum Beispiel statt Chlorophyll eine Verbindung nutzen, die die starke UV-Strahlung direkt oder über einen Umwandlungsprozeß photosynthetisch verwendet. Marsianische Lebensformen könnten statt über DNA und RNA über anderes genetisches Material verfügen. Das Potential für eine ungewöhnliche Biochemie ist nahezu unbegrenzt.«

Selbst einer der bislang überzeugtesten Vertreter der nicht-biologischen Interpretation der *Viking*-Experimente, nämlich Dr. Harold Klein, der als einer der führenden Wissenschaftler an den Vorbereitungen und späteren Auswertungen der Daten vom Mars beteiligt war, räumt heute ein, daß auch aufgrund technischer Erfordernisse die Testfolgen auf dem Mars nicht optimal ausgelegt waren. So wurden zum Beispiel in den Inkubationskammern Temperaturen und Luftdruckwerte erzeugt, die weit über den gewöhnlichen Werten außerhalb des Landers lagen: »Man kann«, schreibt er in einer jüngst veröffentlichten Arbeit, »durchaus argumentieren, daß einheimische Organismen an den Landestellen der *Viking*-Sonden durch die relativ hohen Inkubationstemperaturen und beim Gasaustausch-Experiment und Stoffwechsel-Experiment auch aufgrund des hohen Luftdrucks, den man aus technischen Gründen benutzen mußte, unterdrückt wurden und daß eine längere Inkubation und/oder eine Versuchsdurchführung unter den tatsächlichen Beleuchtungsverhältnissen positive Resultate im Gasaustausch-Experiment erbracht hätte.«

Gibt es also noch heute Leben auf dem Mars? Diese Frage wird man wohl erst irgendwann in der Zukunft definitiv mit Ja oder Nein beantworten können. Es sollte hier nur darauf hingewiesen werden, daß die allgemein in der Öffentlichkeit und von großen Teilen der Wissenschaft akzeptierte Auffassung, die *Viking*-Experimente hätten unzweifelhaft bewiesen, daß es *kein* Leben auf dem Mars gibt, so nicht zutrifft. Wie gesagt: Die Ergebnisse sind allenfalls ambivalent. Gilbert Levin und Patricia Straat drückten es so aus: »In Anbetracht aller bisherigen Ergebnisse muß die Möglichkeit offen gehalten werden, daß das Stoffwechsel-Experiment biologische Aktivität auf der Oberfläche des Mars nachgewiesen hat.«

Eckstein auf einem langen Weg

Wir sind nun am Ende unserer Zeitreise angelangt, die uns zurück-geführt hat in die fernste Vergangenheit, als Erde und Mars sich aus dem präsolaren Urnebel bildeten, als die Oberflächen der beiden Planeten erkalteten, einem verheerenden Meteoritenbombardement ausgesetzt waren, und dennoch wohl schon zu dieser Zeit die ersten Vorläufer künftigen Lebens an geschützten Stellen dieser Welten die Evolution einleiteten. Initialisiert durch unaufhörlich zugeführte organische Verbindungen, die in Meteoriten, Kometen und kosmischem Staub auf die Oberflächen niederregneten, scheint es auf der Erde wie auf dem Mars vor 3,8 bis vielleicht sogar 4,4 Milliarden Jahren bereits Entwicklungen gegeben zu haben, die zur Entstehung einzelliger Organismen führten. Als das katastrophale Impaktinferno sich seinem Ende näherte, blühte die irdische Biologie auf, ein gleichbleibend warmes, gemäßigtes Klima sorgte für eine ungestörte Evolution, die schließlich im Auftreten von Intelligenz, in der Geburt des Menschen gipfelte.

Auf dem Mars waren die Bedingungen ungleich schlechter, das Leben kam dort mit großer Wahrscheinlichkeit nie über das Stadium von Algen beziehungsweise Bakterien hinaus. Sie sammelten sich im Umfeld heißer Quellen, lebten unter den dicken Eisschichten der mit Wasser gefüllten Senken und Täler, fristeten ein eher kümmerliches Dasein in Steinen und Salzen. Möglicherweise haben ihre fernen Nachkommen bis heute überlebt, bevölkern in geringen Konzentrationen die Wüsten des Roten Planeten und lassen sich von uns, die wir ihnen auf die Spur zu kommen suchen, nur widerwillig ihre Geheimnisse entlocken.

Irgendwann vor 15 Millionen Jahren schlug ein Meteorit aus dem All sehr flach auf die Oberfläche des Mars. Er traf eine Region, in der fast vier Milliarden Jahre zuvor Bakterienkolonien das zirkulierende, durch vulkanische Tätigkeit erwärmte Wasser als Lebensmilieu in den Rissen und Poren basaltischer Felsschichten nutzten. Der Impakt löste ganze Gesteinspakete aus ihrem Verband, verstreute die Trümmer schmetterlingsflügelförmig um den entstehenden Krater. Einige der Blöcke, die genau in Richtung der Aufschlagfläche lagen, wurden dabei so beschleunigt, daß sie das Schwerefeld des Mars verließen. Zumindest einer von ihnen schlug dabei eine Bahn ein, die ihn näher in Richtung Sonne führte und ihn vor etwa 13 000 Jahren eines Tages mit der Erde kollidieren ließ. Er trat in die Atmosphäre ein, glühte für Sekunden auf und stürzte auf die Eisflächen der Antarktis. Dort wurde er von Schnee und Eis eingebettet, in diesem Eis kilometerweit transportiert, geriet irgendwann vor ganz kurzer Zeit wieder an die Oberfläche – und erregte die Aufmerksamkeit einer kleinen Gruppe von Wissenschaftlern, die zufällig seinen Weg kreuzten. 1994 stellte sich heraus, daß er vom Planeten Mars gekommen war. Und nochmals zwei Jahre später erkannten Wissenschaftler der NASA und anderer Institute in Amerika und Kanada, daß, eingeschlossen in sein schwarzgraues, anscheinend so unspektakuläres Inneres, eine Botschaft auf uns gewartet hatte: die Botschaft des Lebens.

ALH 84001 ist mehr als nur eine »wissenschaftliche Sensation«. Wenn er in ein, zwei Jahren wiederholt von zahlreichen, vielleicht jetzt noch skeptischen Forschern mit noch weiter verfeinerten, Analysemethoden wieder und wieder vermessen, untersucht, kleinste Partien mit dem Elektronenmikroskop abgetastet, die bakterienähnlichen Strukturen aufgeschnitten und darin vielleicht wirklich Zellstrukturen entdeckt worden sind, werden wir nicht nur zu ahnen, sondern zu *wissen* beginnen, daß das Abenteuer der Menschheitsgeschichte gerade erst begonnen hat und uns die größten Entdeckungen noch bevorstehen.

Alles, was wir dazu benötigen, ist unsere wissenschaftliche Neugier und der Mut, den nächsten Schritt zu tun – hinaus ins All, zu den Planeten des Sonnensystems und – wer weiß? – eines fernen Tages vielleicht noch viel, viel weiter... Aber ist es nicht genau diese Neugier und dieser Mut, die uns auszeichnen und die uns in einer seit Milliarden von Jahren andauernden Evolution zu dem gemacht haben, was wir heute sind: intelligente Bewohner eines »blauen« Planeten, die gerade damit beginnen, sich ihrer Position im Kosmos bewußt zu werden?

Wir haben ja erst angefangen, verstehen zu lernen. Auf dem Weg unserer Erkenntnis werden wir am Mars nicht mehr vorbeikommen. ALH 84001 ist zum »Eckstein« unseres Strebens nach Wissen geworden, er weist uns die Richtung: hinaus ins Universum, aus dem wir alle letztlich gekommen sind, in dem wir alle unseren Platz einnehmen, auf einer kleinen, schönen, blühenden Welt am Rande der Galaxis.

Diese Welt ist unsere Heimat, und sie wird es immer bleiben. Aber sie ist nicht alles. »Die Erde«, sagte der große russische Raumfahrtpionier Prof. Konstantin Ziolkowski einmal, »die Erde ist die Wiege des Geistes. Man kann aber nicht sein ganzes Leben in der Wiege verbringen.«

Wir stehen an der Schwelle zu einem völlig neuen Zeitalter. Wir haben gerade die ersten, noch unsicheren Schritte getan. Diese Schritte werden uns nicht nur ins All führen, zu fernen Welten und den Wundern des Kosmos. Sie werden uns vor allem zeigen, wer wir selbst sind, woher wir kommen und wohin wir gehen werden. Und von nun an wissen wir auch, daß wir dabei nicht allein sind, daß Leben auch anderswo seine zaghaften Fühler ausgestreckt hat, die Welt zu erkunden. Und wir ahnen vielleicht, daß weit draußen, jenseits der Grenzen des Sonnensystems, unsere entfernten Verwandten schon lange darauf warten, daß wir endlich, nach fast vier Milliarden Jahren Evolution auf diesem Planeten, auch zu *verstehen* beginnen ...

VII

Rückblende –
Die Missionen des Jahrhunderts
Aufbruch in eine neue Welt

Apollo 11

Cape Kennedy, 16. Juli 1969.
Es ist 6 Uhr morgens.
Auf dem Raketenversuchsgelände an der Ostküste Floridas ist nur das sanfte, gleichmäßige Dröhnen der Triebwerke zu hören. Die weiße *Saturn-5*-Rakete steht unter einem »Dom von Licht«[1] aus unzähligen Scheinwerfern. Dampfwolken quellen aus dem mit vier Millionen Litern Treibstoff gefüllten kirchturmhohen Geschoß hervor.
Sonnenaufgang. Eine halbe Stunde lang kämpfen die gelben Strahlen mit einer schwarzen, über dem Atlantik stehenden Gewitterwand. Blitze zucken in der Ferne. Doch dann reißt der Himmel auf, ganz so wie es die Meteorologen vorhergesagt haben. Cape Kennedy liegt in Sonnenlicht gebadet da.
Um 6 Uhr 30 sehen die Journalisten von der Pressetribüne aus plötzlich einen kleinen Wagen um die Ecke biegen. Sicherheitskräfte befördern die Astronauten zum Abschußkomplex. Dort besteigen Neil Armstrong, Edwin Aldrin und Michael Collins den Expreßlift, der sie in wenigen Sekunden in die Höhe trägt. Bis zur Einstiegsluke des *Apollo*-Mutterschiffs sind es nur noch ein paar Meter.
Die Mondfahrer stecken in weißen, plump wirkenden Raumanzügen, auf dem Kopf tragen sie kugelförmige Helme, in der Hand Klimageräte, als wären es Reisetaschen für den bevorstehenden Urlaub.
Nacheinander betreten sie die Raumkapsel. Techniker verbinden sie mit den Sauerstoffleitungen und verabschieden sich.

Dann werden die Luken geschlossen. Die Astronauten sind mit sich und ihren Gedanken allein. Es beginnt die Zeit des Wartens und der Kontrollen. Alle Systeme müssen geprüft werden. Ein einziger Funke und die *Saturn-5* explodiert.

Während der Vormittagsstunden versammeln sich eine Million Besucher rund um das Startgelände. Ebenso viele warten entlang der Autobahnen und Strände auf den großen Augenblick. Überall dort, wo der Aufstieg der riesigen Mondrakete beobachtet werden kann, sind Menschen vereint in gespannter Erwartung. 600 Millionen Fernsehzuschauer rund um den Globus fiebern vor den Bildschirmen und erleben die letzten Minuten bis zum Aufbruch in eine neue Welt.

Dann, um 14 Uhr 32 MEZ, ist es soweit. Fünf F-1-Triebwerke erdröhnen, riesige Flammen schießen hervor, unter dem Schub von 3 400 Tonnen erhebt sich der Gigant langsam und majestätisch in den fast wolkenlosen subtropischen Himmel und von dort unaufhaltsam weiter, mitten hinein in den schwarzen Weltraum.

Drei Tage lang fliegen Armstrong, Aldrin und Collins durch das Vakuum des kosmischen Raums. Dann hören Milliarden Menschen die erlösenden Worte: »The Eagle has landed« – Der Adler ist gelandet.

Der Rest ist Geschichte.

Nach *Apollo 11* besuchten noch fünf weitere amerikanische Astronautenteams den Mond. Und jede neue Mission übertraf die vorangegangene an wissenschaftlicher Ausbeute. Es dauerte nicht lange, da überzog ein Netz von Forschungsstationen die Mondoberseite. Denn die Landungen erfolgten in den verschiedensten Gegenden unseres Trabanten. Ab *Apollo 15* fuhren die Astronauten mit einem speziell entwickelten Auto (einem Rover) durchs Gelände. Überall wurden Seismometer aufgestellt, empfindliche Meßgeräte, die bis in die 80er Jahre hinein Daten über Mondbeben lieferten. Mit Laserstrahl-Reflektoren konnte zum ersten Mal die exakte Entfernung des Mondes von der Erde festgestellt werden (nämlich 356 410 Kilometer im Perigäum, dem erdnächsten Punkt der Mondbahn, und 406 740 Kilometer im Apogäum, dem erdfernsten Punkt)[2].

Mit Wärmefluß-Experimenten wurde der Temperaturverlauf unter der Mondoberfläche untersucht.

Apollo 11 bei der Rückkehr vom Mond. Am Horizont: die Erde. *(Quelle: NASA)*

»Eine kleiner Schritt für den Menschen, ein Riesensprung für die Menschheit«
(Quelle: NASA)

Obwohl das *Apollo*-Programm bekanntermaßen kein wissenschaftliches Unternehmen war, sondern in erster Linie das Ergebnis des politisch-technologischen Wettlaufs mit der Sowjetunion, war sein wissenschaftlicher Ertrag der bis dahin größte in der Geschichte der Forschung.[3] Tausende von Wissenschaftlern in den Vereinigten Staaten und vielen anderen Ländern analysierten 385 Kilogramm Mondmaterial, 33 000 Photographien, 20 000 Spulen Magnetband mit persönlichen Beobachtungen und Meßdaten.

Für wissenschaftliche Untersuchungen stehen uns heute Proben aus neun Mondgebieten zur Verfügung, nämlich von sechs bemannten Landungen der Amerikaner und von drei automatischen sowjetischen Sonden (*Luna 16,* 1970; *Luna 20,* 1972; *Luna 24,* 1976), die allerdings jeweils nur wenige Gramm mit zur Erde brachten.

Inzwischen hat das *Johnson Space Center* in Houston rund 60 000 Proben an Forscher herausgegeben, und noch immer werden 600 bis 900 Muster jährlich versandt, meist jedoch nur milligrammweise, so daß bisher erst 3 Prozent des Materials verbraucht sind.

Aus den Seismometerdaten kann abgeleitet werden, daß der Mond eine Kruste von etwa 60 Kilometern Dicke besitzt. Das Innere ist immer noch heiß, eventuell teilweise geschmolzen, Vermutungen, die auf Wärmeflußmessungen gründen.

Außerdem stellten die Wissenschaftler zahlreiche Mondbeben fest. Sie sind allerdings nur ein Tausendstel so stark wie Erdbeben. Der Mond ist also nach unseren Maßstäben sehr unbewegt, was insbesondere im Hinblick auf die spätere Einrichtung einer permanenten Station wichtig ist. Die Erschütterungen stellen für zukünftige bemannte Basen keine Gefahr dar.

Die ältesten Gesteine von *Apollo 17* sind rund 4,6 Milliarden Jahre alt. Dieses Alter entspricht dem Zeitpunkt der Bildung des Mondes und – so meint man – auch des Sonnensystems.

Wie erwartet wurden keinerlei unbekannte Elemente entdeckt, und absolut keine Spur von Leben, weder vergangenem noch gegenwärtigem. Denn schon vor den *Apollo*-Missionen war so gut wie sicher, daß der Mond über keine Atmosphäre verfügt und damit auch nicht über freies Wasser an seiner Oberfläche.

Soweit eine kurze nüchterne und natürlich unvollständige Bilanz der Jahrhundertmission *Apollo*.

Natürlich stellt sich dem erdverbundenen Kritiker an dieser Stelle zwangsläufig die Frage: Hat es sich überhaupt gelohnt?

Gern reduzieren Raumfahrtgegner das Ergebnis der *Apollo*-Flüge auf ein paar Gesteinsbrocken und die berühmte Teflonpfanne, die – wie wir heute wissen – nur zum Teil ein Abfallprodukt der Raumfahrt ist.

Gern führt der Gegner auch die Kosten von rund 25 Milliarden Dollar an, verbunden mit dem Hinweis, der wissenschaftliche Ertrag sei angesichts der horrenden Summen vergleichsweise bescheiden.

War das bislang größte technische Abenteuer in der Geschichte der Menschheit ein Flop?

Diese Fragestellung ist so nicht gerechtfertigt. Die ersten Mondlandungen sollten nicht unter kurzfristigen, sondern unter langfristigen Aspekten betrachtet werden. Zum ersten Mal überhaupt hat die Menschheit ihren angestammten Planeten verlassen. Und in den nächsten Jahrhunderten wird sie diesen Weg weiterverfolgen.

Natürlich nutzten die Amerikaner neben dem schon erwähnten politischen Aspekt die Gelegenheit, eine ganze Reihe von wissenschaftlichen Aufgaben zu lösen. Und der Ertrag ist, wie wir gesehen haben, relativ groß.

Tatsächlich aber hat man weder Edelsteine noch Gold gefunden, und es gab auch keinen unmittelbaren Nutzen für die irdische Wirtschaft. Doch das war nicht das Ziel. Mit sechs Landungen auf dem Mond, der soviel Landfläche besitzt wie Afrika und Europa zusammen, blieben fast zwangsläufig mehr Fragen offen als beantwortet werden konnten. Würde man drei oder vier Leute in der Sahara absetzen, könnten auch sie schwerlich die gesamte Wüste erforschen. Wir sind neugierig geworden, und das ist schon ein Wert an sich. *Apollo* war Ausgangspunkt für viele neue Problemstellungen. So ist beispielsweise die Entstehung des Mondes noch immer umstritten. In der Gegenwart entfernt er sich von unserer Erde, er muß in seiner frühen Geschichte unserem Heimatplaneten also sehr nahe gewesen sein. Ob der Trabant allerdings sozusagen von der Erde ausgeschleudert wurde, läßt sich aus diesem Umstand noch nicht beweisen. Möglicherweise ist der Mond unabhängig von der Erde entstanden und von dieser eingefangen worden. Oder sind Erde und Mond eine Art Doppelplanet? Dies ist nur eine von vielen Fragen, die nach Antworten rufen, Fragen, die uns auf der Suche nach unserer eigenen Vergangenheit weiterführen werden. Durch *Apollo* konnte die Menschheit zum ersten Mal ihren Heimatplaneten von oben betrachten. Ganz und in Farbe. Ein blauer, mit Wolken überzogener Punkt innitten des tiefschwarzen Alls. Zwar wußten die Erdenbewohner schon vorher, daß sie auf einer Kugel lebten, doch nie zuvor war ihnen dies so drastisch vor Augen geführt worden. Die Erde als ein kleines verwundbares Staubkorn im Universum.

Allein diese Erkenntnis hat die *Apollo*-Missionen zu einem bedeutenden Kulturgut gemacht, ganz abgesehen davon, daß sie bis heute ein Symbol für Träume und für Vertrauen in die Leistungsfähigkeit der menschlichen Gesellschaft darstellen.[4]

Unter diesem Gesichtspunkt betrachtet, ist das Geld sogar gewinnbringend investiert worden.

Die *Mariner*-Sonden

Das zweite große Raumfahrtprojekt der NASA war die Erforschung des Sonnensystems, insbesondere des Planeten Mars. Allerdings stehen die Reisen der *Mariner*-Sonden im Schatten des großen Bruders *Apollo*. Dabei waren sie – zumindest was ihre wissenschaftliche Ausbeute anbetrifft – nicht weniger spektakulär.

Schon 1965 flog *Mariner 4* in nur 9 850 Kilometern Abstand am Mars vorüber und machte dabei die ersten Nahaufnahmen seiner Oberfläche. Die Entdeckungen von *Mariner 4* gehören zu den »bedeutendsten wissenschaftlichen Durchbrüchen dieses Jahrhunderts«[5]. Die von der Sonde gesammelten Daten entsprachen etwa dem gesamten Informationsmaterial, das bis zu diesem Zeitpunkt zur Verfügung stand. Und das, obwohl ihre Sensoren nur einen Bruchteil des Planeten erfassen konnten.

300 Jahre lang hatten Astronomen versucht, dem geheimnisvollen Roten Planeten auf die Spur zu kommen, zunächst mit bloßem Auge, dann mit Teleskopen. Vor dem Flug der *Mariner* konnte man die Oberfläche des Mars nur unscharf und in geringer Auflösung erkennen. Die kleinsten sichtbaren Einzelheiten waren mehrere Quadratkilometer groß. Genug Platz für Spekulationen. Und die

drehten sich bekanntermaßen in erster Linie um die berühmt-berüchtigten Marsmenschen.

Nun trat mit Hilfe moderner Kameras die nüchterne Wahrheit zutage: Keine Spur von fremden Zivilisationen, kein Hinweis auf Flora und Fauna.

Doch was für viele aufgeregte Erdbewohner zur herben Enttäuschung wurde, hatte die NASA längst vorausgesehen. Denn noch immer war die Bildauflösung viel zu grob; im günstigsten Fall lag sie bei rund drei Kilometern. Hätte man dieselben Kameras in der Erdumlaufbahn installiert, wäre nicht einmal das Empire State Building zu erkennen gewesen. Eine technische Zivilisation, also die städtische und landwirtschaftliche Geometrie eines Landes, wird erst bei rund 100 Metern Auflösung sichtbar.

Ebensowenig wie *Apollo* in erster Linie ein wissenschaftliches Projekt war, sollte die *Mariner*-Expedition das Rätsel um außerirdisches Leben auf dem Mars lösen.

Und dennoch waren die neuen Erkenntnisse bahnbrechend für das Verständnis unseres Nachbarplaneten.[6]

Die Marsatmosphäre stellte sich im Vergleich zur irdischen als extrem dünn heraus. Sollte jemals eine Sonde auf dem Mars landen, mußte man eine verbesserte Bremstechnik entwickeln.

Die Bordkameras erfaßten eine Oberfläche, die voller Krater war, wasserlos, und immer mehr deutete daraufhin, daß der Mars leblos war wie der Mond.

Die Ausflüge von *Mariner 6* und *Mariner 7* im Jahr 1969 bestätigten diese Ergebnisse. Die Distanz zum Mars verringerte sich auf rund 3 500 Kilometer, etwa 20 Prozent der Marsoberfläche wurden photographisch festgehalten. Die Sensoren konnten zum ersten Mal präzise die Tag- und Nachttemperaturen messen sowie die chemische Zusammensetzung der Atmosphäre ermitteln.

Auf den ersten Blick bestätigten die beiden Sonden den Eindruck vom Mars als einem unfreundlichen, mit Kratern übersäten Planeten, der sich offenbar kaum von unserem Erdmond unterschied. Zusätzliche Details machten allerdings stutzig. Auf den Bildern waren unbekannte, völlig neuartige Erosionsprozesse erkennbar, glatte Oberflächen Seite an Seite mit Kratern, dann wieder kraterfreie Zonen, Hügelkämme und Taleinbrüche. Die Wissenschaftler standen vor einem Rätsel. Ebenso wie das *Apollo*-Programm warf auch die Erforschung des Roten Planeten eine Reihe neuer Fragen auf. Die Gewißheit wuchs, daß der Mars sich offenbar deutlicher von der toten Einöde des Mondes unterschied als man bisher dachte.

Mariner 8 stürzte im Mai 1971 nach Steuerungsproblemen ins Meer. Doch schon wenige Tage später ging *Mariner 9* auf die Reise, ausgerüstet mit dem zu dieser Zeit besten technischen Equipment. Trotzdem sahen die Experten im Kontrollzentrum zunächst einmal gar nichts. Der Marsbote war nämlich mitten in einen Staubsturm hineingerast, der den gesamten Planeten verdunkelte.

Nur einige Berge ragten aus dem Dunst heraus. Einer davon entpuppte sich später als größte Erhebung unseres Sonnensystems und bekam den Namen *Olympus Mons*.

Eine Weile schien es, es sei die Mission in ernster Gefahr, doch dann legte sich der Sturm und *Mariner 9* ging an die Arbeit, als wäre nichts geschehen.

Was der High-Tech-Roboter in den folgenden elf Monaten nach unten funkte, übertraf die Erwartungen selbst der kühnsten Optimisten. Der Mars verwandelte sich von einem tot geglaubten Klumpen in eine faszinierende, aufregende Welt. Die Bordkameras hatten nun eine effektive Auflösung von etwa 100 Metern.[7] Ihre Bilder korrigierten die Ergebnisse der vorangegangenen Sonden. Ein unglücklicher Zufall hatte *Mariner 4, Mariner 6* und *Mariner 7* nämlich allesamt über die relativ uninteressante, von alten Kratern zerklüftete Südhalbkugel fliegen lassen. Das junge, geologisch aktive Drittel des Planeten aber blieb unentdeckt. Solange, bis ihr Nachfolger schließlich eine »Welt voll Wunder und Rätsel«[8] ans Tageslicht beförderte. Insbesondere wurde deutlich, daß das Klima auf dem Mars offenbar nicht immer so ungastlich war wie heute: verästelte ausgetrocknete Stromtalnetze und Abflußkanäle wiesen auf die einstige Existenz großer Wassermengen hin – die überraschendste Entdeckung des Orbiters. Die Marsoberfläche hatte eine gänzlich andere Entstehungsgeschichte als die des Mondes, daran gab es nun keinen Zweifel mehr. Radikal undenken mußte man auch im Hinblick auf die Möglichkeit primitiver Lebensformen. Sollte es vor Milliarden von Jahren tatsächlich zur Bildung von Flüssen, Seen oder gar Meeren gekommen sein, so waren zudem unterirdische Wasserreservoire denkbar (die aber alle nichts zu tun hatten mit den

ALH 84001, der Meteorit vom Mars. In den feinen Rissen dieses Steins finden sich die Spuren einstigen Lebens auf dem Roten Planeten. *(Quelle: NASA)*

Diese Karbonatglobulen sind vermutlich auch auf die Aktivität von Bakterien zurückzuführen. Insbesondere die Bänderung an den Rändern weist darauf hin. *(Quelle: NASA)*

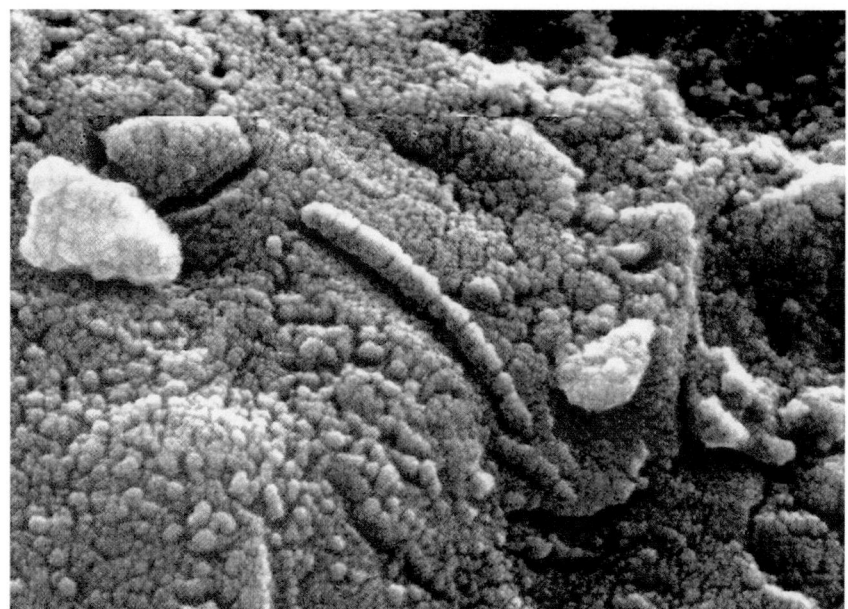

Ein fadenförmiges, segmentiertes Objekt im Marsgestein, sichtbar gemacht mit einem modernen Elektronenmikroskop. Es ähnelt bestimmten irdischen Nanobakterien. *(Quelle: NASA)*

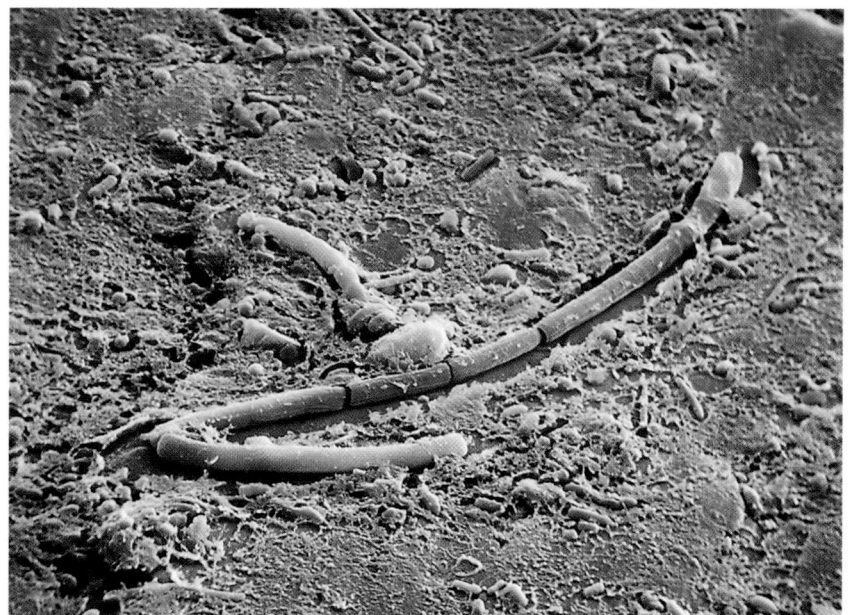

Fadenförmige, segmentierte Bakterien irdischen Ursprungs, ebenfalls aufgenommen mit einem Elektronenmikroskop. Es existieren vielfältige Formen und Strukturen. *(Quelle: Manfred Kage)*

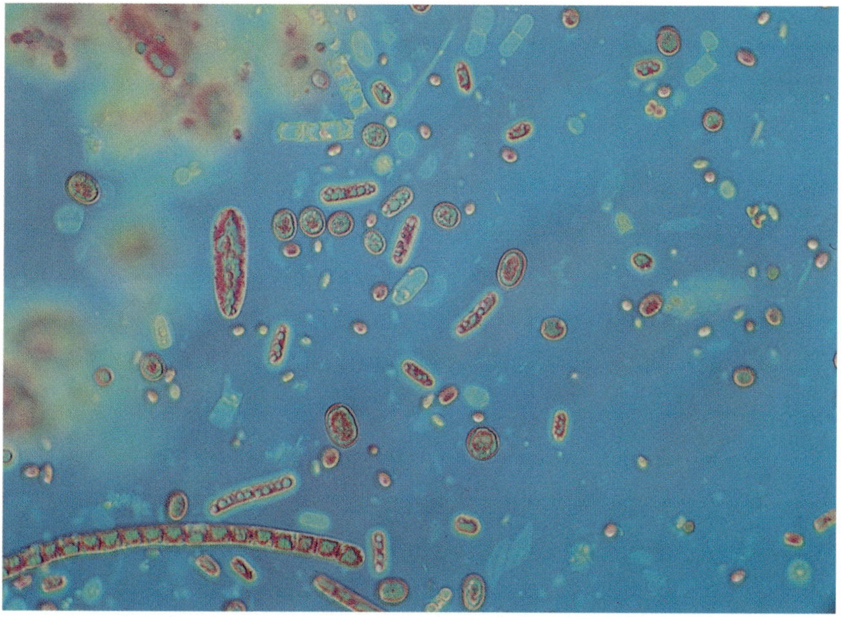

Einzellige Blaualgen unter dem Lichtmikroskop. Blaualgen oder Cyanobakterien gehören zu den primitiven Prokaryoten und sind den ursprünglichsten Lebensformen auf der Erde wohl am ähnlichsten. *(Quelle: Manfred Kage)*

Ein aufgeschnittener Beacon-Sandstein aus den Trockentälern der Antarktis. Die dunkle Linie wird durch die hier siedelnden Algen erzeugt. Ähnliche Bakterien könnte man sich auch auf dem Mars vorstellen. *(Quelle: E. Imre Friedmann)*

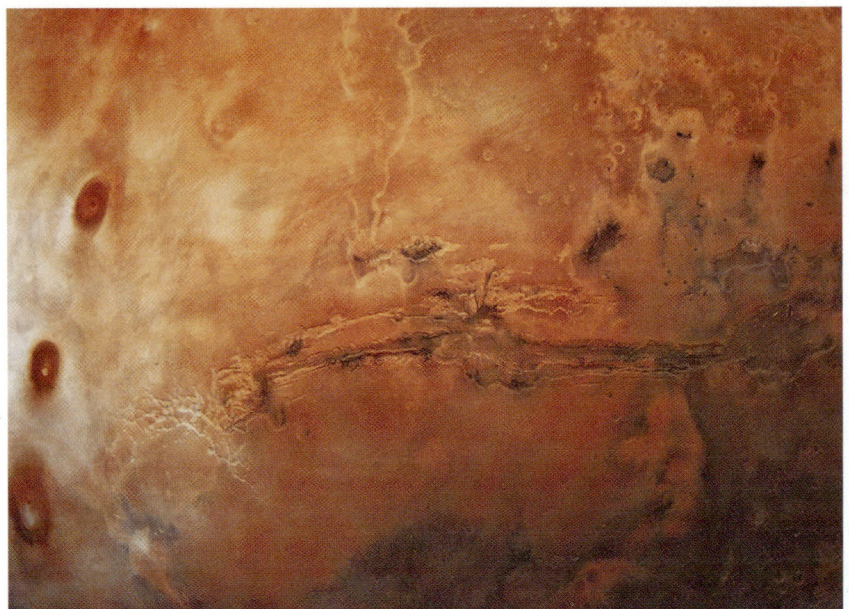

Der Mars, wie er sich den *Viking*-Sonden vor zwanzig Jahren zeigte. Links erkennt man die drei großen *Tharsis*-Vulkane, in der Mitte das Tal des *Valles Marineris*. Weiter oben ziehen sich die großen Stromtäler hoch bis in die nördlichen Tiefebenen. *(Quelle: NASA)*

Blick in den Zentralabschnitt des *Valles Marineris,* des großen Mars-Canyons. Auf seinem Boden finden sich die Ablagerungen eines ehemaligen Sees. Dort könnten vor Milliarden von Jahren primitive Organismen existiert haben. *(Quelle: NASA)*

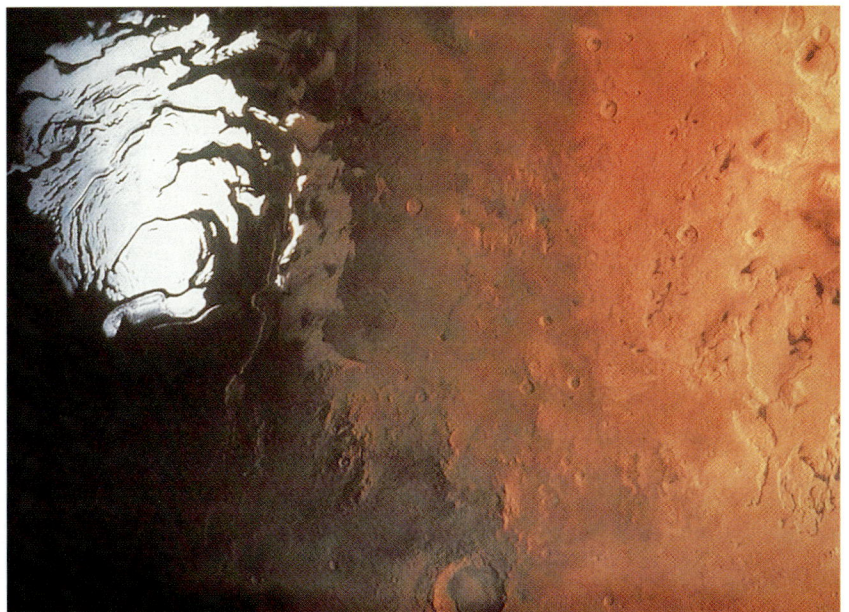

Die Südpolarkappe des Mars. Befinden sich unter den Eisschichten noch immer Seen mit flüssigem Wasser als Lebensraum für Bakterien- und Algenkolonien? *(Quelle: NASA)*

Chryse Planitia, die Landestelle der Sonde *Viking I.* An diesem Ort fand vor zwanzig Jahren zum ersten Mal eine planmäßige Suche nach außerirdischem Leben auf einem anderen Planeten statt. Rechts im Vordergrund der kleine Bagger des Landegerätes. *(Quelle: NASA)*

Erste Schritte auf dem Mars. *(Quelle: NASA)*

Die *Viking*-Sonde im Marsorbit. *(Quelle: NASA)*

Astronauten im *Labyrinthus Noctis.* Der Mensch wird sich das »Abenteuer Mars« nicht entgehen lassen. *(Quelle: NASA)*

Mars – Planet des Lebens. Ein Astronaut findet bei archäologischen Grabungen das Fossil eines außerirdischen Tieres. *(Quelle: NASA)*

Eine Marsmission der Zukunft. *(Quelle: NASA)*

So könnte man sich die Mondstation im Jahre 2030 vorstellen. *(Quelle: NASA)*

1877 vom italienischen Astronomen Schiaparelli entdeckten sogenanten »Marskanälen«. Jahrzehntelang bildeten diese vermeintlich künstlich angelegten Strukturen den Stoff für zahllose utopische Romane, in denen ausnahmslos Marsmenschen die Hauptrolle spielten).

Noch bevor also Neil Armstrong als erster Mensch einen fremden Himmelskörper betrat, hatten Raumsonden als Vorhut des Menschen die Tür zum All bereits einen Spalt breit geöffnet. Solche unbemannten Missionen hatten vor allem den Vorteil, daß keine Menschenleben riskiert werden mußten. Es war zunächst nur dafür Sorge zu tragen, die Automaten mit der größtmöglichen Genauigkeit ans Ziel zu bringen, um Informationen zu beschaffen, die auch mit den besten irdischen Instrumentarien nicht zu erhalten waren. Diese Aufgabe haben die ersten Sonden glänzend bewältigt.

Natürlich konnten die *Flybys,* also die nur am Zielort vorbeifliegenden Maschinen, keinen Beweis für die Existenz von außerirdischem Leben liefern, freilich traten sie ebensowenig den Gegenbeweis an. Doch sie gewährten den Menschen einen ersten wichtigen Einblick in eine bis dahin unbekannte Welt.

Flybys, Satelliten und schließlich Raumsonden, die direkt und vor allem »weich« auf der Planetenoberfläche landen konnten, das war neben dem *Apollo*-Programm die erfolgreiche Strategie der NASA.

Sowjetische Marsmissionen

Weniger erfolgreich war die Sowjetunion bei ihrem Bemühen, den Mars zu erforschen. Die für den kommunistischen Staat überdurchschnittlich kostenintensiven Missionen flogen entweder buchstäblich in die Luft oder endeten irgendwo im unendlichen Weltall. Ein Wunder, daß die Moskauer Regierung keine ernsthaften Spionagevorwürfe gegenüber Washington erhob. Denn das Pech, von dem das sowjetische Raumfahrtprogramm verfolgt war, hätte problemlos Stoff für einen nicht üblen James-Bond-Film abgegeben. Die ersten beiden Sonden kamen im Oktober 1960 gar nicht erst über die Umlaufbahn hinaus. Die dritte, nur wenige Tage später, endete in einer Explosionskatastrophe mit zahlreichen Toten.

Im November 1962 folgte *Mars 1.* Doch kaum war die Maschine unversehrt von der Startrampe abgeflogen, ging der Funkkontakt verloren.

Die beiden Sonden *Mars 2* und *Mars 3* schafften es Ende 1971 dann tatsächlich, in eine elliptische Umlaufbahn um den Roten Planeten einzuschwenken. Noch heller wurden die Mienen der Sowjets, als die abgeworfenen Landekapseln sanft auf der Oberfläche niedergingen. Doch – wie konnte es anders sein – in beiden Fällen riß plötzlich der Funkkontakt ab. Das weitere Schicksal der Sonden blieb unklar.

Damit nicht genug. Auch alle folgenden sowjetischen *Mars*-Programme erwiesen sich als totale Fehlschläge. Wann immer der Versuch unternommen wurde, weiche Landungen vorzunehmen, mißlang dies.

Zusätzlich demoralisierend wirkten die gleichzeitigen großen Erfolge der amerikanischen *Mariner*- und später der *Viking*-Sonden.

1983 schließlich versuchte man es zum vorläufig letzten Mal. *Phobos 1* und *Phobos 2* sollten als Vorläufer einer bemannten Mars-Expedition die Pechsträhne beenden. Gerade erst war man erfolgreich auf der Venus gelandet. Die sowjetischen Raumfahrtingenieure strotzten vor Selbstbewußtsein. Diesmal konzentrierte sich die UdSSR nicht direkt auf den Mars, sondern auf seinen inneren Mond Phobos.

Ein froschartiges ferngesteuertes Maschinenmonstrum sollte sich hopsend auf der Mondoberfläche fortbewegen. Dazu mußte die Sonde bis auf 50 Meter an den Miniaturhimmelskörper herangeflogen werden. Phobos sieht aus wie eine Kartoffel und hat eine Größe von 27 mal 22 mal 19 Kilometern.[9] Der sogenannte »Hüpfer«, 35 Zentimeter hoch und 40 Kilogramm schwer, konnte sich mit Hilfe zweier beinähnlicher Stäbe aufrichten. Mittels eines Federmechanismus' hätte er bei der geringen Schwerkraft des Mondes Sprünge von drei Metern Höhe und zwanzig Metern Weite ausführen können. Seine Lebensdauer war auf ein Jahr angelegt.

Zur Ausrüstung gehörte auch ein Massenspektrometer, das von Instituten der Max-Planck-Gesellschaft entwickelt worden war. Ein Infrarotlaser sollte auf die Oberfläche von Phobos abgeschossen werden und Material verdampfen, das zunächst aufsteigen und dann an Bord der Sonde analysiert werden sollte. Auf diese Weise erhofften sich die Sowjets Informationen über die chemische Zusammensetzung des Mondmaterials. Sie erwarteten auch eine Lösung

Die US-Raumsonde *Mariner. (Quelle: Wilhelm-Foerster-Sternwarte, Berlin)*

Die sowjetische Sonde *Phobos (Quelle: Wilhelm-Foerster-Sternwarte, Berlin)*

des Rätsels, ob Phobos ein wirklicher Marsmond oder nur ein eingefangener Meteorit war.

Doch auch dem »Angstgegner« Mars wollte man erneut zu Leibe rücken. Die Sonden gehörten zu einer neuen Generation von Raumfahrzeugen, die modular aufgebaut waren und an die unterschiedlichsten Einsätze angepaßt werden konnten. Sie besaßen ein Haupttriebwerk und mehrere Korrekturtriebwerke, die äußerst genaues Manövrieren und eine exakte Ausrichtung der Sonde im Raum ermöglichen sollten. Auf der Basis einer Grundversion konnten sie so modifiziert werden, daß sie für Flüge zum Erdmond, zu Mars oder Venus oder anderen Objekten des Sonnensystems einsetzbar waren.

Die denkbar besten Voraussetzungen also, und es ist kaum zu fassen, daß auch dieser Versuch zum Scheitern verurteilt war.

Fünf Jahre dauerte die Vorbereitungszeit, mehr als zehn Länder leisteten technische Hilfestellung, dann, am 12. Juli 1988, waren beide Sonden auf dem Weg zum Mars. Oder vielmehr eine. Denn mit *Phobos 1* ging der Kontakt schon während des Hinfluges verloren, offenbar wegen eines fehlerhaften Funkbefehls. Die Sonde drehte sich so, daß ihre Parabolantenne von der Erde und die Solarzellen von der Sonne wegzeigten. Weil die Akkumulatoren nur fünf Stunden Speicherkapazität besaßen, war es, als der Fehler entdeckt wurde, längst zu spät.

Phobos 2 erreichte am 29. Januar 1989 die Umlaufbahn, von wo aus einige spektrometrische Untersuchungen und Aufnahmen gelangen.

Zunächst lief alles nach Plan. Doch kurz vor dem Höhepunkt der Mission war auch ihr Schicksal besiegelt. Ein Schwenkmanöver, um den Mond besser vor die Kameralinse zu bekommen, wurde zum Fiasko. Die Sonde fand nicht mehr selbständig in die richtige Lage zurück, der Kontakt ging verloren, und schließlich trudelte sie unkontrolliert im All. Hektisch bemühten sich die Wissenschaftler, die nahezu 300 Millionen Kilometer entfernte Sonde zu erreichen, leider vergeblich. Es kam nicht mehr zum Anflug auf den Mond Phobos und auch nicht zur Durchführung der zahlreichen international entwickelten Experimente.

Insgesamt 17 Mal haben die Sowjets bis heute versucht, den Mars mit den verschiedensten Raumsonden zu erforschen. Geschafft haben sie es nie. Der Fairneß halber sollte man die *Phobos*-Missionen dennoch nicht als kompletten Reinfall bezeichnen. Immerhin 57 Tage umkreiste *Phobos 2* den Roten Planeten in einer stabilen Umlaufbahn und brachte der Wissenschaft in dieser – wenn auch kurzen Zeit – wichtige Erkenntnisse.

Die *Viking*-Missionen

1975 gilt als das Jahr des »Gipfeltreffens im Weltraum«. Am 15. Juli startet im russischen Baikonur das Raumfahrzeug *Sojus 19.* An Bord sind die Kosmonauten Leonow und Valerij Kubassow. Sieben Stunden später startet vom amerikanischen Cape Canaveral aus das Raumfahrzeug *Apollo.* An Bord: die Astronauten Stafford, Slayton und Brand. Ziel ist das erste amerikanisch-sowjetische Gemeinschaftsunternehmen in der Geschichte der Raumfahrt. Mit Hilfe eines neuentwickelten Verbindungsstückes werden am 17. Juli beide Raumschiffe aneinandergekoppelt, als sie sich gerade über Westeuropa befinden. Eine Schleusenkammer ermöglicht das Überwechseln der Insassen. Das Gipfeltreffen dauert fast 48 Stunden.

Natürlich war auch dieses Projekt, ebenso wie *Apollo 11,* in erster Linie ein politisches. Entspannung nannte man das im Kreml und im Weißen Haus. Für die NASA allerdings – und wohl auch für einige weitblickende Wissenschaftler in der UdSSR – war es ein erster Schritt im Hinblick auf künftige Missionen in Richtung Mond und Mars. Doch dafür war die Zeit noch nicht reif.

Und so blieb in der Aufregung um das *Apollo-Sojus*-Unternehmen ein anderes Projekt beinahe unbeachtet, dem Experten auch damals schon eine wesentlich größere wissenschaftliche Bedeutung beimaßen als dem historischen Politspektakel: der bevorstehende Start der *Viking*-Sonde zum Mars, das bis dahin ehrgeizigste Projekt der unbemannten Raumfahrt. Gerade deshalb aber, weil es sich um einen Flug ohne Astronauten handelte, hatte *Viking* – verglichen mit der *Apollo*-Euphorie – keine besondere Aufmerksamkeit auf sich ziehen können. Das 1 000 Millionen Dollar teure Unternehmen sah die Landung von zwei vollautomatischen Laboratorien auf dem Roten Planeten vor. Zugleich sollten zwei mit Forschungsinstrumenten ausgestattete Satelliten auf eine Umlaufbahn gebracht werden. Eine rein wissenschaftliche Mission, könnte man meinen. Doch auch hier spielte die Politik die erste Geige.

Am 11. August sollte *Viking 1* auf die rund 850 Millionen Kilometer lange Reise gehen. Bewußt war die Landung auf dem Mars für den 4. Juli 1976 vorgesehen, dem 200. Jahrestag der Unabhängigkeitserklärung der Vereinigten Staaten. Doch es kam anders. Die Landung mußte zweimal verschoben werden, weil das Terrain, das man sich ausgesucht hatte und das auf den Bildern der *Mariner*-Sonden glatt und eben wirkte, in Wahrheit voller Geröll, Schotter und sogar Klippen war. *Viking 1* sandte die besten Bilder zur Erde, die jemals vom Roten Planeten gemacht wurden. Die Aufnahmen waren sehr scharf, und es stellte sich heraus, daß die rauhe, zerklüftete und unwirtliche sogenannte *Chryse*-Niederung für die Landung der Fähre gefährlich werden konnte. Möglicherweise wäre die automatische Station, etwa von der Größe eines VW-Käfers, mit ihren drei Beinen einen Steilhang hinuntergestürzt.

Doch während das Kontrollzentrum in Pasadena (Kalifornien) noch nach einem geeigneten Landeplatz Ausschau hielt, brachte der Orbiter bereits die ersten wissenschaftlichen Erkenntnisse. Deutlicher noch als auf den Bildern der *Mariner*-Sonden wurde ersichtlich, daß von den Hochebenen des Mars früher Eis und Wasser zu Tal geflossen sein mußten. Die Annahme, früher habe es einmal große Wassermengen gegeben, bestärkte die Wissenschaftler schon zu diesem Zeitpunkt in der Hoffnung, daß es in den trockenen Flußläufen noch organisches Leben geben könnte.

Rund hundert Kilometer westlich des ursprünglichen Landeplatzes, im Einzug- und Stromablaufgebiet von *Chryse,* ging die Fähre schließlich nieder. Der Zeitpunkt, zu dem dies geschah, war nicht weniger geschichtsträchtig als der amerikanische Unabhängigkeitstag: Am 20. Juli 1976 um Punkt 12 Uhr 53 MEZ, auf den Tag genau sieben Jahre nach der ersten bemannten Landung auf dem Mond, setzte *Viking 1* weich auf dem Planeten auf.

Die Bodenkontrollstelle erfuhr davon allerdings erst rund 20 Minuten später. Die Entfernung zur Erde betrug zu dieser Zeit mehr als 350 Millionen Kilometer. Ein Funksignal benötigt für diese gewaltige Strecke hin und zurück etwa 40 Minuten.

Der 20. Juli 1976, der Tag, an dem die erste wissenschaftliche Station des Menschen auf einem anderen Planeten landete, war ein Tag

Viking photographiert die
Marsoberfläche in Chryse
Planitia *(Quelle: NASA)*

Der *Viking*-Lander *(Quelle: Wilhelm-Foerster-Sternwarte, Berlin)*

der Emotionen. »Dicke Schweißperlen standen Noel Hinner, dem jungen NASA-Chef für Weltraumwissenschaft, auf der Stirn; der Mann war im wahrsten Sinne des Wortes vollkommen sprachlos. Die gelungene Punktlandung auf dem fernen Planeten Mars hatte den Geologen überwältigt. Der Forscher weinte vor Staunen. James Fletcher, Amerikas Weltraumchef, schluckte und schluckte und rang nach Worten. James Martin, der bürstenhaarige Projektmanager, sprach von der glücklichsten Stunde seines Lebens.«[10]
Für diesen Enthusiasmus gab es bei den breiten Bevölkerungsschichten jedoch kaum ein Äquivalent. Die große Begeisterung der *Apollo*-Missionen war verebbt und – wie gesagt – es handelte sich ja »nur« um einen unbemannten Flug. Die Presse griff das NASA-Unternehmen zwar dankbar auf, doch machte sich in ihren Schlagzeilen bereits der gegenläufige Trend bemerkbar; das Thema Raumfahrt mußte mehr und mehr als Ulk herhalten:
»In einem Jahr wissen wir, ob es doch Marsmenschen gibt!« (Berliner Zeitung, 5. August 1975).
»Erobern die grünen Männchen *Viking 1*?« (Der Abend, 20. Juli 76).
»Als der Würstchenverkäufer Adamski den Männlein von der Venus begegnete« (Die Welt, 22. Juli 1976).
Und die »Frankfurter Allgemeine« schrieb am 28. Juli 1976: »Man ist sich klar darüber, daß dort keine kleinen grünen Männchen herumspringen, die neugierig an der Landekapsel herumspielen oder sich verständlich zu machen versuchen...«
Viking 2 traf am 7. August in der Umlaufbahn des Mars ein, auch die Landung ihrer Forschungsstation verlief plangemäß etwa 1 500 Kilometer weiter im Norden, in *Utopia Planitia,* auf der Böschung eines Kraters.
Die beiden Sonden hatten den polemischen Unterton der Presse wahrlich nicht verdient. Für die damalige Zeit waren sie in jeder Hinsicht technische Wunderwerke.
Sofort nach der Landung ermittelte der Bordcomputer die Orientierung der Kapsel relativ zur Marsoberfläche. Anschließend richtete er die Antenne zur Erde und zum Orbiter aus, alles vollautomatisch. Zwei Radioisotopen-Thermoelement-Generatoren lieferten die elektrische Energie. Den Funkkontakt von der Erde zur Marssonde organisierte das *Deep Space Network* mit drei Stationen in Kalifornien, Spanien und Australien. Jede der drei Boden-

stationen war mit Antennen bis zu 64 Metern Durchmesser ausgestattet.

Mit Hilfe einer Rundblickkamera photographierten die beiden
»Wikinger« zunächst die Landschaft in der Umgebung der Lan-
destelle. Die Auflösung der Kamera betrug 1/25 Grad, also etwa ein
Meter auf eine Entfernung von 1 400 Metern. Möglich waren auch
stereoskopische Bilder sowie, mit Hilfe vorgeschalteter Filter, die
Reproduktion farbiger Aufnahmen.

Das wichtigste Instrument im *Viking* aber war zweifellos das sogenannte »Biolab«, ein kompliziertes Gerät zum Nachweis lebender
Organismen. Ob auf dem Mars Leben in irgendeiner Form existiert, konnte jedoch auch dieses High-Tech-Labor nicht eindeutig
klären. Tatsache aber bleibt, daß die Menschheit ihren planetaren
Nachbarn durch *Viking* das erste Mal wirklich kennenlernen
konnte.

Diese Mission mit Orbitern und Landern gilt heute als eine der
erfolgreichsten in der Geschichte der Raumfahrt. Ursprünglich
hatte die NASA mit nicht mehr als drei Monaten aktiver For-
schungsdauer gerechnet, die tatsächliche Lebensdauer der Sonden
übertraf dann alle Erwartungen. Der Lander von *Viking 1* wurde gar
erst Mitte November 1982 abgeschaltet.

Die beiden Orbiter machten rund vier Jahre lang insgesamt 53 000
Aufnahmen von der Oberfläche des Planeten Mars und seiner beiden Satelliten Phobos und Deimos. Jedes einzelne Bild enthielt
zwanzigmal mehr Informationen als die Aufnahmen von *Mariner 9*
aus dem Jahre 1971, die ja bereits als sensationell gegolten hatten.

Hinzu kamen weitere 4 500 Farbstereoaufnahmen, welche die beiden Landegeräte von der unmittelbaren und weiteren Umgebung
ihres jeweiligen Standortes übermittelten. Auf dieser reichen Bild-
ausbeute basierte schließlich der von der NASA herausgegebene
»Atlas vom Mars«, der insgesamt 97 Prozent der Marsoberfläche
kartographisch erfaßte. Die Auswertung des rund eine Milliarde
Dollar teuren Programms ist noch immer nicht abgeschlossen und
beschäftigt insbesondere Geologen.

Mit dem Ende des *Viking*-Programms begann der vorläufige
Abschied vom Mars.

Der *Mars Observer* – Verschollen im Weltall

Am 21. August 1993 machten die amerikanischen Raumfahrtspezialisten eine Erfahrung, die bisher den russischen Kollegen vorbehalten war. Der NASA gelang es trotz größter Bemühungen nicht, den Kontakt zu ihrer Forschungssonde *Observer* herzustellen. Eigentlich hätte sie am Tag zuvor auf eine Umlaufbahn um den Mars einschwenken sollen. Um das Manöver einzuleiten, hätten in der Nacht die Triebwerke der Sonde gezündet werden müssen. Doch urplötzlich brach der Kontakt ab. Warum und weshalb blieb bis auf den heutigen Tag unklar. Techniker hatten zunächst die zentrale Steueruhr in Verdacht, die sämtliche Operationen an Bord koordinierte. Andere sehen die Ursache für den Totalausfall in einem »für die lange Kälteperiode des Marstrips ungeeigneten Treibstoffventil«.[11]

Wie auch immer: In jedem Fall war das erste amerikanische Marsprojekt seit 17 Jahren, das rund eine Milliarde Dollar gekostet hatte, sang und klanglos gescheitert.

»Schon kurz nach dem Start kamen wir ziemlich ins Schwitzen«, berichtete der verantwortliche NASA-Manager Sid Saucier am 27. September 1992, zwei Tage nach dem »Lift off« auf einer Pressekonferenz. Nach dem Start vom Weltraumbahnhof Cape Canaveral war der Funkkontakt zu dem Raumfahrzeug zunächst abgebrochen. Bange 84 Minuten hofften die Wissenschaftler auf ein Lebenszeichen. Doch statt eines Funksignals vom *Mars Observer* kam die Meldung eines Beobachtungsflugzeuges über dem Indischen Ozean. Deren Besatzung hatte nämlich einen hellen, orangefarbenen Lichtschein am Himmel ausgemacht. Diese äußerst unkonventionelle Kontaktaufnahme sollte die einzige bleiben, bis schließlich eine Bodenstation im australischen Canberra doch noch Signale des Forschungssatelliten auffing. Der 2,4 Tonnen schwere Automat war unversehrt auf dem Weg zum Roten Planeten. Aufatmen im Kontrollzentrum.

Während der folgenden elf Monate traten immer wieder kleinere Kommunikationsprobleme auf. Nie brach jedoch die Verbindung ab, bis dann schließlich kurz vor dem Ziel die Mission abrupt zu Ende ging, was bei allen Beteiligten verständlicherweise einen Schock auslöste.

Der *Mars Observer* sollte, wie der Name schon sagt, nicht auf dem Planeten landen, sondern dessen Oberfläche und Atmosphäre aus einer Höhe von 375 Kilometern beobachten. Meßinstrumente sollten Daten sammeln. Die mitgeführte Hochleistungskamera hätte Objekte von 1,5 Metern Größe auf der Marsoberfläche erkennen können.

Ein Laser-Höhenmeßgerät hatte die Aufgabe, Erhebungen und Täler präzise abzutasten. Die Meßgenauigkeit lag bei 30 Höhenmetern.

Diese Untersuchungen wären insbesondere für die Entscheidung wichtig gewesen, wo später einmal unbemannte oder bemannte Raumfahrzeuge landen sollen. Zu diesem Zweck war vorgesehen, die Sonde auch das Wettergeschehen in der Atmosphäre unter die Lupe nehmen zu lassen.

Mit Weitwinkelphotos wollte man den berüchtigten Staubstürmen auf die Spur kommen.

Eine weitere wichtige Aufgabe war die Suche nach Wasser im Boden. Ein Gammastrahlen-Spektrometer war in der Lage, den Wassergehalt auf der Marsoberfläche bis zu einer Bodentiefe von einem Meter zu erfassen. Auch die Häufigkeit anderer chemischer Stoffe ließ sich mit diesem Meßinstrument ermitteln. Daraus erhofften sich die NASA-Forscher wichtige Rückschlüsse auf die geologische Geschichte des Mars.

Nicht zu vergessen die Tatsache, daß im Zuge der nun wirklichen Entspannungspolitik eine engere Kooperation zwischen den Vereinigten Staaten und Rußland mit dem Projekt verbunden war. Der Mars *Observer* sollte einer künftigen russischen Marssonde als Relaisstation zur Übertragung von Funkdaten dienen.

Es ist offensichtlich, welch ein Verlust der *Observer* für die internationale Forschung war.

Allerdings soll nicht verschwiegen werden, daß diese wissenschaftliche Katastrophe leicht zu verhindern gewesen wäre. Nach dem Motto »doppelt hält besser« war die NASA in der Vergangenheit immer zweigleisig gefahren. Wie schon erwähnt, fiel *Mariner 8* ins Meer. *Mariner 9* aber brachte spektakuläre Ergebnisse zurück zur Erde. Auch *Viking 1* nahm eine kleine Schwestersonde mit auf die Reise, für den Fall der Fälle.

Der *Mars Observer* aber unterlag bereits den rigorosen Sparzwängen

der modernen Gesellschaft mit ihren akuten Problemen und kurzfristigen Zielsetzungen. So mußte die NASA, weil man an die
Reservesonde zwar gedacht hatte, sie wegen Geldmangels aber
nicht produzieren konnte, schließlich draufzahlen.

Hoffentlich eine Mahnung für die Zukunft, gerichtet an die größtenteils in Legislaturperioden denkende Politik:

»Im Jahr 1492 wußte Kolumbus weniger über die Weiten des Atlantik als wir über das Himmelsgewölbe, aber er beschloß, mit einer
Flotte von mindestens drei Schiffen zu segeln. Und die Geschichte
scheint zu belegen, daß er nie mit seinen Entdeckungsberichten
nach Spanien zurückgekehrt wäre, hätte er sein Schicksal einem
einzigen Schiff anvertraut. So ist es auch bei der Raumfahrt: Sie
muß im großen Maßstab in Angriff genommen werden.«[12]

VIII

Großangriff auf den Mars

Hektische Zeiten für den Roten Planeten

Global Surveyor – Pathfinder – Mars 96

Zwanzig Jahre sind mittlerweile vergangen seit dem letzten irdischen Besuch auf dem Roten Planeten. Doch das Interesse der Wissenschaft ist ungebrochen oder besser: stärker denn je.

Mehr denn je auch ist die Raumfahrt heute den wirtschaftlichen und politischen Gegebenheiten unterworfen. Während die finanziellen Zwänge nie bedrängender waren, ist das politische Umfeld nach dem Zusammenbruch des Kommunismus freundlicher geworden. Die internationale Kooperation hat Ausmaße angenommen, wie sie vor ein paar Jahren noch undenkbar waren. Insbesondere natürlich die Vereinigten Staaten und Rußland versuchen, Erfahrungen auszutauschen und zu kombinieren. Während der Zeit des Kalten Krieges war die Meinung weit verbreitet, gerade die Rivalität der Supermächte treibe die Raumfahrt voran, und ohne ihren ständigen Machtkampf würde sie völlig zusammenbrechen. Diese Befürchtung hat sich glücklicherweise nicht bestätigt. So ist der Weg nun frei für einen beispiellosen internationalen Großangriff auf den Mars.

Die Beharrlichkeit der Raumfahrtländer bzw. ihrer entsprechenden Organisationen kommt darin zum Ausdruck, daß sie sich auch durch Mißerfolge und Rückschläge nicht von langfristigen Zielen abbringen ließen. So erscheinen die unmittelbar bevorstehenden Missionen in der Öffentlichkeit wie eine direkte Reaktion auf die Entdeckungen im Mars-Meteoriten ALH 84001. Das Gegenteil ist der Fall. Die ersten Planungen für die neuesten amerikanischen Programme *Mars Global Surveyor* und *Pathfinder* stammen aus den

80er Jahren, ebenso wie das russische *Mars 96*-Projekt, das noch zu UdSSR-Zeiten entwickelt wurde, eigentlich schon für 1994 geplant war, dann aber aus finanziellen Gründen verschoben werden mußte.

Und so schickt sich eine neue Generation von Wissenschaftlern an, mit einer nie dagewesenen Armada von Sonden den Mars zu erkunden. Und diesmal, so hat man den Eindruck, handelt es sich nicht um isolierte, in sich abgeschlossene Unternehmungen. Techniker und Naturwissenschaftler sitzen in den Startlöchern für die verschiedensten in die Zukunft gerichteten Projekte.

Noch in diesem Jahr sollen amerikanische und russische Sonden nachholen, was die verschollenen *Mars Observer* und *Phobos 1* und *Phobos 2* nicht erfüllen konnten.

Der *Global Surveyor* macht am 6. November 1996 auf der Spitze einer *Delta*-Rakete den Anfang; der Orbiter erreicht sein Ziel – wenn alles gutgeht – im September 1997, gefolgt von der russischen *Mars 96*, die am 16. November 1996 mit einer *Proton*-Rakete abhebt und nach zehn Monaten Flugzeit in eine hochelliptische Umlaufbahn um den Planeten einschwenkt.

Der dritte im Bunde ist wieder ein NASA-Projekt, der MESUR *(Mars Environmental Survey)-Pathfinder*. Vorgesehenes Startdatum: 5. Dezember 1996.

Auf den ersten Blick hat es den Anschein, als wären alle diese Unternehmungen reine Fortsetzungen der früheren Missionen unbemannter Flugkörper. Doch bei genauerem Hinsehen wird deutlich, daß sie in Wahrheit Schrittmacher für bemannte Mars-Expeditionen sind. Nur sagen die Verantwortlichen dies nicht laut und deutlich in der Öffentlichkeit. Der Zeitgeist ist momentan noch gegen den Menschen im Weltall. Selbst der Sinn einer internationalen Raumstation wird in Frage gestellt. Und so erarbeitet man stillschweigend die Grundlagen für den Tag X, an dem der Mensch vor Ort den Roten Planeten untersucht.

Die Liste der ungelösten Rätsel ist lang. Nach wie vor liegen elementarste Kenntnisse über den Mars im roten Wüstensand verborgen:

– Woher kamen die gewaltigen Wasserströme und wohin sind sie entschwunden?

– Gibt es auf dem Mars Wasservorkommen unter der Oberfläche? Finden sich dort Lebensspuren?
– Warum sind die globalen Temperaturen auf dem Mars seit dem Besuch der *Viking*-Sonden 1976 gefallen?
– Welche Rückschlüsse können wir vom Mars- auf das Erdklima ziehen?

Die erfolgreiche *Viking*-Mission in den 70er Jahren hat nach heutigem Dollarwert vier Milliarden gekostet.

Mit *Pathfinder* und *Global Surveyor* wollen die Amerikaner beweisen, daß es auch billiger geht. Beide gemeinsam kosten gerade noch ein Zehntel der damaligen Summe.

Insbesondere mit ihrem Pfadfinder demonstrieren die Amerikaner die Brauchbarkeit eines Billig-Landers. An Bord: drei Kameras für Bilder in den verschiedenen Spektralbereichen. Ein 28 Zentimeter hohes, 10 Kilogramm schweres, sechsrädriges Fahrzeug, ein sogenannter Mikro-Rover, soll über die steinige Flutebene des *Aris Valles* rattern, etwa 850 Kilometer südöstlich der Landestelle von *Viking 1*.[13] Dieses Gebiet war einst von Wasser überflutet. Heutzutage ist es übersät mit Felsen, und es ist nicht ausgeschlossen, daß sie Spuren einstigen Lebens aufweisen. *Pathfinder* soll Farbphotos von der Umgebung des Landeplatzes zur Erde funken und seinen Minibagger ausschicken, der Proben von Boden und Gestein sammelt.

Die US-Sonde *Mars Global Surveyor* (MGS) ist Teil eines Programms, mit dem die Amerikaner alle zwei Jahre mindestens ein unbemanntes Raumschiff losschicken wollen. Mit solchen regelmäßigen Starts sollen Ausfälle von vornherein verhindert bzw. ausgeglichen werden. MGS bleibt es vorbehalten, einen Teil der Arbeit nachzuholen, die der *Mars Observer* nicht leisten konnte, u.a. eine noch detailliertere Kartierung und das Auskundschaften späterer Landeplätze. In einer Umlaufbahn wird die Sonde die Oberfläche des Planeten auf sichtbare Zeichen aktiver Geysire – wie sie in Island und den Vereinigten Staaten vorkommen – absuchen. In enger Kooperation mit den Russen soll MGS ferner fünf Jahre lang als Relaisstation zwischen *Mars 96* auf der Marsoberfläche und der Erde dienen.

Während die Amerikaner nur gelegentlich ausländische Elemente in ihre Missionen integriert haben, ist die russische *Mars 96* ein durch und durch internationales Projekt. In dieser Sonde sind nicht weniger als 40 Experimente aus 14 Nationen untergebracht. Außerdem wird der Orbiter insgesamt vier Landeapparate absetzen, von denen zwei fünf Meter tief in den Regolithboden des Mars eindringen sollen. Die Hinterteile der Roboter ragen dabei noch aus der Oberfläche heraus und funken die verschiedensten Meßdaten Richtung Erde.

Unter den nicht-russischen Forschungsbeiträgen befinden sich auch zwei digitale, von der Deutschen Forschungsanstalt für Luft- und Raumfahrt (DLR) sowie DASA-Dornier entwickelte Hochleistungskameras: die hochauflösende Stereokamera (HRSC) und der optoelektronische Weitwinkel-Stereo-Scanner (WAOSS). Beide sind so ausgelegt, daß sie sich optimal ergänzen.

Ebenfalls aus Deutschland kommen Instrumente für magnetische und plasmaphysikalische Messungen im interplanetaren Raum und in der Marsumgebung, eine Erkundung des Marsbodens durch Beobachtungen im langwelligen Radarbereich, eine Untersuchung der Marsatmosphäre, Magnetfeldmessungen am Boden sowie eine Analyse der chemischen Zusammensetzung der Kruste einschließlich der Suche nach Wasser.

Im Vergleich zur irdischen Lufthülle erscheint die Atmosphäre des Mars, die hauptsächlich Kohlendioxid enthält, heute auffallend dünn. Da man inzwischen davon ausgeht, daß Erde und Mars in ihrer Entstehungsphase etwa vergleichbare Atmosphären besessen haben, stellt sich die Frage, ob der Mars vor Milliarden von Jahren riesige Gasmengen verloren hat. Die bisher vorliegenden Daten legen die Vermutung nahe, daß die Lufthülle früher tatsächlich dichter war als heute.

Mit Hilfe präziser Meßinstrumente an Bord von *Mars 96* soll nun der Versuch unternommen werden, die Klimageschichte unseres Nachbarplaneten zu rekonstruieren.

Die auf dem Mars erkennbaren Oberflächenformationen wie etwa die großen Überschwemmungsgebiete (daß in den stromtalartigen Strukturen einmal Wasser geflossen ist, wird mittlerweile kaum noch bezweifelt) sollen dazu in eine möglichst exakte Chronologie gebracht werden. Dabei verfahren die Wissenschaftler nach der Faustregel: »Je mehr Einschlagkrater ein Gebiet aufweist, desto älter muß es sein.«[14] Um diese Chronologie herzuleiten, muß die Ober-

Der gelandete Pathfinder mit dem Rover Sojourner. *(Quelle: NASA)*

Die Weitwinkelstereokamera WAOSS fliegt mit bei der russischen Mission »Mars 96« *(Quelle: DLR)*

fläche des Planeten mit einer derart hohen Auflösung .photographiert werden, wie es zur Zeit nur mit den beiden schon erwähnten deutschen Kameras möglich ist.

Die HRSC verfügt über eine hohe räumliche Auflösung sowie über Stereo- und Photogrammetriefähigkeiten, die WAOSS wiederum über Weitwinkelaufnahmemöglichkeiten.

Beide Kameras arbeiten nach dem sogenannten Scannerprinzip. Über ein optisches System wird die Marsoberfläche auf die Brennebene abgebildet. Doch kein Film registriert das auftreffende Licht, sondern eine Reihe von Halbleiterelementen oder CCD-Zeilen. Das überflogene Gebiet wird auf diese Weise streifenförmig abgetastet. Alle so gewonnenen Informationen können miteinander verknüpft werden.

Damit kann es im Ernstfall hoffentlich gelingen,

– Form und Größenverteilung der Krater zu analysieren und die zeitliche Abfolge in der Entstehung geologischer Formationen zu ermitteln,
– tektonische Prozesse und vulkanische Strukturen und deren Folgen zu erkennen und
– Fließstrukturen und deren Entwicklung und damit die Rolle des Wassers in der Entwicklung des Mars zu untersuchen.[15]

Die gewonnenen Bilddaten sollen auch genutzt werden, um ein zunächst digitales Höhenmodell zu erstellen, aus dem dann später einmal eine dreidimensionale Ansicht der Marsoberfläche produziert werden kann. Auch dies ist – unausgesprochen – ein wichtiger Gesichtspunkt im Hinblick auf eine künftige bemannte Mission.

Nähere Erkenntnisse mittels magnetischer Messungen soll *Mars 96* über den inneren Aufbau des Mars und seine Entstehungsgeschichte liefern. Ob der Planet ein eigenes Magnetfeld besitzt oder nicht, konnten weder die *Mariner-* noch die *Viking*-Sonden definitiv feststellen.

Und damit sind wir beim zentralen Schwerpunkt der Marsforschung der letzten Jahrzehnte angelangt: Gab oder gibt es Leben auf dem Roten Planeten?

Auch die künftigen Missionen nehmen unseren kosmischen Nachbarn hinsichtlich dieser Frage in die Zange. Dazu bedurfte es nicht erst der Pressekonferenz über den inzwischen weltberühmten Meteoriten ALH 84001. Denn wie wir bereits gesehen haben, sind sowohl *Mars 96* als auch *MGS* und *Pathfinder* langfristige Projekte, die beschlossen wurden, als mit neuen spektakulären Erkenntnissen noch gar nicht zu rechnen war. Schon allein deshalb kann von einem PR-Gag der NASA, wie Kritiker vorschnell annahmen, nicht die Rede sein. Doch dazu später mehr.

Tatsache ist, daß nach all den Rückschlägen nun ein erneuter Versuch bevorsteht, die Frage zu beantworten, ob das irdische Leben in unserem Sonnensystem das einzige ist. Die Öffentlichkeit mag sich über solche Forscherneugier wundern. Sie denkt daran, daß die Marsatmosphäre zu 95 Prozent aus Kohlendioxid besteht, daß die Temperaturen selbst am Äquator maximal 20 Grad Celsius erreichen (und das auch nur in den Mittagsstunden), aber bereits am Nachmittag stark absinken und bei Sonnenuntergang schon auf minus 70 Grad gefallen sind. Von den minus 120 bis minus 150 Grad an den Polen gar nicht zu reden. Eine ungastliche, unfreundliche, um nicht zu sagen lebensfeindliche Umgebung also.

Doch nicht allein die Gegenwart des Roten Planeten lockt uns, sondern auch seine tiefe Vergangenheit, als Wasser von der Urgewalt tausender Niagarafälle Furchen durchs Marsgestein zog. (Wobei, wie schon erwähnt, nicht ausgeschlossen ist, daß es dort auch heute noch primitive Lebensformen gibt, die sich im Laufe der Klimaveränderung in tiefere Regionen zurückgezogen haben, wo möglicherweise noch Feuchtigkeit vorhanden ist.)

Grund genug also, die Hoffnung nicht aufzugeben.

Dem Mars, das ist jetzt schon sicher, stehen hektische Zeiten bevor. Bis mindestens 2003 wird unser kosmischer Nachbar von zahlreichen Sonden, Landern und Rovern heimgesucht werden. Ein Netzwerk internationaler Forschungsstationen ist nicht nur angedacht, sondern in unmittelbarer Vorbereitung.

Für das Jahr 2001 ist eine spezielle amerikanisch-russische Koproduktion im Gespräch. Dabei kommt ein von russischen Ingenieuren entwickeltes Marsmobil zum Einsatz. In diesem Bereich können die Fachleute aus der ehemaligen Sowjetunion auf einen großen Erfahrungsschatz zurückgreifen. Bereits 1970 und 1973 haben sie mit ihren ferngesteuerten Fahrzeugen vom Typ *Lunochod* insgesamt rund 50 Kilometer zurückgelegt. Nun war die Aufgabe, auf dem Mond mit einem Roboter herumzufahren, relativ leicht zu lösen. Die Befehlsübermittlung von der Bodenkontrollstation zum Fahrzeug dauerte nur wenige Sekunden. Auf dem Mars ist die Situation komplizierter. Seine größere Erdentfernung bedingt Informationslaufzeiten von mehreren Minuten. Würde das Marsmobil nach einem kritischen Manöver beispielsweise auf einen Abhang zurollen, müßte innerhalb von Sekundenbruchteilen der Befehl »Halt! Stop! Vollbremsung!« kommen. Bis diese drei Worte oben angelangt wären, hätte sich der Roboter längst von der Funkstrecke verabschiedet. Solch ein High-Tech-Maschinchen müßte also mit einem perfekt funktionierenden Computerprogramm ausgerüstet sein, das gewissermaßen »intelligent« und selbständig Entscheidungen zu treffen vermöchte. Die Pläne für das Marsmobil sind schon weit fortgeschritten und kommen zum Teil bereits in der amerikanischen Pfadfinder-Mission zum Einsatz.

Die Ingenieure aber gehen schon einen Schritt weiter. Denkbar ist eine Rückkehr zum früheren sowjetischen »Froschhüpfer«, der während der gescheiterten *Phobos*-Mission seinen Dienst tun sollte, denn wer sagt, daß ein Marsrover unbedingt Räder haben muß? Es könnten ja auch elastische »Beine« sein, ein System, das sich bereits in der Erprobung befindet.

Es mögen weitere zehn oder fünfzehn Jahre vergehen, während denen – wieder einmal – unbemannte Sonden die Vorhut bilden. Dann aber, und daran gibt es keinen Zweifel, wird sich der Mensch das Abenteuer nicht entgehen lassen und zum zweiten Mal, nach *Apollo 11,* einen fremden Himmelskörper betreten.

IX

Pläne und Visionen

Wenn Träume wahr werden

Das Marsprojekt und Wernher von Braun

1923 erschien Hermann Oberths Buch »Die Rakete zu den Planetenräumen«. Wenig später hatte ein unscheinbarer Teenager, ein gewisser Wernher von Braun, dieses Standardwerk der Raumfahrtgeschichte in den Händen und verschlang es Seite für Seite mit wachsender Begeisterung. Aus Jungenträumen wurden erste Berechnungen, und bald schon hatte sich ein Gedanke unauslöschbar in sein Gehirn eingegraben. Wernher von Braun nahm sich vor, ein Raumschiff mit Astronauten an Bord auf den Mars zu schicken. Natürlich konnte er damals noch nicht ahnen, daß er einmal den »Umweg« über den Mond gehen würde.

Obwohl der geniale Raketentechniker in den 60er Jahren zur Haupttriebfeder des erfolgreichen *Apollo*-Programms wurde und er sich mit dem daraus resultierenden Ruhm durchaus hätte zufrieden geben können, hörte er nicht auf, seinen Traum zu träumen. Und der handelte nun einmal vom Mars. Schon Ende 1950 hatte er, auf der Basis der damaligen Technologie[16], einen kompletten Plan für eine bemannte Expedition ausgearbeitet.

So stellte er sich die Landung auf dem Planeten in jener Zeit mit einer Art Space Shuttle vor, mit – wie er es ausdrückte – geflügelten Landebooten. Heute wissen wir, daß eine Landung mit Tragflächen wegen der geringen Dichte der Marsatmosphäre nicht durchführbar ist.[17] Doch Wernher von Braun war sich über die möglichen Unzulänglichkeiten seiner Annahmen im klaren und warb deshalb um so mehr für Forschungsprogramme, um das vorhandene lückenhafte Wissen zu erweitern.

Er war ein hartgesottener Realist, der sich nichts vormachte, ja sogar an den amerikanischen Steuerzahler dachte. Im Nach-*Apollo*-Programm sollten seiner Ansicht nach zunächst einmal die direkten irdischen Anwendungsmöglichkeiten ausgebaut werden, bis hin zu einer Kommerzialisierung der Raumfahrt: Satelliten, Fernsehprogramme und Erderkundung nahmen in diesen Gedanken die erste Stelle ein. Außerdem liebäugelte er mit dem Bau einer bemannten Raumstation im Orbit, weil er wußte, daß die Auswirkungen der Schwerelosigkeit auf den Menschen längst noch nicht genügend erforscht waren, um einen Astronauten auf die monatelange Reise zum Mars zu schicken.

Letztlich war ihm die Krönung seiner Laufbahn (sofern es nach dem *Apollo*-Flug überhaupt noch eine Steigerung geben konnte) nicht mehr vergönnt. Doch darauf kam es objektiv betrachtet gar nicht an. Was blieb, waren von Brauns grandiose Visionen. Visionen, keine Utopien. Denn seine Pläne, so weitreichend sie auch sein, so phantastisch sie klingen mochten – wie etwa sein angedachtes Projekt, ein gigantisches Weltraumrad zu konstruieren –, immer gründeten sie auf vorhandenen, beherrschbaren Technologien.

»Und warum«, wurde von Braun einmal gefragt, »sollten wir all dies tun?«

»Weil es die Bestimmung des Menschen ist«, pflegte er zu antworten.[18]

Das Marsprojekt und George Bush

George Bush müssen diese Worte wohlbekannt gewesen sein. Denn als der amerikanische Präsident am 20. Juli 1989 von Journalisten gefragt wurde, warum er mehrere hundert Milliarden Dollar für eine Reise zum Mars ausgeben wolle, kam die Antwort wie aus der Pistole geschossen: »Weil es die Bestimmung des Menschen ist, zu streben, zu suchen und zu finden.«

Minuten zuvor hatte Bush ein neues ehrgeiziges Raumfahrtprogramm der Vereinigten Staaten angekündigt. Im Mittelpunkt stand die Errichtung einer Basis auf dem Mond sowie die Entsendung einer von dort startenden bemannten Mission zum Mars.

Der Staatschef hatte ein geschichtsträchtiges Datum gewählt, nämlich den 20. Jahrestag der ersten Landung eines Menschen auf dem Mond. Das Projekt – noch im Kalten Krieg entworfen – sollte dazu dienen, die Vorherrschaft der USA als Weltraumnation wieder herzustellen. Bush versprach die Weiterführung des Programms der Raumstation *Freedom* und damit im nächsten Jahrhundert die Rückkehr zum Mond, und zwar diesmal auf Dauer.

Doch seine Worte waren kaum verhallt, da sperrte sich bereits der Kongreß, grünes Licht für das Raumfahrtbudget zu geben. Die Gründe: Zum einen die leere Haushaltskasse, andererseits die Änderungen der geopolitischen Gesamtlage im Jahr 1990. Einige mutige Planer schätzten die Kosten für die Marsmission damals auf mehr als 350 Milliarden Dollar und für die Errichtung einer Mondbasis auf weitere 100 Milliarden.

Doch Bush ließ sich zumindest verbal nicht von seiner Vision abbringen und rückte damit als erster Präsident nach Richard Nixon von der Maxime ab, daß sich der Weltraum in die Reihe der anderen Prioritäten der Nation einzuordnen habe – wenn ihm auch politisch nach wie vor die Hände gebunden waren. Eines Tages, so der Präsident, würden die Stationen auf Mond und Mars als Ausgangspunkt für eine Mission zu einem der wichtigsten Planeten des Sonnensystems dienen: der Erde. Tatsächlich hatte die NASA damals ein Programm mit dem Titel »Mission zum Planeten Erde« gestartet, das Daten aus dem All zur Lösung von Umweltproblemen nutzen wollte.

Rückblickend wissen wir, daß George Bushs vorausschauenden Pläne vorerst Theorie blieben. Doch es setzte sich nach Jahren der Stagnation endlich wieder der Gedanke an die bemannte Raumfahrt in den Köpfen zahlloser Wissenschaftler fest. Und das war nach der *Challenger*-Katastrophe im Jahr 1986 nötiger denn je. Die amerikanische Raumfahrtbehörde war mehr als drei Jahre nur so dahingedümpelt, geplagt von Selbstzweifeln, woran die oft über die Maßen unfairen Angriffe der Presse nicht unschuldig waren. Der Präsident signalisierte mit seiner Initiative Unterstützung und setzte Marksteine, an denen die NASA sich orientieren konnte.

Auch der Mars rückte mit all seiner Faszination plötzlich erneut in den Mittelpunkt. Schon wenige Tage nach der aufsehenerregenden Ankündigung des Präsidenten untersuchten drei Forscher von der *Open University* in Milton Keynes (England) einen acht Kilo schweren Meteoriten, den man zehn Jahre zuvor in der Antarktis entdeckt hatte. Bereits nach der ersten Laboranalyse waren Dr. Colin Phillinger, Dr. Ian Wright und Dr. Monica Grady davon überzeugt, daß der im ewigen Eis keimfrei konservierte Gesteinsbrocken aufgrund seiner Zusammensetzung nur vom Mars stammen konnte. Und schon bei diesem Meteoriten war seinerzeit von eingeschlossenen organischen Verbindungen und Verbindungen auf Stickstoffbasis die Rede.

Der Rote Planet hatte nichts von seiner Anziehungskraft verloren. Nachdem die Bodenproben der *Viking*-Sonden negativ ausgefallen waren und widersprüchlich interpretiert wurden, stand jetzt erneut die Frage im Raum: Der Mars – ein Planet des Lebens?

Am 11. Mai 1990 ging George Bush wieder an die Öffentlichkeit. In einer Rede an der *Texas-A-and-I-University* in Kingsville eröffnete er den Wettlauf um die erste Marslandung und gab das Ziel vor, bis zum Jahr 2020 einen amerikanischen Astronauten auf den Planeten zu schicken: »Ich denke, daß noch vor dem 50. Jahrestag der *Apollo*-Mondlandung die amerikanische Flagge auf dem Mars gehißt werden sollte«.[19] Freilich entfaltete auch diese Rede nicht die Kraft der Kennedy-Ansprache aus dem Jahre 1961, doch immerhin: Der Mars war wieder in aller Munde. Der Posten in Bushs Haushaltsbudget von 1991 sah 15,2 Milliarden Dollar für die NASA vor, soviel wie nie zuvor. Wegen der Finanzierung hatten die USA bereits Beratungen mit der UdSSR, Japan und der Europäischen Gemeinschaft aufgenommen. Moskau zeigte schon in diesem Stadium Interesse an einer möglichen gemeinsamen Mission. Natürlich machte der Kongreß auch hier einen Strich durch die Rechnung.

Vorher allerdings hatte eine Präsidentenkommission vier Vorschläge ausgearbeitet (*Space Exploration Initiative*, SEI), wie der Marsflug technisch bewältigt werden könnte. Alle vier zielten darauf ab, daß innerhalb von 12 bis 14 Jahren wieder Menschen auf dem Mond landen und in den Jahren 2014 bis 2016 dann Astronauten zum Mars geschickt werden sollten.

Der Kommissionsvorsitzende, der ehemalige Astronaut Thomas Stafford, erklärte, als Vorbereitung einer Marsmission müsse auf dem Mond eine Raumstation eingerichtet werden. Dort gelte es zu ermitteln, wie Menschen über längere Zeit auf die verminderte

Gravitation reagieren. Der Erfolg des Marsprojektes war nach Meinung der Experten allerdings von zwei technischen Entwicklungen abhängig: Zum einen müßte eine Rakete entwickelt werden, die Lasten zwischen 150 und 250 Tonnen Gewicht befördern kann – ein weit höheres Gewicht als bisher in den Weltraum gebracht wurde. Zum anderen sei ein nuklearer Raketenantrieb vonnöten, der eine viel höhere Schubkraft entfalten könnte als der bisher eingesetzte chemische Antrieb. (Wir kommen später darauf zurück.) Bedenken gegen solche Überlegungen meldeten die amerikanischen Biomediziner an.[20]

Auf einem Kongreß in New Orleans kamen sie zu dem Ergebnis, daß selbst der kürzeste Flug zum Mars ein unvertretbares gesundheitliches Risiko darstelle, von einem längeren Aufenthalt in Orbitalstationen oder auf dem Mond ganz zu schweigen. Diesen Einwand begründeten sie mit drei ihrer Meinung nach großen Hindernissen: der Schwerelosigkeit, der kosmischen Strahlung und den fehlenden Rettungsmöglichkeiten.

Die Schwerelosigkeit verursache schon zu Beginn des Fluges die berüchtigte Raumfahrerkrankheit: Schwindel, Übelkeit und Orientierungsverlust. Eine längere Flugdauer wirke sich zudem auf die Knochen aus, die durch den Entzug von Mineralstoffen poröser und bruchgefährdeter würden. Trotz intensiven Körpertrainings setze Muskelschwund ein, das Blutvolumen verringere sich, was wiederum Auswirkungen auf die Herzfunktion habe.

Völlig ungeschützt seien die Astronauten zudem der kosmischen Strahlung ausgesetzt. Insbesondere Sonneneruptionen könnten lebensgefährlich werden. Während die Lebewesen auf der Erde durch ein Magnetfeld vor dem Teilchenbombardement bewahrt würden, werde die dünne Außenhaut eines Raumschiffes mühelos durchdrungen. In nur 16 Stunden erreiche die Strahlendosis das Doppelte der jährlich in Kernkraftwerken zugelassenen Äquivalentdosis.

Schließlich und endlich, so die Mediziner, gebe es bisher keinerlei Rettungsmöglichkeiten für die Raumfahrer im Falle unvorhergesehener Ereignisse, wie etwa Havarien. Zumindest bei einem Flug zum Mars sei die Entfernung zu groß, um rechtzeitig Hilfe leisten zu können.

Natürlich waren alle diese Argumente wohldurchdacht und nicht von der Hand zu weisen. Doch wie wir noch sehen werden, stellten sie allesamt kein ernsthaftes Hindernis für den interplanetaren Raumflug dar. In vielen Fällen handelte es sich nicht um unlösbare medizinische, sondern um Finanzierungsprobleme. Ins Raumschiff integrierte Schutzmaßnahmen kosteten in Anbetracht der Tatsache, daß um jedes Gramm Nutzlast gefeilscht werden mußte, einen Haufen Geld.

Die Wissenschaftler hatten die gesundheitlichen Risiken realistisch dargestellt, doch fehlten ihnen 1990 noch die Erfahrungen der russischen Kollegen mit der Raumstation *Mir*.

Und ein Gedanke spielte in ihren Überlegungen gar keine Rolle: daß die Auswirkungen der Schwerelosigkeit und der kosmischen Strahlung auf den menschlichen Körper gerade wegen ihrer Gefährlichkeit ein Grund sein konnten, sie zu erforschen. Insbesondere die Space Shuttle-Mission *D1* aus dem Jahre 1985, mit dem deutschen Physiker und Astronauten Reinhard Furrer, hatte dazu interessante Hinweise geliefert (auch dazu später mehr).

George Bush hatte einen Diskussionsprozeß in Gang gesetzt.

In der Folge hielten die medizinischen Bedenken die NASA auch keineswegs davon ab, weitere faszinierende Visionen zu entwickeln, die ein Jahr später, im August 1991, in einem Sechsstufenplan zur Besiedlung des Mars gipfelten. Der Bio-Physiker Robert Haynes erklärte: »Nur eine Flagge aufzuziehen und ein paar Steine einzusammeln, wäre lächerlich. Die Menschheit braucht eine neue Vision, eine noch größere Herausforderung. Der Mars könnte sie liefern.«[21] Der Startschuß sollte nach diesen Plänen im Jahr 2015 gegeben werden. Die ersten Pioniere sollten auf dem Mars zunächst einmal eine Unterkunft für eine 14 Mann starke Besatzung bauen. Die Teams sollten international besetzt sein und jeweils ein Jahr auf dem Roten Planeten arbeiten. Bis zum Jahr 2030 sollten die Wissenschaftler herausfinden, ob langfristig eine Klimaumformung auf dem Mars möglich sei, die menschliches Leben dort angenehm mache. Die Kosten der ersten Phase beliefen sich nach ersten Berechnungen auf mehrere hundert Milliarden Dollar. Das sei zwar viel, doch der NASA-Mann nahm den Kritikern gleich den Wind aus den Segeln: Die US-Bürger gäben im gleichen Zeitraum ungefähr das Doppelte für den Verzehr von Pizza aus. Auch wenn dieser Vergleich sicherlich etwas hinkte, machte er doch deutlich, daß die

Kosten für eine Marsexpedition durchaus irdische Dimensionen besaßen. Ihnen standen allerdings auch irdische Probleme gegenüber, die sich schlicht immer und immer wieder ums Geld drehten. Visionäre auf der einen Seite, Bedenkenträger auf der anderen, das konnte nur zur Blockade führen.

Während die NASA und George Bush einen Marsflug anstrebten, strich der Bewilligungsausschuß des Repräsentantenhauses selbst die Mittel für die geplante Raumstation *Freedom,* die unzweifelhaft die Vorstufe für eine Mondstation und den Flug zum Roten Planeten war. Der Verzicht auf *Freedom* wäre der Todesstoß für die bemannte Raumfahrt gewesen. Und so bedurfte es heftiger Einflußnahme des Weißen Hauses, damit das Repräsentantenhaus schließlich seinen eigenen Ausschuß überstimmte. Allerdings war das Programm anschließend gewaltig geschrumpft, und die amerikanische Raumstation gibt es bis auf den heutigen Tag nicht.

Trotzdem war das zarte Pflänzchen gesetzt. International machten sich nun Wissenschaftler der verschiedensten Disziplinen Gedanken darüber, wie und in welchem Zeitraum man die Mission Mars zum Erfolg führen konnte.

Im Januar 1992 trafen sich in Bad Honnef mehr als 80 Planetenforscher und Raumfahrttechniker aus Europa, den Vereinigten Staaten und Rußland.[22]

Die Tagung kam auf Einladung der Institute für Raum- und Flugsimulation der Deutschen Forschungsanstalt für Luft- und Raumfahrt (DLR) in Köln-Porz und des Mainzer Max-Planck-Instituts für Chemie zustande. Sie war sozusagen als Informationsbörse gedacht.

Drei Tage lang diskutierte man über Möglichkeiten, die Umweltbedingungen auf dem Mars in irdischen Laboratorien nachzuahmen. Das entsprechende Experimentiergerät hatten die Porzer Wissenschaftler bereits entwickelt: eine sogenannte Raumsimulationskammer, in der sie früher schon Satelliten auf ihre Weltraumtauglichkeit hin geprüft hatten. Sie lieferte ein brauchbares Vakuum, ausreichend niedrige Temperaturen und ermöglichte sogar die Bestrahlung von Proben mit einer künstlichen Sonne. Die Nachstellung von Marsbedingungen mit Temperaturen zwischen minus 25 und minus 80 Grad sowie einem Luftdruck von 0,7 Prozent des irdischen Luftdrucks bereitete keine Schwierigkeiten.

Besonders unter die Lupe nahm die Expertenrunde das Risiko einer möglichen Verunreinigung des Mars mit irdischen Organismen, auch »Vorwärtskontamination« genannt. Sie regten Meßreihen an, um die Überlebensmöglichkeiten solcher Organismen dort zu untersuchen. Eine derartige »Verseuchung« müsse ausgeschlossen werden, damit künftige bemannte Expeditionen bei der Suche nach Leben auf dem Mars nicht Irrtümern und Verwechslungen aufsäßen. (Aus demselben Grund hatte die NASA 1976 die beiden *Viking*-Landefähren sozusagen »ausgekocht«. Man befürchtete, mitreisende irdische Organismen könnten als »blinde Passagiere« die nach Lebensspuren suchenden Sensoren täuschen. Die Weltraumbehörde überlegte sich daher einige ausgefeilte Sicherheitsmaßnahmen. Um *Viking* absolut steril ankommen zu lassen, wurde das Raumfahrzeug mitsamt seiner Ausrüstung in verschiedenen Entwicklungs- und Montagestadien jeweils für 24 Stunden einer Temperatur von 125 Grad Celsius ausgesetzt.)

Im Oktober 1992 schließlich ratterte der Prototyp eines neuen Roboters durchs ewige Eis der Antarktis. Mit dieser Maschine sollen die amerikanischen Astronauten bei künftigen Marsflügen die Oberfläche des Planeten erkunden, ohne selbst ihr Raumschiff verlassen zu müssen. Der wichtigste Teil des Systems ist eine Art *Virtual Reality*-Helm, den der Astronaut auf dem Kopf trägt. Zwei kleine Bildschirme vermitteln ihm die Roboterperspektive. Allein mit den Augenbewegungen können die Kameras gesteuert werden. Später einmal soll dieses noch im Entwicklungsstadium befindliche technische Wunderwerk in die Lage versetzt werden, Steine von der Marsoberfläche aufzuheben und Angaben über ihr Gewicht zu übermitteln.

Die Bush-Initiative hatte also eine kleine Lawine losgetreten. Wenn auch ihre Kosten eine schnelle praktische Umsetzung unmöglich machten. Was aber noch schwerer wog als die Finanzen, war die Tatsache, daß in Deutschland völlig überraschend die Mauer fiel und international der Kommunismus ins Wanken geriet. So mußte eine Vision der anderen vorerst weichen: Nie war die Chance so groß, eine friedliche Welt zu schaffen, wie in den Jahren unmittelbar nach dem Niedergang des Kommunismus. Alle Energien wurden nun auf dieses Ziel hin ausgerichtet.

Die Nationen hatten plötzlich wieder das, was man gemeinhin

Rückkehr zum Mond. *(Quelle: NASA)*

Astronauten errichten eine Basisstation auf dem Mond. *(Quelle: NASA)*

»bodenständige« Probleme nennt, nänlich in kurzer Zeit ein neues funktionierendes Wertesystem zu installieren, für dessen Komplexität es in der Geschichte kein Beispiel gab.

Kein Wunder also, daß Ende Mai 1994 die Mitteilung der Europäischen Weltraumagentur ESA wie eine Bombe einschlug.

Just zu dem Zeitpunkt, an dem die Idee der bemannten Raumfahrt völlig in den Hintergrund getreten war, als selbst die NASA nicht wußte, wo sie das Geld für neue Projekte auftreiben sollte, just in diesem Augenblick trat ESA-Wissenschaftsdirektor Roger Bonnet in Paris vor die internationale Presse und überraschte die verblüfften Journalisten mit einem brandneuen Programm. Titel: »Rückkehr zum Mond.«

X

Rückkehr zum Mond

Das Abenteuer Weltraum geht weiter

Eine denkwürdige Pressekonferenz

Bonnet entwarf ein grandioses Szenario.

Diesmal sollte es sich nicht nur um einen kurzen Besuch handeln, sondern um die erste ständig bemannte Außenstelle auf dem Mond, eine Forschungsstation für mehrere hundert Menschen.

Die ESA-Wissenschaftler hatten seit 1990 an der Studie gearbeitet. Nun war sie ausgereift, und Roger Bonnet war entschlossen, sie offensiv zu vertreten, ohne falsche Rücksichtnahme auf politische oder gesellschaftliche Empfindlichkeiten:

»Zwischen der internationalen Raumstation und einem bemannten Flug zum Mars fügt sich das Mondprogramm folgerichtig ein. Das internationale Programm, das wir Europäer zu Beginn des nächsten Jahrhunderts in Gang bringen wollen, würde alle Nationen der Welt zu einem fünfjährigen Unterfangen vereinen, das in der Weltraumforschung eine neue Ära einleitet.«[23]

Schon Mitte des nächsten Jahrhunderts sollten sich etwa tausend Menschen außerhalb der Erde aufhalten: zunächst vor allem Facharbeiter, Ingenieure und Techniker, bald aber auch abenteuerlustige Touristen.

Geplant seien Fabriken, Kraftwerke und Labors, vollautomatisierte Bergwerke und regelrechte Trabantenstädte auf dem Mond.

Die Journalisten trauten ihren Ohren nicht. Ausgerechnet die Europäer, deren Pioniergeist vor vielen Jahren nach Amerika ausgewandert und seitdem nie mehr zurückgekommen war, wollten das legendäre *Apollo*-Programm wieder aufleben lassen.

Entsprechend spöttisch fielen am nächsten Tag ihre Kommentare in den Zeitungen aus. Vor allem bezweifelte man die technische Realisierbarkeit der ESA-Pläne. Die Worte Bonnets klangen allzu phantastisch.

Doch die Journalisten irrten.

Bereits eine Woche nach der denkwürdigen Pressekonferenz trafen sich im schweizerischen Kurort Beatenberg, 1 200 Meter über dem Thuner See, Experten der ESA mit Kollegen aus Rußland, Japan und den USA. Die Wissenschaftler erörterten in der angenehmen Umgebung des Berner Oberlandes nicht nur die Möglichkeiten einer langfristigen Zusammenarbeit, sondern auch die politischen und wirtschaftlichen Aspekte einer Rückkehr des Menschen zum Mond.

Das Programm war mehrstufig. Auf die Erkundung der Mondoberfläche durch kleinere Satelliten und Bodensonden sollte der Einsatz von Robotern für die Bodenanalyse sowie Ressourcenverwertung folgen. Erst danach sollten bemannte Mondbasen eingerichtet werden.

Zwar klang all dies tatsächlich eher nach Jules Verne als nach nüchterner Planungsrealität, doch handelte es sich dabei keineswegs um die Träume entrückter Wissenschaftler.

Rein technisch wäre eine bemannte Außenstelle bereits heute realisierbar.

Wissenschaft und Forschung

Welchen Nutzen brächte die Anwesenheit des Menschen auf dem Mond für die Erde?

In erster Linie ist dieser Himmelskörper der idealste Astronomiestandort, den wir uns vorstellen können. Man hat dort permanent festen Boden unter den Füßen, es gibt praktisch keinen Vulkanismus. Selbst das stärkste Beben würde nur winzige, die Bildqualität nicht beeinträchtigende Erschütterungen verursachen.

Auf der Erde ist die Luftverschmutzung zu einem kaum noch lösbaren Problem für die frustrierten Astronomen geworden, ganz abgesehen davon, daß unsere Atmosphäre einen nicht unerheblichen Teil der einfallenden Strahlung abblockt und Schlierenbilder produziert; ganz zu schweigen vom Streulicht, das von der Erde selbst ausgeht, insbesondere von ihren Millionenstädten. Aus diesem Grund können wir uns auch den Bau von leistungsstarken Riesenteleskopen sparen, sie wären auf der Erde nutzlos.

Anders auf dem Mond. Dort gibt es keine Atmosphäre. Wegen der geringen Schwerkraft, die ungefähr bei einem Sechstel der irdischen liegt, würde man wahrscheinlich sofort dazu übergehen, gewaltige Teleskope direkt auf dem Mond zu konstruieren, was dort wesentlich leichter zu bewerkstelligen wäre. Ein solches Mondfernrohr, erschütterungsfrei installiert und ohne störendes Luftflimmern, könnte in die tiefsten Tiefen des Weltalls blicken und Sonnensysteme entdecken, von denen wir noch nicht einmal etwas ahnen. Sterne, die uns im Augenblick noch wie stecknadelkopfkleine Pünktchen erscheinen, würden mit ihren zugehörigen Planeten plötzlich sichtbar werden. Das können wir gegenwärtig selbst mit dem *Hubble-Space*-Teleskop nicht erreichen.

Beschränkt in ihren Einsatzmöglichkeiten ist auch die irdische Radioastronomie, die von unzähligen Sendern in allen Frequenzbereichen gestört wird. Auch für diesen Bereich wäre der Mond, und zwar seine von jeglichen Störeffekten freie Rückseite, der ideale Standort. Ein Radioteleskop mit mehreren Kilometern Durchmesser würde die Leistung aller irdischen Äquivalente weit in den Schatten stellen. Weder auf dem Boden noch im Erdorbit wären vergleichbare Ergebnisse zu erzielen.

Insbesondere für die SETI-Forschung *(Search for Extraterrestrial Intelligence)* wären die positiven Auswirkungen immens. Das Programm, das außerirdische künstliche Signale aus dem Weltall zu empfangen sucht, benutzt fünf über den Globus verteilte Radioteleskope. Eines davon steht in Arecibo/Puerto Rico, hat einen Durchmesser von 305 Metern und befindet sich tief in einem Talkessel. Sein Multikanalanalysator kann gleichzeitig 28 Millionen Frequenzen empfangen und auswerten. Soweit bekannt blieb der entscheidende Durchbruch bisher allerdings aus. Bei der Störanfälligkeit durch irdische Signale ist dies auch nicht weiter verwunderlich. Es liegt also nahe, eine solche Teleskopschüssel auf der Rückseite des Mondes in einem Krater zu stationieren. Dort könnten Antennen mit einem Durchmesser von fünfzig Kilometern installiert werden, geschützt vor irdischen Störsendern. Auch wenn keineswegs gesichert ist, daß potentielle fremde intelligente Lebensformen dieselben Radiowellen zu Kommunikationszwecken verwenden, so wäre die Suche nach ihnen auf dem Mond doch ungleich vielversprechender als das, was die SETI-Experten im Augenblick betreiben.

Die Astronomie wäre höchstwahrscheinlich die erste Wissenschaft, die von einer Mondbasis profitieren würde, aber beileibe nicht die einzige. Weil jedoch das *Apollo*-Programm nicht weitergeführt wurde, sind Prognosen hinsichtlich der Fortschritte beispielsweise in den Bereichen Chemie, Physik oder Medizin schwierig. Viele Forscher träumen von den sich bietenden Möglichkeiten der Mondumgebung: Es gibt kein nennenswertes Magnetfeld, keine Atmosphäre, keine Erschütterungen und nur ein Sechstel der irdischen Gravitation. Das allein macht die Mondoberfläche zu einem überaus interessanten Standort für naturwissenschaftliche Labors, in denen man unter auf der Erde nicht simulierbaren Bedingungen forschen könnte. Es sind in der Tat fundamentale Durchbrüche zu erwarten oder zumindest nicht ausgeschlossen, die unter Umständen geeignet sind, Krankheiten wie Krebs, Aids oder Multiple Sklerose in den Griff zu bekommen bzw. äußerst reine Medikamente oder Impfstoffe zu entwickeln. Doch die Wissenschaftler sind verständlicherweise zurückhaltend mit ihren Prognosen. Sie wissen, daß es stets einen Finanzausschuß gibt, der ihre Vorhersagen schon nach kurzer Zeit auf die erzielten Ergebnisse hin abklopft. Und so werden die Erwartungen klugerweise nicht zu hoch geschraubt.

Allein die biochemischen Untersuchungen im *Space Shuttle* aber haben gezeigt, daß die Raumfahrt zu völlig neuen Erkenntnissen führt. So hat sich herausgestellt, daß Tumorzellen, die auf der Erde grundsätzlich nur in zwei Dimensionen wachsen, dies im Weltraum unter Schwerelosigkeitsbedingungen dreidimensional tun. Erstmals sind die Wissenschaftler in die Lage versetzt worden, ein Modellsystem über die Ausdehnung eines Tumors zu entwickeln. Die dreidimensionalen Zellen sondern bestimmte Substanzen ab, Wachstumsfaktoren, die für den Tumor wichtig sind und die auch im befallenen Gewebe des Menschen freigesetzt werden. So bot der Weltraum völlig unerwartet die Möglichkeit, vom Menschen isoliert, das Wachstum von Tumorzellen zu untersuchen und Wirkstoffe zu testen.[24]

Zunächst muß einige Jahre Grundlagenforschung auf dem Mond betrieben werden, ohne den Druck, sofort nutzbaren Output produzieren zu müssen. Gerade die langfristigen Ziele aber sind es, die bei Politik und Öffentlichkeit stets und immer wieder auf taube Ohren stoßen.

Dabei ist die Zukunft der Menschheit elementar von der Entscheidung abhängig, ob sie den Schritt nach »draußen« wagt oder nicht.

Der Mond als Energielieferant und Atommüllendlager

Industrie- und Wohnanlagen auf dem Mond – Utopien oder technische Realität?

Die Frage ist einfach und eindeutig zu beantworten: Im Prinzip könnte man bereits morgen mit dem Bau der Station beginnen. Der Mond bietet sich in jeder Hinsicht an, er liegt gewissermaßen vor der Haustür. Abbau und Transport von Mondgestein sind zwar keineswegs einfach, aber einfacher als man es sich gemeinhin vorstellt. Einer der führenden Köpfe auf der Beatenberger ESA-Konferenz war der Berliner Professor Heinz-Hermann Koelle, Nestor der deutschen Raumfahrt und früher Planungschef unter Wernher von Braun.

Er beschäftigt sich seit Jahrzehnten mit der Einrichtung einer Mondstation bzw. -fabrik und hat bereits 1983 gemeinsam mit seinen Studenten in einer Fallstudie der Technischen Universität Berlin[25] die elementarsten damit zusammenhängenden Fragen untersucht:

- Ist die Errichtung einer Mondfabrik machbar und wirtschaftlich vernünftig?
- Was kann auf dem Mond produziert werden? Wie können hergestellte Produkte abtransportiert werden?
- Welcher technische Aufwand, wieviel Menschen sind notwendig?
- Wie groß muß eine Mondstation sein?
- Innerhalb welchen Zeitraums ist das Projekt realisierbar?
- Welche staatlichen oder internationalen Organisationen wären die Finanziers?

Die Studie beschreibt einen konkreten Projektplan zur Errichtung einer Mondfabrik, die Rohstoffe für den Bau von Weltraumkraftwerken herstellt und große Mengen an Flüssigsauerstoff produziert, der als Treibstoff für Raketenantriebe dient.

Der Projektplan enthält eine Systembeschreibung, einen dazugehörigen Zeit- und Kostenplan sowie einen Organisationsvorschlag.

Und so hat man sich laut Studie die Mondfabrik und ihre Logistik auf dem Reißbrett vorzustellen:

»1. Oberflächen-Minerallager.
Einige Kilometer von der Mondfabrik entfernt wird sich das Lager befinden, an dem sich die gewünschten Mineralien in möglichst hoher Konzentration finden lassen. Dieses Lager wird mit Hilfe eines Schaufelbaggers systematisch abgebaut; einige Meter Tiefe genügen.

2. Mechanische Aufbereitungsanlage.
Die Mineralien werden vom Schaufelbagger zu einer in der Nähe befindlichen Aufbereitungsanlage transportiert. Dort werden sie gemahlen und die Eisenteilchen magnetisch aussortiert. Ferner findet eine elektrostatische Verdichtung anderer Elemente statt.

3. Chemische Aufbereitungsanlage.
Das eingehende sehr feine Material wird mit Hilfe von Flußsäure aufgelöst und durch verschiedene Trennverfahren sortiert. Die Säure wird zum größten Teil wiedergewonnen.

4. (...)

5. (...)

6. (...)

7. Herstellung von Gaserzeugungsanlagen.
Bauvorrichtungen wie Bohrtürme, Rohrleger, Radiatorenhersteller präparieren unterirdische Kavernen oder Schmelzöfen, die mit nuklearer oder solarer Energie betrieben werden.

Deutschlands Raumfahrtexperte Nummer 1: Prof. Heinz-Hermann Koelle.
(Quelle: privat)

8. Produzierende Gaserzeugungsanlagen.
Nach einer Aufheizung der Schmelzkammer und Zuführung von Mondstaub werden unter Verwendung der Wärmekapazität der Kammerwände bei Temperaturen über 1 500 Grad Kelvin Gase, insbesondere Sauerstoff freigesetzt.

9. (...)

10. Gasverflüssigungsanlage.
Der überwiegende Anteil der Gase besteht aus Sauerstoff, der hier neben anderen Gasen verflüssigt wird, um als Raketentreibstoff Verwendung zu finden. Diese Anlage besteht größtenteils aus Kompressoren, Expansionsdüsen und Strahlungskühlern.

11. Energieversorgungsanlagen.
Hierunter fallen alle auf der Mondoberfläche befindlichen Energiewandler, insbesondere Solarkraftanlagen und nukleare Energiewandler für die Mondnacht.

12. (...)

13. Mondflughafen.
Dieser ist die materielle Verbindung zur Außenwelt der Mondbasis; hier erfolgen alle Starts und Landungen aller Raumfahrzeuge sowie deren Beladung mit Exportgütern und Betankung.

14. Zentrallager.
Im Zentrallager werden alle importierten und exportierten Güter zwischengelagert. Es kann auch Nebenlager geben, wie am Mondflughafen, wo der flüssige Sauerstoff gelagert wird.

15. Zentralwerkstatt.
Die Zentralwerkstatt besorgt alle Wartungs- und Reparaturarbeiten für die Mondbasis. Sie ist zudem für Erweiterungen der Anlagen zuständig und kann im Auftrag auch Reparaturen an Raumfahrzeugen ausführen.

16. Fahrbereitschaft.
Alle Oberflächenfahrzeuge, Personen- und Lastwagen sowie die Sonderfahrzeuge sind diesem Element zugeteilt. Hier findet auch die Einsatzkontrolle aller Fahrzeuge statt.

17. Kontrollzentrum.
Dieses ist das Gehirn der Mondbasis. Von hier aus werden alle Funktionen der einzelnen Elemente überwacht. Dieses ist auch das Kommunikationszentrum für den internen und den externen Nachrichtenverkehr. Im Kontrollzentrum werden ebenfalls Planungs- und Verwaltungsaufgaben ausgeführt.

18. Wohnanlage.
Die gesamte Besatzung der Mondbasis hat hier ihre Schlaf- und Aufenthaltsräume. Alle mit der Versorgung und Freizeitgestaltung zusammenhängenden Funktionen sind in diesen Elementen konzentriert.

19. Mondfarm.
Die benötigten Nahrungsmittel werden zum größten Teil auf dem Mond durch Hydrokulturen unter Verwendung der Abfälle erzeugt. Dazu gehören auch eine begrenzte Tierhaltung und eine Gärtnerei, die teilweise in die Wohnanlage integriert sind.

20. Weltraumkraftwerk.
Im neutralen Punkt zwischen Erde und Mond, in einer Entfernung von rund 38 500 km von der Mondoberfläche, befindet sich ein solares Weltraumkraftwerk, das Sonnenenergie in Laserenergie umwandelt und zur Mondfabrik überträgt, die dort als Prozeßwärme – insbesondere während der Mondnacht – genutzt wird. Auf diese Weise wird etwa die Hälfte der benötigten Energie erzeugt.«[26]

Das klingt zunächst einmal wie Science-fiction. Doch die Studie zeigt, daß die 20 Elemente dieser Mondfabrik sich auf dem Stand verfügbarer Technologie befinden. Es versteht sich von selbst, daß diese Technologie weiterentwickelt und auf ihre Funktionstüchtigkeit unter Mondbedingungen geprüft werden muß. Da man auf dem Mond nur ein Sechstel der Erdschwerkraft hat, ist allerdings sogar eine Erleichterung vieler Arbeitsprozesse vorstellbar.

Die Fallstudie kam unter anderen zu diesen Schlußfolgerungen:

- Die technischen Probleme, die mit dem Bau und Betrieb einer Mondfabrik verbunden sind, erscheinen mittelfristig lösbar.
- Raumtransportsysteme, die in der Lage sind, alle mit einer Mondfabrik verbundenen logistischen Aufgaben wirtschaftlich zu erfüllen, können entwickelt und betrieben werden, ohne daß neue Technologien von Bedeutung hierzu erforderlich sind.
- Für die Erstellung einer Mondfabrik und die dafür erforderlichen Raumtransportsysteme muß mit einem Zeitraum von 15 bis maximal 20 Jahren gerechnet werden. Aus physikalischen und energetischen Gründen wären die Jahre 2000 bis 2005 besonders gut für den Bau einer Mondfabrik geeignet. (Da seit der Anfertigung der Fallstudie inzwischen mehr als zehn Jahre vergangen sind, kann dieser Zeitplan natürlich nicht mehr eingehalten werden.)
- Die Investitionskosten für eine Mondfabrik ohne die Finanzierungskosten liegen in der Größenordnung von 15 Milliarden Dollar (1980). Für die Entwicklung des Schwerlasttransporters sind weitere 20 Milliarden Dollar aufzuwenden, und zwar über einen Zeitraum von ca. 15 Jahren. Die Langfristigkeit dieser Investitionen bedingt die staatliche Unterstützung mehrerer Länder.
- Die Realisierung einer Produktionsstätte auf dem Mond würde langfristig zu einer Entlastung der Biosphäre der Erde führen.
- Die Realisierung eines Projektes dieser Größenordnung auf der Mondoberfläche ist aus rechtlichen Gründen nur in einem internationalen Rahmen denkbar.
- Die politische Akzeptanz dieses Projektes kann nur in einer Atmosphäre internationaler politischer Entspannung erwartet werden.
- Die Realisierung einer Mondfabrik im internationalen Rahmen wäre eine vertrauensbildende Maßnahme und würde die globale Zusammenarbeit über mehrere Jahrzehnte hin wesentlich fördern.
- Die Erstellung einer Mondfabrik wäre ein erster Schritt zur Nutzung der Ressourcen anderer Himmelskörper zum Wohle

der Menschheit und hätte daher eine große historische Bedeutung. Nach der ersten bemannten Mondlandung im Jahre 1969 wäre ein derartiger Entwicklungsschritt eine logische Fortführung der Nutzung der Umwelt im weitesten Sinne.

Von solchen Berechnungen und Modellen sind die meisten Erdenbürger Lichtjahre entfernt, so weit, daß sie nicht einmal darüber diskutieren, außer vielleicht kurzzeitig nach Lektüre eines Sciencefiction-Romans. Doch was Professor Koelle und dann 1994 die ESA-Experten entworfen haben, befindet sich, wie erwähnt, nicht nur auf der Basis des technisch Machbaren, sondern könnte – ohne den Teufel an die Wand malen zu wollen – schon bald zur zwingenden Notwendigkeit werden.

Die Frage der Energieversorgung der Erde im nächsten Jahrhundert ist noch nicht geklärt. Während der kommenden 50 Jahre ist eine Verdoppelung der Bevölkerungszahl prognostiziert. Die Energievorräte – Öl und Gas – gehen früher oder später zur Neige. Nuklearenergie allein kann, unabhängig von der mangelnden gesellschaftlichen Akzeptanz, den erwarteten Bedarf nicht decken. Trotzdem will jeder, salopp gesagt, seine Waschmaschine, sein Auto und seine Zentralheizung behalten. Und vergessen wir nicht, daß die Entwicklungsländer in der Dritten Welt nachziehen werden. Sie alle sitzen in den Startlöchern, wollen denselben Lebensstandard, denselben Grad der Industrialisierung erreichen.

Und so verheerend sich dies auf sämtliche Bereiche unserer Erde auswirken wird, so verständlich ist der Wunsch armer Länder, die eigenen Bedingungen zu verbessern, auch wenn dadurch der Planet Erde seines letzten Tropfen Öls beraubt und der letzte Baum im tropischen Regenwald gefällt wird. Das Milliardenvolk der Inder, China, Afrika, Lateinamerika, die ehemaligen Ostblockstaaten, sie haben nicht einmal angefangen, eine leistungsfähige Industrie aufzubauen. Alles das, was die modernen Industriestaaten in den letzten zehn Jahren an Maßnahmen ergriffen haben, um die Umwelt zu schonen bzw. wiederherzustellen, ist ein Tropfen auf den heißen Stein im Vergleich zu dem, was der Erdatmosphäre entgegenqualmt, wenn die Wirtschaft der unterentwickelten Länder erst in Schwung kommt.

Während die Politiker auf der einen Seite betonen, es müsse alles getan werden, um eine saubere, lebensgerechte Umwelt zu erhalten, schreiben sie sich im gleichen Atemzug die Schaffung neuer Arbeitsplätze auf die Fahnen. Diese Arbeitsplätze aber sind ohne Wirtschaftswachstum, fortschreitende Industrialisierung, steigende Produktion und damit ohne größere Umweltverschmutzung nicht zu realisieren.

Wir wissen das zwar alle, verfahren aber nach dem Motto: »Es wird schon nichts passieren.« Es ist faszinierend zu beobachten, mit welcher Gleichgültigkeit und welchem Gleichmut die Menschheit diesen offensichtlichen Gefahren entgegenblickt.

Die Energieversorgung der Erde bei drastisch steigender Bevölkerungszahl ist also ein akutes, ungelöstes Problem.

Die ESA-Studie, die auch Jahre zurückliegende Pläne der NASA berücksichtigt hat, sowie die Fallstudie von Professor Heinz-Hermann Koelle bieten Chancen und geben Anlaß, über den Tellerrand hinauszublicken.

Auf dem Mond könnten beispielsweise Solarkraftwerke errichtet werden, die Sonnenenergie umwandeln, verdichten und zur Erde schicken. Eine Technik übrigens, die auch mit Hilfe von Solar-Satelliten im geostationären Orbit Anwendung finden könnte, »wo praktisch 24 Stunden am Tag Sonnenenergie photo-voltaisch oder thermo-elektrisch in Elektrizität und diese in Mikrowellen umgewandelt und drahtlos zur Erdoberfläche transportiert werden kann«.[27]

Derartige Kraftwerke auf dem Mond bzw. im erdnahen Weltraum würden die Biosphäre unseres ausgelaugten Planeten tatsächlich spürbar entlasten. Weniger fossile Brennstoffe bedeuten weniger Kohlendioxid.

Ein solches Projekt »dient friedlichen Zwecken und die im Weltraum erzeugte Energie kann an Konsumenten in allen Ländern geliefert werden. Die in Äquatornähe liegenden Staaten sind aus geophysikalischen Gründen leichter und billiger zu beliefern als andere Länder, eine Tatsache, die den Entwicklungsländern zugute kommen wird. Da auch die Energie-Empfangsanlagen so dicht wie möglich am Äquator liegen werden, profitieren die Entwicklungsländer überdurchschnittlich von diesem Projekt«[28] und damit aus den oben beschriebenen Gründen letztlich wir alle.

Unmöglich? Utopisch?

Fabriken und Wohnungen auf dem Mond: keine Science-fiction, sondern nüchterne Planungsrealität. *(Quelle: NASA)*

Ein früher NASA-Entwurf für eine Marsstation. *(Quelle: NASA)*

Keineswegs. Das System ist, wie Professor Koelle betont, seit mehr als 20 Jahren bekannt und mehrfach durchgerechnet worden. Es hätte eine gute Chance, wenn nur die billigen Ölpreise nicht wären. Eine Dringlichkeit des Projektes ist also scheinbar nicht gegeben.

Ein weiteres Beispiel ist Helium 3, ein Isotop des Heliums, das auf der Erde nicht vorkommt, wohl aber, wie wir seit *Apollo* wissen, auf dem Mond. Helium 3 wurde über Millionen Jahre hinweg durch die Sonnenwinde in der obersten Schicht des Mondsandes imprägniert. Es ist der ideale Kernfusionsbrennstoff, der wichtig wird, wenn der Mensch diese Art der Energieerzeugung einmal in den Griff bekommen hat. Zwar ist damit nicht vor dem Jahr 2050 zu rechnen, aber viel länger, so die jüngsten Schätzungen, werden unsere fossilen Brennstoffe nicht ausreichen. Wir werden uns zwangsläufig um neue Versorgungsmöglichkeiten kümmern müssen. Spätestens dann würde die Menschheit Helium 3-Importe vom Mond begrüßen, weil es sich dabei nur um kleine Mengen handelt. Etwa 35 Tonnen pro Jahr werden gebraucht, um einen ganzen Erdteil mit Energie zu versorgen.[29]

Helium 3 also ist ein Produkt, das man nur auf dem Mond gewinnen kann und das vielleicht einmal zu einer großen kommerziellen Antriebskraft für eine zukünftige Nutzung des Mondes und seiner Ressourcen zum Wohle der Menschheit wird.

Ein letztes Beispiel dafür, daß die Pläne, in den Weltraum hinauszugehen, nicht nur die Verwirklichung eines alten Menschheitstraumes darstellen:

Es gibt auf der Erde rund 500 Kernkraftwerke, die alle einen langlebigen radioaktiven Abfall hervorbringen. Dieser Atommüll macht uns Sorgen, weil wir ihn nicht beherrschen. Politiker ohne naturwissenschaftliche Vorbildung haben die letzte Entscheidungsgewalt darüber, wo dieser Abfall gelagert wird. Dabei müssen sie sich auf das Urteil von Experten verlassen, deren Pro- oder Contra-Argumente sie fachlich nicht nachvollziehen können. Die neben einem ausrangierten und zum Zwischenlager umfunktionierten Bergwerk wohnende Bevölkerung fühlt sich verständlicherweise unwohl. Auch damit hängt die mangelnde gesellschaftliche Akzeptanz der Atomenergie zusammen. Die Öffentlichkeit will sie nicht, weil es ein Restrisiko gibt. Wie löst man dieses Problem? Indem man Tabus bricht und zunächst einmal keine Möglichkeit ausschließt.

Man könnte die gefährlichen radioaktiven Abfälle verdichten, in Kapseln packen und auf die Rückseite des Mondes transportieren. Dort gibt es große Krater, die sehr viel lockeren Boden haben. An ausgewählten Stellen könnte man den Kernmüll versenken. Der Vorteil liegt auf der Hand: Zum ersten wäre stets bekannt, wo sich die Container gerade befinden, zum zweiten wäre sichergestellt, daß kein Unbefugter Schaden anrichtet. Auf der Erde hingegen kann dafür niemand die Garantie übernehmen. Schmuggel mit radioaktivem Material ist an der Tagesordnung. Die Fernsehbilder der staatlich kontrollierten Atomtransporte wirken wie ein apokalyptisches Filmszenario. Ganze Dörfer schweben in Angst, wenn der Konvoi mit dem strahlenden »Gut« über die Landstraßen rollt. Bürger stehen mit Anti-Atomkraft-Transparenten auf der Straße und liefern sich gewalttätige Auseinandersetzungen mit der Polizei. Wer kann es ihnen verübeln? Nicht auszudenken, wie verheerend sich ein Unfall oder gar ein Terroranschlag auswirken würde.

Auf dem Mond hätte man diese Probleme nicht. Dabei würde sich sogar noch der praktische Nebeneffekt ergeben, daß dieser Müll in einigen hundert Jahren vermutlich ein wertvoller Rohstoff für die nächsten Generationen wäre, die sich darüber freuen könnten, alles wunderbar geordnet an einem Platz vorzufinden.

Niemand, auch nicht der vehementeste Verfechter dieser technischen Modelle, behauptet, auf diese Weise Energieengpässe, Rohstoffverknappung und Atommüllsorgen komplett aus der Welt schaffen zu können – wenn es auch theoretisch schön wäre, aus der Erde ein Paradies machen zu können und den Schmutz und Dreck ins Weltall zu schießen. Ein solches Szenario wäre Augenwischerei. Andererseits ist die Erde der schönste Planet in unserem Sonnensystem und wir sollten von daher geneigt sein, die schadstoffproduzierende Industrie, insbesondere also die Energieerzeuger, nach außerhalb zu verlegen. Gesellschaftliche Tabus und finanzielle Hürden sollten uns nicht davon abhalten, solche Pläne ausführlich zu diskutieren. Unzweifelhaft ist es heute billiger, den Kernmüll auf der Erde zu behalten als ihn auf den Mond zu transportieren, sicherer aber ist es nicht und kann uns deshalb in Zukunft teuer zu stehen kommen.

Eine schizophrene Situation: Wir nutzen in der Bundesrepublik Atomenergie, möchten den Abfall aber nicht auf unserem Territorium lagern. Solange es noch genügend arme Völker auf unserem Planeten gibt, die ihn gegen Geldleistungen bei sich aufnehmen, sehen wir keine Notwendigkeit zum Bau von Mondfabriken. Wäre aber morgen die deutsche Grenze dicht und kein Land mehr bereit, uns den Müll abzunehmen, so würde (und wird) innerhalb kürzester Zeit eine Bewußtseinsänderung stattfinden.

Die grundsätzliche Weigerung der Regierungen, dieses Thema überhaupt auf die Tagesordnung der Parlamente zu setzen, heißt am falschen Ende zu sparen.

Tatsache ist: Weil die politischen Voraussetzungen auf der Erde fehlen, wird der Bau einer Mondstation nicht vorangetrieben, nicht einmal, um mit der immens wichtigen Grundlagenforschung zu beginnen.

Was aber wäre wenn ...?

Was wäre, wenn die politische Entscheidung zugunsten des Mondprojektes bereits gefallen wäre?

Wie hätte man sich die einzelnen Schritte vorzustellen?

Die Mondstation

Keine Schnellschüsse, keine Hauruckaktionen, nur langsame, wohldurchdachte Entwicklungsphasen können dem neuen Mondprogramm zum Erfolg verhelfen.

Der erste Schritt ist die Entsendung mehrerer kleiner Roboter zum Beispiel mit der *Ariane*-Rakete. Die ferngesteuerten Geräte fahren mehrere hundert Kilometer auf dem Mond herum, führen Messungen durch und stellen dabei fest, ob die Gegend, in der sie gelandet sind, für eine spätere bemannte Station in Frage kommt.

Ein zweiter Schritt wäre die Einrichtung einer dauerhaften vollautomatischen Wetterstation, welche ständig die Umweltbedingungen mißt und herausfindet, wie sich im Laufe eines Jahres das »Mondklima« verändert sowie Strahlungsmessungen durchführt, Meteoritenbeobachtungen macht und ähnliches mehr.

In einer dritten Phase wird eine kleine, ebenfalls vollautomatische chemische »Fabrik« nach oben geschickt. Sie wird in verschiedenen Experimenten Silizium-Oxyd aus dem Boden herausschmelzen und auf diese Weise Sauerstoff gewinnen.

Das *Space Shuttle:* Für eine Marsmission ist die Nutzkapazität der Raumfähre zu gering. *(Quelle: NASA)*

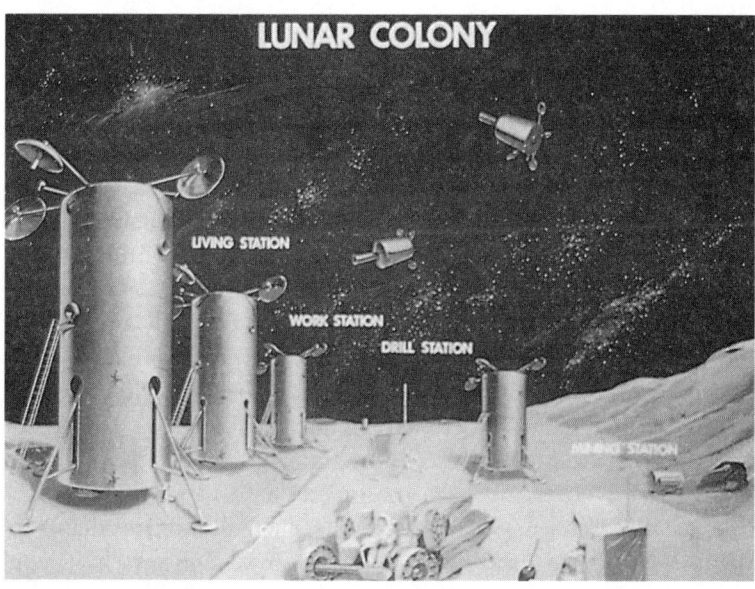

Die ersten Aluminiummodule der Mondstation müssen auf der Erde vorfabriziert und mitgebracht werden. *(Quelle: NASA)*

Dieser Sauerstoff wäre nicht nur für den Menschen wichtig, um die auf dem Mond fehlende kostbare Atemluft herzustellen, sondern gleichzeitig als Treibstoffkomponente für die Rückkehr der Astronauten.

Der Nachweis, daß eine Sauerstoffproduktion auf dem Mond möglich ist, läutet dann schließlich die vierte Phase ein, nämlich den Bau einer bemannten Station.

Gesetzt den Fall, die politische Entscheidung wäre gefallen und man würde »morgen« mit Phase 1 beginnen, könnten bereits im Jahr 2020 die ersten Pioniere auf dem Mond arbeiten.

Im Anfangsstadium würde etwa ein Dutzend Leute die erste Kolonie einrichten. Eine kleinere Gruppe brächte die Mission in Gefahr. Bestimmte Berufszweige sind gleich zu Beginn unverzichtbar: Elektroniker, Mechaniker und Ärzte müssen in der Regel doppelt besetzt sein. Wenn einer dieser Spezialisten ausfällt, muß ein anderer sofort einspringen können. Ersatz von der Erde anzufordern, würde zu lange dauern und wäre zu teuer. Aufgrund der hohen Transportkosten ist zu erwarten, daß jede Schicht drei bis sechs Monate auf dem Mond verbleibt, später, wenn die Arbeitsbedingungen komfortabler geworden sind, auch ein Jahr oder länger.

Die Wohnräume und die Laboratorien müssen zunächst als vorgefertigte Aluminiummodule von der Erde mitgebracht werden. Solche Arbeitscontainer oder Zylinder können die ersten Tage, zur Not auch Wochen, frei auf der Mondoberfläche stehen, bis die wichtigsten Vorbereitungsarbeiten abgeschlossen sind. Dann aber müssen die Astronauten sie entweder unter der Mondoberfläche verbuddeln oder sie zumindest mit Staub, Sand und Geröll bedecken. Ansonsten würde die kosmische Strahlung zu gefährlich werden für den menschlichen Körper. Um diese Strahlung auf ein Minimum zu reduzieren, sind etwa ein bis zwei Meter Abdeckung erforderlich.

Am sinnvollsten für die wissenschaftliche Arbeit ist sicherlich eine Kombination verschiedener Bauten, die direkt auf der Oberfläche mit einem Sanddach errichtet werden, aber auch unterirdischer Anlagen. Dies schon allein wegen der Temperaturen. Am Mondtag kann es bis zu 200 Grad heiß werden, in der Nacht fällt das Quecksilber bis auf minus 200 Grad Kälte. Zum Ausgleich wird man deshalb wohl die eigentlichen Wohnräume einige Meter tief im Boden einrichten.

Auf der erdzugewandten Seite des Mondes herrscht ein für den Menschen ungewohnter Rhythmus: zwei Wochen ist Nacht, zwei Wochen Tag. Doch die Astronauten würden ohnehin bei künstlichem Licht leben müssen und könnten so den Tagesrhythmus wie auf der Erde aufrecht erhalten.

Der Aufenthalt auf dem Mond würde den menschlichen Körper stark beeinflussen. Die Anziehungskraft beträgt ja nur ein Sechstel der irdischen. So wären die Pioniere in den Containern sehr leicht, wenn auch nicht schwerelos.

In der offenen atmosphärelosen Mondlandschaft können sie sich natürlich, wie schon die *Apollo*-Astronauten, nur im Raumanzug bewegen. Dies allerdings gut und gerne sechs bis acht Stunden ohne Unterbrechung. Solange etwa versorgt das auf dem Rücken befindliche Lebenserhaltungsgerät den Menschen mit Atemluft. Vorstellbar sind auch klimatisierte Fahrzeuge, abgeschlossen wie »Konservenbüchsen«, mit denen man frei herumfahren und unter Umständen mehrere hundert Kilometer zurücklegen kann.

Das größte Problem ist die kosmische Strahlung, die auf dem Mond ungefiltert auftrifft und für den Menschen – würde er keine Schutzmaßnahmen ergreifen – längerfristig tödlich wäre.

Die Pioniere werden nicht umhinkommen, wie in einem Kernkraftwerk ständig mit einem Strahlungsmesser herumzulaufen, damit sie die Grenzwerte nicht überschreiten.

Zwar gibt es auf unserem Erdtrabanten weder Stürme noch Beben, dafür aber ein nicht minder gefährliches »Strahlungswetter«, hervorgerufen durch die Eruptionen der Sonne. Ein solcher Ausbruch kann mit speziellen Meßgeräten mittlerweile erkannt werden. Die Warnzeit von mehreren Stunden müssen die Astronauten in jedem Fall nutzen, um einen »Luftschutzkeller« aufzusuchen.

Zu Anfang wird die Mannschaft alle benötigten Versorgungsmittel und Werkstoffe von der Erde mitbringen, insbesondere natürlich Wasser und Sauerstoff.

Doch wagen wir einen Blick in die Zukunft. Der Mond ist keineswegs so tot, wie man gemeinhin glaubt. Die Kolonisten späterer Generationen wären auf den Nachschub ihres Heimatplaneten kaum noch angewiesen. Nach einer vorgegebenen Zeitspanne nämlich laufen die ersten Fabriken an, um die lebensnotwendigen Grundstoffe autark zu produzieren. Wie kurz erwähnt, ist es technisch möglich, den Mondsand fein zu sieben und schließlich zu schmelzen. Unter hohem Druck und bei hohen Temperaturen gibt der Sand seine Sauerstoffanteile preis. 41 Prozent des Mondmaterials enthalten Sauerstoff. Sogar Sauerstoffgas kann man produzieren, das sich verflüssigen und als Treibstoffkomponente nutzen ließe.

Sobald sich dieses Verfahren bewährt hat, wird es die Kosten einer Reise zum Mond drastisch reduzieren.

Mit einer ähnlichen Methode wird die zweite Generation der Kolonisten Wasser produzieren, denn es gibt auch Wasserstoff (wenngleich wenig), und zwar als Gas in der Oberfläche, das man wiederum durch Schmelzprozesse herausbringen kann. (In diesem Zusammenhang sollte auch die auf dem Südpol des Mondes befindliche große Depression von einigen tausend Metern erwähnt werden. Diese Gegend liegt ständig im Schatten der Sonne. Viele Wissenschaftler sind der Überzeugung, daß es in dieser Senke, während der Entstehung des Mondes, zur Bildung von Wassereis gekommen ist. Diese Annahme ist noch nicht mit letzter Sicherheit bewiesen, würde aber, wenn sie zuträfe, die Wasserproduktion der Mondstation wesentlich erleichtern.)

Das Problem der hierfür notwendigen Energieerzeugung ist ebenfalls im Prinzip bereits gelöst. Auf dem Mond scheint zwei Wochen hintereinander die Sonne. Es bietet sich also der Bau einer riesigen Solaranlage an, die über Photo-Voltaik Strom produziert.

Nicht einmal die Solarzellen aus Silizium müßte man langfristig importieren, denn auch Silizium gehört neben Magnesium, Eisen, Aluminium und Titan zu der Reihe von Grundstoffen, die reichlich vorhanden sind. Das alles sind Materialien für Werkstoffe, die eines Tages helfen, die Mondstation zu erweitern. Da gibt es beispielsweise feine Glasperlen im Boden, die man zu Glasmatten und Solarzellen verarbeiten kann. Aus dem Eisen lassen sich beliebige gußeiserne Produkte herstellen, aus dem Aluminium Matten zur Befestigung des Bodens und stabile Bauträger.

Es sind durchaus Szenarien vorstellbar, in denen sich die kleine Mondgesellschaft nach einigen Jahrzehnten wenigstens zur Hälfte selbst versorgt und in denen die Lebenskreisläufe in ausreichender Zahl und Qualität zur Verfügung stehen.

Ganz zu Beginn wird man auf all dies natürlich noch verzichten, um sich völlig der wissenschaftlichen Arbeit zu widmen. Im Entwicklungsstadium der Mondstation braucht man Forscher, aber nur wenige Bauarbeiter.

Der alles entscheidende Schlüssel zur langfristigen Industrialisierung des Mondes liegt allerdings in der Fähigkeit der Siedlung, sich eines Tages mehr oder weniger selbst versorgen zu können. Dies wird jedoch ein langer Prozeß sein, und es ist unmöglich, schon heute Prognosen darüber anzustellen, innerhalb welchen Zeitrahmens und mit welcher Erfolgsrate er vonstatten gehen wird.

Wenn es dann aber soweit ist, da dürfen wir sicher sein, werden einige hundert Menschen auf der Mondoberfläche stehen und durch ein gläsernes Kuppeldach hinaus ins Weltall blicken. Sie werden eine gigantische außerirdische Party feiern, Champagnergläser in den Händen halten und, sich zuprostend, gemeinsam den Sonnenuntergang genießen.

XI

Expedition zum Mars

Theorie und Praxis

Auf der Suche nach einem Konzept

Wir haben nun gesehen, was möglich wäre, wenn die politische Entscheidung, auf den Mond zurückzukehren, gefallen wäre. Doch tatsächlich steht diese Entscheidung noch aus.

Obwohl sich die Vereinigten Staaten und viele andere Raumfahrtnationen die Erforschung des Sonnensystems schon seit langem und immer wieder neu zum Ziel gesetzt haben, gibt es keine maßgeblichen Richtlinien seitens der Politik. Geklärt sind weder die Wege noch das Timing, ja nicht einmal die Schwerpunkte, auf die man sich zu konzentrieren hat.

Wir könnten zurück zum Mond.

Oder auf den Mars.

Oder auf die Monde des Mars.

Oder wir könnten die Rückkehr zum Mond antreten, um diesen dann als Sprungbrett zum Mars zu benutzen.

Sollen wir auf dem Mond eine permanente Basis einrichten oder unser Augenmerk auf kurzfristige Missionen lenken?

Welcher Art sind die Gründe für eine Erforschung des Weltraums? Wollen wir unseren Intellekt erweitern oder vor allem wirtschaftlichen Profit machen?

Sollen die Menschen selbst den beschwerlichen Weg ins All antreten oder nur Maschinen hinausschicken?

Obwohl all diese Fragen nunmehr seit Jahrzehnten von der Politik diskutiert werden, gibt es keine praktikable Marschroute, kein eindeutiges Bekenntnis zur Erforschung des Weltraums, das einen konkreten technischen, zeitlichen und finanziellen Rahmen absteckt.

Immerhin hat die bereits erwähnte Rede von Präsident Bush 1989 zur Bildung einer Kommission geführt, die schließlich eine ausführliche Studie zur Erforschung des Mars vorlegte: *America at the Threshold – America's Space Exploration Initiative,* SEI.[30] Bevor wir uns jedoch intensiv mit dieser Untersuchung auseinandersetzen, an dieser Stelle ein kurzer Exkurs. Denn vor einer Marsexpedition sollte klar sein, was der Aufenthalt in der Schwerelosigkeit bedeutet, ob es überhaupt Sinn macht, einen Menschen nach »draußen« zu schicken.

Die Grenzen des Körpers

Wo liegen eigentlich die Belastungsgrenzen für den menschlichen Körper? Ist eine Reise zum Mars machbar? Zwar fehlen uns die Erfahrungen, um diese Fragen definitiv beantworten zu können, aber es gibt Hinweise, die sich aus den *Space Shuttle*-Flügen der NASA und den Langzeitbeobachtungen in der russischen Raumstation *MIR* herleiten lassen.

Am Physiologischen Institut der Freien Universität Berlin lehrt Professor Karl Kirsch. Er hat sich auf die gravierendsten Auswirkungen der Schwerelosigkeit spezialisiert. Wir haben mit dem Professor gesprochen.

Frage: Welche negativen Folgen sind definitiv bekannt? Womit müssen die Astronauten rechnen?

Professor Kirsch:[31] Man muß die Veränderungen im menschlichen Körper differenziert betrachten. Da gibt es zunächst Auswirkungen, die quasi sofort eintreten. Dazu zählen die Verschiebung von Flüssigkeiten aus der unteren Körperhälfte in den Brustraum und ins Kopfgebiet. Wir sehen das bei den Astronauten. Sie bekommen Gesichtsschwellungen, Augenlidödeme und gleichzeitig Storchenbeine. Es kommt zu einer Verlängerung der Wirbelsäule, weil die Zwischenwirbelscheiben aufquellen. Die Astronauten erfahren dabei eine Größenzunahme zwischen drei und fünf Zentimetern.

Gleichzeitig kommt es zu Schwierigkeiten bei der Orientierung und zu Störungen im Gleichgewichtsorgan, das sich in Schwindel und Erbrechen manifestiert. Das ist sozusagen eine Abart der Reisekrankheit, wie wir sie auch hier auf der Erde kennen. Das dauert maximal drei bis fünf Tage.

In dieser Zeit beginnt auch schon die Phase der Anpassung. Es kommt zum Beispiel zu einem Schwund von Körperflüssigkeiten. Die Körpermasse nimmt ab, d. h., Flüssigkeit im Körper geht verloren. Das Plasma verringert sich und das Blutvolumen nimmt ab. Und es setzt auch Muskelschwund ein. Vergessen sie nicht: Im Schwerefeld der Erde brauchen wir 50 bis 60 Prozent unserer Muskulatur, nur um den aufrechten Gang einzunehmen. Aber im Weltraum spielt das ja keine Rolle. Da schweben wir herum, oben und unten sind für uns irrelevant geworden. Diese Phase dauert etwa zwei bis drei Wochen.

Danach kommt es dann zu den Langzeitauswirkungen auf den menschlichen Körper. Es beginnt der Abbau des Knochens. Es kommt zu einem Kalziumverlust in den Knochen. Dieser Verlust kann, wenn der Raumflug mehrere Monate dauert, soweit gehen, daß etwa 10 bis 15 Prozent der Knochensubstanz abgebaut werden. Das fängt schon so nach der dritten, vierten Woche an.

Frage: Was kann man denn gegen all das tun?

Professor Kirsch: Man kann durch Trainingsprogramme dieser Dekonditionierung Einhalt gebieten. Man kann Laufband- und Expanderübungen durchführen und dadurch die Muskulatur und den Kreislauf trainieren. Das geht bis zu einem gewissen Maße. Der Muskelschwund läßt sich trotzdem nicht vermeiden.

Frage: Heißt das, der Mensch sollte lieber auf Raumflüge verzichten?

Professor Kirsch: Letztlich limitierend ist nicht der menschliche Körper. Es hat Raumaufenthalte von einem Jahr gegeben. Wenn die Leute dann wieder unten sind, dauert es zwar zwei bis drei Wochen, aber danach sind sie wieder belastungsfähig. Ich würde nicht sagen uneingeschränkt, aber sie sind belastungsfähig und können wieder herumlaufen. Und nach vier, fünf Monaten ist alles vorbei.

Wir kennen zwar die endgültige Grenze noch nicht, aber so wie wir es bislang gesehen haben, scheint der Körper nicht dasjenige zu sein, was uns auf dem Flug zu den Sternen behindert.

Was ich für das Wesentlichste bei den Langzeitraumflügen halte, das setzt nach vier Wochen ein und hat mit der menschlichen Psyche zu tun. Hier sind uns Barrieren gesetzt, die wir nicht so ohne weiteres überspringen können. Erstens müssen die Astronauten sehr sorgfältig ausgewählt werden. Sie werden schon in der Trainingsphase in gewisser Weise separiert von ihrem normalen sozialen Umfeld. Ganz gravierend wird diese soziale Abkapselung dann im Raumschiff. Der Astronaut hat nur noch Funkkontakt zur Familie, und auch das nur zu ganz bestimmten Tageszeiten. Er hat keinen Kontakt mehr zu seinen Freunden. Er lebt in einem Raumschiff, das relativ monoton ausgestattet ist, nur mit technologischen Geräten, mit denen er sich zwar auskennt, die aber keinen allzu großen ästhetischen Reiz ausüben. Also das Leben dort oben ist doch mit erheblichen Einschränkungen verbunden. Und mit diesen Einschränkungen sehr lange zu leben, das verlangt schon sehr viel.

Frage: Eine Mondstation beispielsweise könnte man doch aber nach einer gewissen Zeit sehr viel komfortabler einrichten. Ändert das nicht die Sachlage?

Professor Kirsch: Eine Mondstation bietet in puncto Schwerkraft angenehmere Bedingungen als eine Raumstation im Orbit. Die – wenn auch gering – vorhandene Schwerkraft wäre schon eine ganz gewaltige Hilfe. Die Dinge fallen wieder zu Boden und man weiß, wo man sie zu suchen hat. Man könnte auch andere Dinge wieder etablieren. Ein Duschbad beispielsweise und eine Sauna. Weil sich das Wasser ja auch wieder auf der Erde ansammelt. Dadurch wären schon sehr viele Bequemlichkeiten wieder gegeben. Und es würde einem auch nicht einfach so das Essen aus dem Munde fallen.

Auch wären viele andere Schwierigkeiten behoben, da man ja auf einer Mondstation eine größere Gruppe von Menschen versammeln könnte. Es müßte ja nicht auf vier Astronauten beschränkt bleiben. Aber dennoch läßt sich eine gewisse soziale Einengung auch auf einer Mondstation auf Dauer nicht vermeiden. Aber immerhin: Ein halbes Jahr ließe sich das sicher aushalten. Ein Schichtwechsel könnte größere Probleme immer wieder auffangen.

Soweit dieser kurze Exkurs. Wir kommen nun auf die Vorschläge der Präsidentenkommission zurück.

America's Space Exploration Initiative

Diese Initiative ist als nationales Programm angelegt. Die Autoren, darunter der frühere *Apollo*-Astronaut Thomas Stafford, gehen davon aus, daß die Marsexpedition nahezu ausschließlich mit amerikanischen Mitteln bestritten wird, sowohl was die politischen Entscheidungen und die Technologien, als auch was die wissenschaftlichen und finanziellen Voraussetzungen betrifft.

Unter dem Strich macht SEI deutlich, daß man wegen der besonderen Schwierigkeiten, die eine Marsexpedition mit sich bringt, um den Mond als Zwischenstation nicht herumkommt. Der unmittelbare Nachbar der Erde spielt deshalb in den NASA-Planungen eine besondere Rolle.

Der Mond ist der uns am nächsten gelegene Himmelskörper, wo Menschen unter Bedingungen leben könnten, denen man so oder so ähnlich auch auf anderen Planeten begegnet. Er bietet sich als natürliches Experimentierfeld geradezu an, um die Marsmission zu simulieren, Systeme zu testen und die menschlichen Fähigkeiten auszuloten.

Ebenso wie die ESA sieht auch die NASA den Mond als reiche Quelle von Materialien und Energie.

Die Studie macht außerdem klar: Eine Marsexpedition ist nur unter der Voraussetzung denkbar, daß in nächster Zukunft eine neue Trägerrakete entwickelt wird.

Das Kernproblem jeglicher Raumfahrt ist zunächst der Energieaufwand, der benötigt wird, um die Erdschwere zu überwinden.[32] Dazu braucht man gewaltige Raketen, die möglichst große Nutzlasten transportieren können. Um in einen Satellitenorbit um die Erde zu fliegen, muß eine Endgeschwindigkeit von acht Kilometern pro Sekunde erreicht werden. Der entsprechende Transporter ist heute das *Space Shuttle*. Das aber kann höchstens 10 bis 15 Tonnen nach oben befördern. Auch die *Ariane 5,* wenn sie demnächst einsatzfähig ist, oder die russischen Protonraketen schaffen nicht mehr als maximal 20 Tonnen.

Ein Raumschiff, das zum Mars fliegen soll, würde aber mit dem Rückkehrgerät und der Nutzlast, welche die Astronauten zum Überleben brauchen, etwa 1 000 Tonnen wiegen. Ein *Space Shuttle* mit seiner geringen Kapazität wäre in diesem Fall völlig überfordert. Die gigantische Nutzlast für ein Marsschiff in Miniportionen von jeweils 20 Tonnen nach oben zu befördern, würde den Zubringer über die Maßen beanspruchen, von den immensen Kosten einmal ganz abgesehen.

Aus diesem Grund müssen neue Raketen entwickelt werden, die etwa doppelt so groß sind wie die Mondrakete *Saturn 5* und etwa 15 Mal leistungsfähiger als das, was im Augenblick verfügbar ist. Ein solcher Träger hätte eine Startmasse von etwa 6 000 Tonnen und könnte pro Flug mehr als 300 Tonnen Nutzlast in die Erdumlaufbahn transportieren. In diesem Fall wären dann nur noch drei Flüge notwendig, um ein Marsschiff auszurüsten und mit Treibstoff zu beladen.

Allein aus finanziellen Gründen ist die Entwicklung der oben beschriebenen Rakete unabdingbar. Die Transportkosten von der Erde in den Orbit würden mit ihr von heute 10 000(!) Dollar pro Kilogramm auf etwa 200 bis 300(!) Dollar pro Kilogramm sinken.[33] Wer immer also ernsthaft mit dem Gedanken spielt, eine Marsexpedition zu starten oder gar eine Marsstation (dasselbe gilt freilich für eine Mondstation) zu errichten, muß von den alten, kleinen und ineffektiven Trägersystemen Abschied nehmen. Ansonsten wird der Mensch niemals zum Mond zurückkehren und auch nicht zum Mars fliegen.

Günstig ist, daß die Schwierigkeiten prinzipiell nicht im Antrieb liegen. Auch die neue große Trägerrakete würde mit einem chemischen Antrieb auskommen, mit Wasser- und Sauerstoff als Brennstoff. (Entsprechende Pläne für eine Alternative hat die Technische Universität Berlin schon vor Jahren entworfen. Die sogenannte *Neptun*-Rakete wäre, im Gegensatz zu den heutigen Systemen, wiederverwendbar und schon deshalb ökonomischer und effizienter. Man könnte die *Neptun* innerhalb von etwa zehn Jahren produzieren – sofern man die Investitionskosten nicht scheut, die in der Größenordnung von etwa 20 Milliarden Dollar liegen. Verteilt auf zehn Jahre Entwicklungszeit beläuft sich die Summe auf rund 2 bis 3 Milliarden Dollar pro Jahr. Das ist viel weniger als das, was Deutschland heute an Subventionen für den Kohlebergbau ausgibt: 1996 sind es 9,8 Milliarden Mark. Da außerdem zu erwarten ist, daß in der Praxis eine künftige Marsexpedition nicht von einer Nation allein durchgeführt wird, verringert sich die Belastung pro Teilnehmerstab entsprechend.

Eine solche Rakete wäre in der Lage, sowohl eine Mondstation logistisch zu versorgen als auch eine Marsexpedition auszurüsten.) SEI diskutiert auch die Möglichkeit thermo-nuklearer Raketenantriebe, was jedoch innerhalb eines überschaubaren Zeitrahmens unrealistisch ist. Diese Technologie war Ende der 60er, Anfang der 70er Jahre in den USA auf dem Prüfstand. Dabei stellte sich jedoch heraus, daß die Kosten im selben Maße stiegen wie die Leistung. Die Amerikaner verzichteten deshalb seinerzeit auf eine Weiterentwicklung. Würde man sie heute wiederaufnehmen, wäre dies langwierig und teuer. Langfristig, etwa für die Mitte des nächsten Jahrhunderts, sollte man die nuklearen Antriebe jedoch nicht aus den Augen verlieren, weil die Raumschiffe damit wesentlich schneller fliegen könnten als mit herkömmlichen Treibstoffen.

Da die chemisch angetriebenen Raketen aber, wie gesagt, ausreichen, ist folgender grober Ablauf denkbar:[34]

Mit einer 2-stufigen Rakete fliegen die Astronauten zunächst von der Erde in die Umlaufbahn. Dort bauen sie das aus drei Teilen (nämlich aus der Beschleunigungsstufe von der Erde, der Nutzlast und dem Rückfluggerät) bestehende Marsschiff zunächst einmal zusammen und rüsten es aus. Von den 1 000 Tonnen Gesamtgewicht sind etwa 800 Tonnen für den Treibstoff zu kalkulieren.

Alsdann wird das Raumschiff mit einer dritten Raketenstufe in einer Antriebsperiode auf die sogenannte Fluchtgeschwindigkeit gebracht, d.h., die Geschwindigkeit, die es braucht, um eine Flugbahn zum Mars einzuschlagen, rund 12 Kilometer pro Sekunde. Am Mars angekommen, reduzieren die Astronauten ihre Geschwindigkeit, indem sie die Atmosphäre benutzen, um sich abzubremsen. Da die Marsatmosphäre aber in den unteren Bereichen sehr dünn ist, müssen sie für die letzten Kilometer eine neue Raketenstufe einschalten, um mit dieser dann senkrecht auf der Planetenoberfläche landen zu können. Eine weitere Stufe kommt bei der Rückkehr zum Einsatz, um vom Mars zu starten, in die Umlaufbahn zu gelangen und von dort wieder zur Erde zurückzufliegen.

Für einen »Roundtrip« vom Erdorbit aus zum Mars und zurück sind demnach insgesamt vier Manöver notwendig.

SEI stellt an den Beginn jeder bemannten Mission die Entsendung eines Frachtschiffes mit Wohncontainern, einem kleinen nuklearen Kraftwerk, Lebensmitteln und Geräten für wissenschaftliche Experimente. Bevor noch ein Astronaut seinen Fuß auf die Planetenoberfläche setzt, steht das zum Leben Notwendigste, ein Vorratslager sozusagen, bereits da.

Die Gesamtdauer einer Marsmission setzt sich zusammen aus der Hin- und Rückreisezeit sowie der Verweildauer auf der Planetenoberfläche. Schon 1925 hat der deutsche Ingenieur Walter Hohmann die jeweils energieärmste Bahn zwischen zwei Himmelskörpern herausgefunden, d.h., in diesem Fall eine Flugellipse, in der man den geringsten Treibstoffverbrauch hätte. (Die sogenannte Hohmann-Bahn wurde bei der bemannten Landung auf der Mondoberfläche 1969 erstmals in die Wirklichkeit umgesetzt.)[35]

Eine solche Ellipse öffnet zwischen Erde und Mars alle 26 Monate ein günstiges sogenanntes »Startfenster«.

Demgemäß würden Hin- und Rückreise jeweils rund 230 Tage dauern, wobei das Raumschiff insgesamt etwa 1,2 Milliarden(!) Kilometer zu bewältigen hätte. Verbunden mit einem Aufenthalt von 500 Tagen auf der Marsoberfläche (weil die Astronauten nicht gleich zurückfliegen können, sondern warten müssen, bis die Erde wieder in der richtigen Position steht) liegt die gesamte Expeditionsdauer bei rund drei Jahren.

Natürlich sind auch diverse kürzere Flugbahnen denkbar. Doch mit ihnen würde sich die Aufenthaltsdauer auf dem Mars reduzieren, und es herrscht im großen und ganzen Übereinstimmung, daß sich dann der gewaltige technische und finanzielle Aufwand nicht mehr lohnen würde, ganz abgesehen von der Tatsache, daß die Astronauten nach dem langen Flug in der Schwerelosigkeit nicht sofort einsatzfähig sind und sich erst akklimatisieren müssen.

Eine wissenschaftlich sinnvolle Reise, die nicht nur die Machbarkeit der Expedition beweisen würde, ist also unter 1 000 Tagen nicht durchführbar.

Die kosmische Strahlung stellt auch und gerade bei einem Flug zum Mars ein nicht unerhebliches Problem dar.

Die Umgebung außerhalb des Magnetfeldes der Erde steht unter dem Einfluß zweier verschiedener Strahlungstypen, die eine potentielle Gefahrenquelle für den Menschen darstellen: die permanente kosmische Strahlung im Weltraum und die immer wieder auftretenden Sonneneruptionen.

Die kosmische Strahlung im Weltraum ist bekannt, obgleich nach wie vor Unsicherheit besteht im Hinblick auf ihre Auswirkungen auf den menschlichen Körper. Die jährliche Strahlungsmenge, der ein Astronaut ausgesetzt sein darf, liegt bei 50 REM *(Radiation Equivalent Man)*. Während einer Marsreise sind in einem ungeschützten Raumschiff etwa 24 bis 60 REM zu erwarten, eine Dosis, die sich also im zulässigen Bereich bewegen würde.

Es können Maßnahmen ergriffen werden, die das Strahlungsrisiko bedeutend herabsetzen. Eine wenige Zentimeter dicke Wasserhülle, um die Mannschaftsräume herum installiert, wäre bereits ausreichend. Ein solcher Schutz wäre zudem notwendig, wenn es unterwegs zu schweren Sonneneruptionen käme, welche die Dosis erhöhen würden. Denkbar ist auch, den Wasserstofftank, den man für den Rückflug braucht, die gesamte Ausrüstung und das für die Verpflegung notwendige Wasser in Richtung Sonne auszurichten, also ständig zwischen Besatzung und Sonne zu lagern.

Nach menschlichem Ermessen kann man auf diese Weise den Strahlungsschutz ausreichend gestalten, wobei ein gewisses Restrisiko natürlich einkalkuliert werden muß.

Auf dem Mars angekommen, bildet die – wenngleich geringe – Atmosphäre des Planeten ein gewisses Schutzschild.

Darüber hinaus sind die 11jährigen Zyklen der Sonneneruptionen mittlerweile gut bekannt. Durch ständige Beobachtungen von der Erde und von Satelliten aus könnte man Ausbrüche einige Stunden vorher erkennen und die Crew dann bei Gefahr rechtzeitig warnen.

Biologische Experimente auf der Mondstation werden die Erkenntnisse über die Strahlungsauswirkungen beträchtlich erweitern.

Einer der zentralen Punkte der *Space Exploration Initiative* ist die Auswirkung der Schwerelosigkeit auf den Menschen. Während einer Marsexpedition befinden sich die Astronauten über längere Zeit in den verschiedensten Gravitationsumgebungen.

Ausgedehnte Mondaufenthalte bedeuten Anpassung an ein Sechstel der Erdschwere. Auf dem Mars liegt die Gravitation bei einem Drittel der irdischen.

Während des interplanetaren Fluges selbst sind die Raumfahrer dann über Monate hinweg völliger Schwerelosigkeit ausgesetzt. Mit derartigen Zeiträumen gibt es bisher vergleichsweise wenig Erfahrungen. In der früheren amerikanischen Raumstation *Skylab* hielt sich eine Mannschaft gerade mal 84 Tage auf, während die Russen in ihrer Station *MIR* immerhin schon Arbeitsperioden von ca. einem Jahr zu verzeichnen haben. Die bisherigen Erfahrungen müssen ausgedehnt und überprüft werden. Vieles weist jedoch darauf hin, daß bei interplanetaren Flügen keine gravierenden Langzeitschäden auftreten würden. Allerdings besteht die Gefahr, daß die Raumfahrer aus technischen oder anderen Gründen nicht auf dem Mars landen können und »durchstarten« müssen. Die Folge: drei Jahre Existenz ohne jegliche Gravitation. Die Konsequenzen einer derartigen Situation sind anhand unseres augenblicklichen Kenntnisstandes nicht absehbar.

Wie erwähnt ist das Astronautenteam auf dem Mars nicht sofort einsatzfähig. Nach dem langen Flug in der Schwerelosigkeit wirkt sich selbst ein Drittel der Erdgravitation noch wie ein Schock auf sämtliche Organe aus. Eine Anpassungszeit muß einkalkuliert werden. Es ist allerdings zu erwarten, daß sich dieser Prozeß ohne größere Probleme vollzieht, zumal sicher vorher längere Trainingsphasen auf der Mondstation stattfinden werden, die soweit als möglich die voraussehbaren schwierigen Situationen simulieren.

Einen wichtigen Aspekt läßt SEI diesbezüglich leider außer acht, nämlich die Möglichkeit, in den Raumschiffen während des Fluges künstlich Schwerkraft herzustellen.

Grundsätzlich ist zu überlegen, ob man eine Marsreise, schon aus Gründen der Sicherheit, nicht ohnehin mit zwei Raumschiffen antritt.

Nach dem Startmanöver aus dem Erdorbit würden sie dann mit einem etwa 200 bis 300 Meter langen Seil verbunden. Anschließend ließe man beide um den gemeinsamen Schwerpunkt rotieren, ähnlich einem großen Karussell. Auf diese Weise könnte man bereits ein Drittel oder ein Viertel der Erdschwere herstellen, was sich für die Astronauten positiv bemerkbar machen würde. Trotz der hohen Geschwindigkeit, mit der sie durchs All rasen, könnten sie sich im

Raumschiff mehr oder weniger normal bewegen und ihre Tätigkeiten, sowohl die wissenschaftlichen als auch die alltäglichen, wie Morgentoilette usw., wie gewohnt ausführen.

Selbstverständlich muß auf den Durchmesser einer solchen Konstruktion geachtet werden, damit den Astronauten nicht schwindlig wird. Mehr als drei Umdrehungen pro Minute dürften nicht auftreten.

Im Prinzip aber ist die Herstellung künstlicher Schwerkraft mit Hilfe eines langen Seiles möglich. Denkbar ist auch ein rotierendes hantelförmiges Raumschiff, dessen Montage im Erdorbit allerdings schwieriger zu bewerkstelligen und wohl auch teurer wäre.[36]

Bevor sich die erste Mannschaft auf den weiten Weg zum Mars macht, stehen intensive Vorplanungen und Vorbereitungen an. Es ist keinesfalls wünschenswert, eine Mission im Eilverfahren durchzuziehen. Ansonsten drohte ihr ein ähnliches Schicksal wie dem *Apollo*-Projekt. Ein kurzfristiger Aufenthalt auf einem 500 Millionen Kilometer entfernten Planeten, nur um ein paar Steine aufzusammeln und wieder zurückzufliegen, wäre höchstens für Politiker interessant, die sich mit fremden Federn schmücken wollen, aber unbefriedigend für die auf der Erde zurückbleibenden Wissenschaftler und natürlich auch für die wagemutigen Astronauten, deren Sicherheit im SEI-Konzept den Vorrang vor allen anderen Aspekten hat.

Je wichtiger der Sicherheitsaspekt, desto größer die Bedeutung des Mondes als Zwischenstation für jede bemannte Reise zum Mars.

Es ist nicht ausgeschlossen – sogar sehr wahrscheinlich –, daß der Erdtrabant eines Tages als Startplatz und »Tankstelle« Verwendung finden wird. Die Montage eines Raumschiffes bei einem Sechstel der Schwerkraft ist in jedem Fall einfacher als in der totalen Schwerelosigkeit des Erdorbits.

Der Mond ist zweifellos der erste andere Himmelskörper, auf dem Menschen im 21. Jahrhundert leben und arbeiten werden.

Er ist fast immer erreichbar und nur drei Tagesreisen von der Erde entfernt, ein nicht zu unterschätzender psyologischer Gesichtspunkt, denn von seiner Oberfläche aus können die Astronauten jederzeit einen Blick auf ihren blauen Heimatplaneten werfen. Ein beruhigendes Gefühl.

Der Mond ist sozusagen eine natürliche Raumstation, im Notfall schnell zu erreichen, eine Rückkehr zur Erde wäre rasch möglich.

Seine Topographie und Umgebung können und müssen genutzt werden, um Marsbedingungen zu simulieren. Es ist unabdingbar, die gesamte Ausrüstung, die während der Marsexpedition zum Einsatz kommen soll, zu testen. Die größtenteils neu zu entwickelnde Technologie kann auf diese Weise unter realistischen Bedingungen über einen längeren Zeitraum ihre Reifeprüfung ablegen. Dasselbe gilt für die Astronauten. Auch sie haben den Nachweis zu erbringen, daß sie gegen alle Eventualitäten gewappnet sind. Die Auswirkungen der Schwerelosigkeit müssen in jedem Fall besser verstanden werden und mögliche Gegenmaßnahmen entwickelt, bevor jemand die Verantwortung dafür übernehmen kann, Menschen zum Mars zu entsenden. Eine Voraussetzung dafür ist ein längerer Aufenthalt im Mondorbit und auf der Oberfläche des Mondes. Die Crew würde ähnliche Aufgaben zu erfüllen haben wie ihre Nachfolger dermaleinst auf dem Mars. Eine wichtige Rolle kommt dabei auch dem Studium der psychischen Konsequenzen der ungewohnten Isolation zu, in der die Astronauten leben werden.

Simulierbar ist sogar der lange Flug zum Mars. Das Raumschiff würde beispielsweise nicht sofort auf dem Mond landen, sondern zunächst für rund 120 Tage in eine Umlaufbahn einschwenken, vergleichbar einer kurzen Marsreise. Auf dem Erdtrabanten angekommen, beginnt die Crew nach einer ersten Eingewöhnungsphase mit den Arbeiten. Die Wohncontainer werden aufgestellt und eingerichtet, das Kraftwerk läuft an, ebenso die wissenschaftlichen Experimente. Jedes einzelne Gerät sollte soweit wie möglich identisch sein mit dem, das später auf dem Mars zum Einsatz kommt, vom Lunarorbiter über den Lander bis hin zum Mondauto.

Nach der erfolgreichen Generalprobe steht dann die erste echte Marsexpedition bevor.

Die Landeplätze werden nach wissenschaftlichen Aspekten ausgewählt. Um eine adäquate Sicherheit für die Astronauten gewährleisten zu können, werden die entsprechenden Orte vorher einer detaillierten Prüfung per Satellit unterzogen, soweit dies möglich ist. Das heute vorhandene Wissen über den Mars ist trotz der *Mariner*- und *Viking*-Missionen bei weitem zu bruchstückhaft. Das Bildmaterial liefert nicht genügend Informationen, um potentielle

Ein beruhigender Blick auf die Heimat. Am Horizont geht die Erde auf. *(Quelle: NASA)*

Landung auf dem Mars, hier die Viking-Sonde 1976. *(Quelle: NASA)*

Gefahrenquellen vorauszusehen. Unsere Kenntnisse über das Terrain und die Oberflächenbedingungen können die Sicherheit der Crew nicht garantieren. Noch unklarer wäre, ob die Umgebung des Landeplatzes für eine sinnvolle wissenschaftliche Arbeit geeignet wäre.

Aus diesen Gründen müßte ein Orbiter zunächst einmal eine Photoserie mit hoher Auflösung von etwa zwölf alternativen Landeplätzen zur Erde funken.

Eine weitere Maßnahme ist die Entsendung mehrerer Rover, die in situ Messungen durchführen und die Oberfläche photographieren.

Die ersten Astronauten auf dem Mars schließlich werden zunächst die Aufgabe haben, das Terrain für nachfolgende Missionen vorzubereiten. Sie sind sozusagen Versuchskaninchen, die alles, was bisher an theoretischen und praktischen Erfahrungen gesammelt wurde, nun im Ernstfall ausprobieren.

Erst viel später, in einem zweiten Schritt, steht die Einrichtung einer permanenten Basis auf dem Programm. Auch dann kommen den Raumfahrern natürlich die auf dem Mond gewonnenen Erkenntnisse zugute.

Allein aus Kostengründen muß das Endziel darin bestehen, eine Siedlung zu konstruieren, die sich eines Tages mehr oder weniger selbst versorgen kann. Es müssen also Mittel und Wege gefunden werden, langfristig die Marsressourcen zu nutzen. Nach und nach wächst die Zahl der Siedlungsbewohner. In periodischen Abständen kommen neue Leute mit Nachschub nach oben, andere fliegen zurück zur Erde.

Gleichzeitig werden auch an anderen Orten des Planeten Besatzungen landen und sich einrichten, wobei sie aber auf der schon existierenden Infrastruktur aufbauen werden, bis sich schließlich ein Netz von Forschungsstationen über ein größeres Gebiet hin ausdehnt.

Alles, was über die bisher angesprochenen Denkmodelle der *Space Exploration Initiative* hinausgeht, wäre Spekulation. Dazu später mehr.

Festzuhalten bleibt erst einmal, daß eine Marsexpedition den Rahmen jeder bisher dagewesenen Unternehmung sprengt. Allein im Bereich der Lebenserhaltungssysteme muß eine gewaltige Entwicklungsarbeit geleistet werden. Die Mission steht und fällt mit der

Sicherheit der Astronauten. Die menschliche Physiologie besitzt zwar eine bemerkenswerte Adaptionsfähigkeit, doch können wir ohne ausreichenden Schutz nur innerhalb enggefaßter Grenzen überleben. Ein paar Grad zuviel oder zuwenig und wir sind tot.

»Die krassen Unterschiede zwischen Weltraum und Erde – fehlende Schwerkraft, unzureichende Atmosphären, extreme Hitze- und Kältegrade und die tödliche Strahlengefahr – verlangen von uns höchste Anstrengungen in der Entwicklung von Techniken der Lebenserhaltung und des Schutzes der als Pioniere des Sonnensystems hinausgehenden Männer und Frauen (...).

Man muß sich nur einmal klarmachen, wie extrem schwierig es für den Ingenieur ist, für einen Lebensraum ohne eigene Nahrungs-, Luft-, Wasser- und Nährstoffquellen eine »absolut« zuverlässige und dazu noch kosteneffektive Lebenserhaltungsanlage zu entwickeln. Ohne dieses System kann es aber keine menschliche Exploration, keine Forschungsreisen, keine Entdeckung geben.«[37]

Ein solches System beinhaltet die Kontrolle über Temperaturen, Feuchtigkeit, Atmosphäre sowie Wasserversorgung und Abfallentsorgung. Für den Fall, daß ein Feuer ausbricht, müßte das System in der Lage sein, den Brand nicht nur rechtzeitig zu erkennen, sondern auch zu löschen.

Doch das pure Überleben zu garantieren, wäre bei weitem nicht genug. Die nach unseren Maßstäben riesige Entfernung zum Mars erfordert, daß die Mannschaft mehr als nur das Notwendigste mit auf den Weg bekommt. Kosten pro Kilogramm hin oder her: Ohne einen gewissen »Luxus« wäre die Reise zum Roten Planeten für die Astronauten eine Qual. Das Bewußtsein für den Wert menschlicher Bedürfnisse auch in der Raumfahrt ist in den vergangenen Jahren stetig gewachsen. Im Hinblick auf eine Marsexpedition nehmen also die humanen Aspekte einen ebenso großen Stellenwert ein wie die technischen. Dies wird sich zum Beispiel im Design der noch zu entwerfenden Wohn- und Arbeitsräume der Raumschiffe niederschlagen, die effizient und angenehm sein müssen. Da die Crew einer einzigartigen Belastungskombination von psychischem Streß und physischen Gefahren ausgesetzt ist, und das über einen langen Zeitraum, müssen beide Seiten – die verantwortlichen Raumfahrtorganisationen und die Astronauten – noch wesentliche Lernprozesse durchlaufen.

In ihrem Schlußwort heben die Autoren der *Space Exploration Initiative* einen Umstand hervor, der insgesamt größere Aufmerksamkeit verdient hätte. Sie betonen noch einmal die wichtige Rolle des Mondes als Experimentierfeld vor jedweder Marsexpedition und betonen dann, beinahe nebenbei, daß natürlich auch die Entwicklung der internationalen Raumstation vorangetrieben werden müsse, die ihrerseits im Rahmen des Jahrtausendprojektes Mars einen wichtigen und notwendigen Meilenstein darstelle. Denn letztlich brauche man zur Vorbereitung beides: Mondstation und Raumstation.

Unterschwellig ist damit bereits zum Ausdruck gebracht, daß eine Reise zum Mars nur in internationalem Rahmen Aussicht auf Erfolg hätte. Selbst das Land der unbegrenzten Möglichkeiten würde wahrscheinlich hier irgendwann auf unüberwindliche Hürden stoßen.

Dies war wohl einer der Gründe dafür, daß die bis dato ausführlichste Marsstudie nicht in die Praxis umgesetzt wurde. Die spätestens für das Jahr 2016 anvisierte bemannte Landung hätte unmittelbare erste Vorbereitungsarbeiten zur Folge haben müssen. Die aber blieben aus. Carl Sagan, der weltberühmte amerikanische Astronom, macht u. a. die Idee eines Alleinganges der USA für das Scheitern von SEI verantwortlich:»Der Zusammenarbeit mit anderen Nationen kam weder in der Planung noch in der Durchführung des Programms eine tragende Rolle zu. (...) Schließlich wußte man nicht, woher man das Geld nehmen sollte, das ein solches Projekt verschlingt. Die Kosten eines bemannten Marsflugs wurden auf bis zu fünfhundert Milliarden Dollar veranschlagt.«[38]

Für den Haushaltsausschuß war dies mit Sicherheit der Grund, sein Veto einzulegen.

Doch war die Initiative von Präsident George Bush, wie bereits an anderer Stelle erwähnt, alles andere als nutzlos oder gar ein »Rohrkrepierer« (Sagan). Im Gegenteil. Nie zuvor ist ein ausführlicheres Szenario entworfen worden, das die Marsexpedition derart detailreich auf ihre Machbarkeit hin abklopfte.

Auch international beschäftigen sich Wissenschaftler wieder vermehrt mit einer Reise zum Roten Planeten. Im Oktober 1995 erschien nach langen Vorarbeiten und zahlreichen Kongressen eine weitere – diesmal inoffizielle – Studie der *International Academy of*

Astronauten erkunden die Marsoberfläche in der Nähe des Nordpols. *(Quelle: NASA)*

Eine Marsstation dieser Größe wäre auf den Nachschub von der Erde nicht mehr angewiesen. *(Quelle: NASA)*

Astronautics, IAA, mit dem Titel »The International Exploration of Mars«[39], die im Gegensatz zu SEI den internationalen Charakter der Expedition betonte und eine Anzahl weiterer Aspekte aktualisierte.

Die Marsforschung als internationale Aufgabe

Diese Arbeit, an der insgesamt rund 90 führende Raumfahrtexperten mitwirkten (darunter aus Deutschland Heinz-Hermann Koelle, Harry Ruppe und Gerhard Neukum), platzte mitten hinein in den Umbruch der 90er Jahre mit seinen politischen und wirtschaftlichen Konsequenzen im Westen und in den früheren Ostblockstaaten. Die Völker erwarteten finanzielle Wohltätigkeiten, um den neuen Herausforderungen entgegentreten zu können. Die IAA versuchte die Regierungen davon zu überzeugen, daß eine Erforschung des Mars der Menschheit durchaus Vorteile bringen würde, insbesondere in ihrem Bestreben nach Entspannung und globaler friedlicher Kooperation. Leider vergeblich.

Die folgenden Jahre führten zu einschneidenden Kürzungen bei den Raumfahrtbudgets. Besonders betroffen waren die Mittel für langfristige bemannte Projekte, zum Beispiel solche, die eine Entwicklung neuer Trägersysteme und die Montage von Raumschiffen im Orbit vorsahen. Der Rotstift wurde auch bei Robotermissionen angesetzt, welche die Vorbereitung einer bemannten Erforschung des Mars zum Ziel hatten, inklusive der späteren Einrichtung einer Basisstation.

Als Konsequenz ist die Studie auf eine unbestimmte Zukunft ausgerichtet, was ihr jedoch keinen Abbruch tut. Der größte Wert der Untersuchung liegt wohl darin, daß die Überlegungen nicht abreißen und selbst in schwierigen Zeiten konsequent fortgeführt werden, wenn es an Entscheidungen auf Regierungsebene mangelt und keine gültigen Zeitpläne existieren.

Den Opponenten der bemannten Raumfahrt werden überzeugende Argumente gegenübergestellt. Die Autoren vertreten offensiv die Ansicht, die Erforschung des Universums nur um der Wissenschaft Willen sei ein zu eng gefaßtes Ziel. Der gesamte menschliche Fortschritt würde angeregt, wenn Roboter *und* Menschen gleichzeitig im Weltraum arbeiteten.

Es folgt eine mehr als hundert Seiten lange schlüssige Beweis-
führung, wobei im Zentrum aller Überlegungen der Gedanke
steht, daß der Mensch eines Tages permanent auf dem Mars anwesend sein wird.

Eine der wesentlichen Zielsetzungen der IAA-Studie ist die Suche
nach lebenden oder ausgestorbenen Organismen auf dem Roten
Planeten:

Hat es jemals Lebensformen dort gegeben?

Wenn ja, wurden sie durch einen globalen Klimawechsel ausgelöscht?

Existiert heute noch Leben auf dem Mars?

Werden die Astronauten bei ihren Expeditionen auf außeriridische
Fossilien stoßen?

Solche Fragen wird man nicht durch ein einmaliges Experiment
beantworten, sondern nur durch eine langfristige, geduldige inter-
disziplinäre Zusammenarbeit, besonders in den Bereichen der Geologie, der Klimaforschung und der Biologie.

Der neue Ansatz der IAA-Studie im Vergleich zur Bush-Initiative
liegt in ihrem eindeutig internationalen Charakter.

Bis auf den heutigen Tag wird die Erforschung des Mars auf jeweils
nationaler Ebene durchgeführt, mit ausländischen Beteiligungen.
Alle gegenwärtigen Missionen, angefangen beim *Global Surveyor*
über den *Pathfinder* bis hin – mit Ausnahmen – zu *Mars 96*, sind im
Prinzip Alleingänge einzelner Staaten. Dasselbe gilt für die Vergangenheit: die ersten Satelliten, die ersten Menschen in der Umlaufbahn, die Mondlandungen, die Robotermissionen zu den Planeten
unseres Sonnensystems, nie basierten sie auf internationaler Kooperation.

Eine Reise zum Mars aber kann nur durch Bündelung aller Kräfte
Wirklichkeit werden. Wie SEI bereits aufgezeigt hat, sind die mit
dem Projekt zusammenhängenden technischen, politischen, finanziellen und sozialen Probleme derart groß, daß sich ein Land allein
die Zähne daran ausbeißen würde.

In Anbetracht dieser Lage waren die Chancen für eine internationale Marserfoschung nie so groß wie im Augenblick. Die Welt, in
der wir leben, hat sich in den letzten Jahren dramatisch verändert.
Die Vereinigten Staaten und die jetzt unabhängigen Republiken der
früheren Sowjetunion beginnen wechselseitig damit, zumindest

Teile ihrer riesigen Waffenarsenale zu zerstören. Die Folge: Die Waffenindustrie muß sich auf eine Friedensproduktion ohne technischen Qualitätsverlust einstellen. Die europäischen Regierungen streben nach der wirtschaftlichen nun die politische Einheit des Kontinents an, wobei auch der ehemalige Ostblock mittelfristig integriert werden soll. Weltweite Firmenzusammenschlüsse sind an der Tagesordnung. Krisen und militärische Konfrontationen werden mehr und mehr von Friedenstruppen unter UN-Flagge beigelegt. Der engstirnige Lokalpatriotismus vergangener Epochen verliert an Gewicht, und es sind zumindest Ansätze für ein Zusammenwachsen der Erdbevölkerung zu erkennen.

Unabhängig von ihrer sozialen oder ökonomischen Situation haben die meisten Menschen die Mondlandung 1969 als ein gemeinschaftliches Erlebnis empfunden, das sie kurzzeitig näher zusammenrücken ließ. Mit dem Mars wird es ähnlich sein. Die auf der Erde Zurückgebliebenen werden auf ihren Fernsehschirmen die Oberfläche des Roten Planeten erkunden, zunächst durch die Kameraaugen der Roboter, später auch durch die Erzählungen und Berichte der Astronauten. Sie werden in einem Ballon über eine fremde Welt schweben und auf die Marslandschaft hinunterblicken, ganz so, als flögen sie in einem Jet über die Erde.[40]

Der Mars ist ein unglaublich vielfältiger Planet, der mit seinen hohen Vulkanen, seinen beeindruckenden Schluchten und früheren Flußbetten den Menschen geradezu auffordert, ihn zu erforschen. Und während Spanier, Portugiesen, Franzosen und Engländer einst die neue Welt aus kommerziellen Motiven eroberten und unter sich aufteilten, wird aus dem Mars niemals die »Provinz« einer einzelnen Nation werden können, sondern in letzter Konsequenz nur eine zweite Erde für die gesamte Menschheit.

Die Ressourcen der Erde sind nicht gleichmäßig verteilt. Dasselbe gilt für technisches Know-how. Bestimmte Nationen beherrschen spezielle Technologien überdurchschnittlich gut. Sinnvoll zusammengeführt ergäben sie einen beispiellosen synergetischen »Wissenspool«. Nicht nur die an der Entwicklung der neuen Technologien beteiligten Staaten werden davon profitieren. Auch technisch weniger entwickelte Länder kämen in den Genuß der »Spin-offs«, der Nebenprodukte des Marsprojektes. Obgleich es natürlich unmöglich ist, schon jetzt Vorhersagen darüber zu machen, welcher

Art diese »Spin-offs« einmal sein werden, wird es sie fraglos in großen Mengen geben.

Ein weniger enthusiastisches, eher schnödes, dafür aber um so wichtigeres Argument für länderübergreifende Kooperation ist finanzieller Natur. Mag es mit äußerster Anstrengung noch möglich sein, daß die Vereinigten Staaten allein die gewaltige Hürde nehmen, so bliebe es doch mit großer Sicherheit beim einmaligen Versuch. Der Präsident würde sich anschließend hinstellen und verkünden: »Seht ihr? So macht man das!« Allen zukünftigen Missionen würde dieser Alleingang jedoch den Todesstoß versetzen, denn das nationale Marsprogramm befände sich in ständiger Konkurrenz mit innenpolitischen Problemen und hätte mit unvorhergesehenen Wirtschaftskrisen zu kämpfen. Wir sprechen hier über Summen von mehreren hundert Milliarden Dollar, verteilt über einen Zeitraum von etwa 30 Jahren. Internationales »cost sharing« ist die unverzichtbare Voraussetzung für Erfolg auch in ökonomischen Krisenzeiten.

Wenn auch ein Marsprogramm mit Sicherheit seinen Teil zur Stabilisierung der Weltordnung beitragen könnte, so wird es doch bei größtem Optimismus die politischen Krisen nicht aus der Welt schaffen können und muß von daher durch eine Vielzahl ineinandergreifender Verträge abgesichert werden. Ein derartiges internationales Unterfangen ist in jeder Hinsicht ein Open-end-Projekt. Bevor der erste Astronaut seinen Fuß auf den Mars setzt, vergehen zwei Jahrzehnte. Es wird schwierig sein, die Unterstützung für ein so langfristiges, teures und wahrscheinlich kontroverses Unternehmen zu erhalten, in einer Welt, die weiterhin Schwankungen unterworfen ist, in der wechselnde politische Allianzen und wirtschaftliche Partnerschaften das Miteinander bestimmen. Um so höher wäre die Verpflichtung möglichst vieler Staaten einzuschätzen, sich gegenseitig auf ein gemeinsames Ziel einzuschwören, von dem jeder weiß, daß er es allein nicht erreichen kann. Schon nach wenigen Jahren wäre der politische und wirtschaftliche Preis, den eine Regierung zahlen müßte, falls sie es sich »anders überlegte« und aus der Partnerschaft aussteigen wollte, viel zu hoch. Im internationalen Rahmen wäre das Marsprojekt bald nahezu unverwundbar.

Der Mensch und der Weltraum

Schon die *Space Exploration Initiative* hatte sich eingehender mit den humanen Aspekten eines Weltraumfluges beschäftigt. Die IAA-Studie unterstreicht noch einmal deren Bedeutung und geht in ihrer Risikobetrachtung sogar noch einen Schritt weiter.

Ein interplanetarer Raumflug oder gar die Besiedlung eines fremden Planeten würde die Mannschaft überdurchschnittlich beanspruchen.

Um möglichst große Erfolgsaussichten zu haben, müssen die Kenntnisse über alle Risikofaktoren erweitert werden, vorher kann bzw. sollte eine solche Reise nicht unternommen werden.

Die russischen Astronauten sind nach Langzeitaufenthalten in der Raumstation *MIR* unfähig, allein auf ihren Beinen zu stehen. Sie werden routinemäßig auf einer Tragbahre abtransportiert. Wenn jemand nach neun Monaten auf dem Mars landen will, muß er in besserer körperlicher Verfassung sein als die russischen Kollegen.

Die Schwerelosigkeit bleibt für die Autoren der IAA-Studie eines der größten Probleme. Wie sie sich langfristig auf den Körper auswirkt, ist aufgrund fehlender Erfahrung unbekannt. Im ungünstigsten Fall könnte sie für die Marsmission aber zum »show-stopper« werden. Und zwar gerade dann, wenn es drauf ankommt, nämlich während und unmittelbar vor der Landung auf dem Mars. Können die Astronauten dem plötzlichen Druck des Bremsmanövers beim Eintritt in die Atmosphäre standhalten? Wie würden sie reagieren, wenn jäh ein Staubsturm den Marshimmel verdunkelte, wie einst bei *Mariner 9*?

Könnten sie die Landung auf unbekanntem Terrain meistern? Unter Umständen wären Steuerungsmanöver von Hand nötig, wenn der Landeplatz doch rauher und zerklüfteter wäre als angenommen. Und wenn sie die kritische Situation überstanden hätten, was würde nachher passieren? Schließlich soll die Crew ja beizeiten aussteigen und sich an die Arbeit machen. Dazu gehören die Erkundung der Umgebung und die Konstruktion der Station. Mit zurückentwickelten Muskeln und einem darniederliegenden Kreislaufsystem dürfte es schwierig sein, sich sogleich auf den Mars-Rover zu schwingen und eine Probefahrt zu unternehmen.

In puncto Gravitation muß also noch weitreichende Entwicklungsarbeit geleistet werden, um mit entsprechenden Trainingsprogrammen den schlimmsten Folgen des Langzeitfluges entgegenwirken zu können. Die Studie diskutiert im Gegensatz zur SEI-Untersuchung die Herstellung künstlicher Schwerkraft kurz an. Die Kosten für ein rotierendes Raumschiff, so schätzen die Autoren, würden ungefähr 10 Prozent höher liegen. Die künstliche Gravitation würde nicht nur den Astronauten das Leben angenehmer machen, sie würde darüber hinaus die Möglichkeiten verbessern, frische eßbare Pflanzen mitzunehmen und »anzubauen«.

Ebenso unwägbar wie die körperlichen Beeinträchtigungen sind die psychischen Veränderungen, die während der Reise höchstwahrscheinlich auftreten. Wissenschaftler berichten vom sogenannten 30-Tage-Phänomen. Nach etwa dieser Zeit beginnen die Crewmitglieder eine gegenseitige Abneigung zu entwickeln. Es kommt zum Streit untereinander bzw. mit dem Bodenpersonal. Doch nicht nur das. Es sind auch Fälle bekannt, in denen die Astronauten schlicht genug davon hatten, auf engem Raum »eingesperrt« zu sein.

Während einer *Skylab*-Mission kam es nach Animositäten zwischen Mannschaft und Bodenpersonal sogar zu einer regelrechten Erpressung. Die Astronauten forderten eine 24-stündige komplette Funkstille, eine Phase ohne jegliche Kommunikation zwischen Kontrollstelle und Raumschiff. Und die bekamen sie auch.

Nach etwa sechs Monaten im All, so die Erfahrungen aus der russischen Raumstation *MIR*, zeigen sich gewisse Ermüdungserscheinungen. Produktivität und Arbeitseffektivität lassen nach. Diese »Müdigkeit« und das sogenannte »30-Tage-Phänomen« werden als ernstzunehmende Hindernisse für einen Marsflug betrachtet. Es muß ein grundsätzliches Vertrauen in die Fähigkeit der Mannschaft bestehen, auch unter extremen Bedingungen – isoliert und dazu »verdammt«, drei Jahre in einer »Konservenbüchse« zu verbringen – ein Minimum an psychischer Fitneß und Stabilität aufrechtzuerhalten.

Damit die Moral bei langen Raumaufenthalten nicht sinkt, haben russische Psychologen ein spezielles Trainingsprogramm mit genauen Arbeits- und Ruhezyklen entwickelt. Als besonders effektiv erwiesen sich dabei Bildschirmtelefonate zwischen Kosmonauten und ihren Familien. Entsprechende Kontakte stellte man ebenfalls zu Wissenschaftlern, Entertainern und Bodenpersonal her. Ein derartiger visueller Austausch wäre bei einem Marsflug in Anbetracht der großen Entfernung und der Funksignalverzögerung von 40 Minuten jedoch nur sehr beschränkt möglich. Viele der Maßnahmen, die im Erdorbit Früchte tragen, würden im Ernstfall nicht oder nur teilweise greifen. Deshalb müssen andere psychologische Unterstützungsprogramme entwickelt werden, die wahrscheinlich auf Computerbasis Abwechslung bringen.

Eine Lösungsvariante könnte darin liegen, Ehepaare (ohne Kinder) auf die Reise zu schicken. Weil anzunehmen ist, daß sich die Partner in Krisensituationen gegenseitig unterstützen, könnten die Mannschaften zukünftiger Marsmissionen überwiegend aus verheirateten Paaren bestehen.

Die Auswahl der Astronauten spielt auch eine Rolle bei den Überlegungen, wie man der Strahlungsgefahr begegnen kann. Die IAA-Studie weist darauf hin, daß die genauen Auswirkungen zwar noch im dunkeln liegen, daß Augenkrankheiten, Krebs und Gewebeschäden aber nicht auszuschließen sind.

Spätfolgen können auftreten bei Kindern, deren Eltern größeren Strahlendosen ausgesetzt waren.

Aus diesen Gründen sollten insbesondere weibliche Expeditionsteilnehmer aus dem Alter heraus sein, in dem sie Kinder bekommen können. Doch dies gilt auch generell. Da ältere Astronauten eine geringere Rest-Lebenserwartung haben, hat die kosmische Strahlung weniger Zeit, sich auszuwirken und zum Beispiel die Krebsentwicklung zu beschleunigen.

Die Vorteile einer älteren Besatzung müssen allerdings der wahrscheinlich höheren allgemeinen Anfälligkeit für Krankheiten gegenübergestellt werden. Je älter ein Astronaut ist, desto eher wird er sich erkälten, desto mühsamer wird er sich anpassen, desto länger wird die Erholungs- und Umstellungsphase nach der Schwerelosigkeit. Das Immunsystem älterer Menschen ist schwächer, einschließlich der Abwehrkräfte gegen Krebs.

Vor dem Start der Expedition müssen in allen Bereichen der Strahlenforschung weitere Erkenntnisse gewonnen werden, insbesondere auch, was die Verhältnisse auf dem Mars selbst betrifft.

Die 1995er Studie der IAA widmet sich intensiv der medizinischen Versorgung während der Expedition. Amerikanische und russische Wissenschaftler ziehen vermehrt Erfahrungen zurate, die man in

Rendezvous im Weltraum. Ein Transferraumschiff von der Erde und eine Mars-
landefähre kurz vor dem Koppelungsmanöver. *(Quelle: NASA)*

analogen Situationen auf der Erde gemacht hat, zum Beispiel in Forschungsstationen in der Antarktis, in U-Booten und auf Ölbohrinseln. Dabei ergab sich bei Langzeitmissionen eine hohe Wahrscheinlichkeit für das Auftreten ernsthafter Probleme.

Eine ausreichende medizinische Selbstversorgung muß während eines Marsfluges sowie während des Aufenthaltes auf dem fremden Planeten gewährleistet sein. Die schnelle Rettung und spontane Rückkehr eines verletzten oder kranken Besatzungsmitgliedes zur Erde wäre ausgeschlossen. Die lange Funkstrecke macht Ratschläge aus der Heimat schwierig. Die Astronauten müßten sich in der Regel selbst helfen. Doch wie? Selbst wenn die Besatzung über ausreichende Kenntnisse verfügte, blieben gegenwärtig noch viele Fragen offen. Inwieweit zum Beispiel verändert sich die Wirkung bestimmter Medikamente bei verminderter oder 0-Gravitation?

Im Verlauf des Marsaufenthaltes können Verletzungen oder Zahnschmerzen eine Operation notwendig machen. Über chirurgische Eingriffe bei reduzierter Schwerkraft besitzen wir aber keine Erkenntnisse. Der Mond böte sich hier als Experimentierfeld an; Operationstechniken bei völliger Schwerelosigkeit könnten in der internationalen Raumstation erprobt werden.

Welche Lebensumstände sind für einen Astronauten während des Raumfluges akzeptabel? Darauf kann es keine allgemeingültige Antwort geben, weil die Belastungsgrenzen individuell unterschiedlich sind. Was für den einen spartanisch, ist für den anderen bereits der pure Luxus. Im Laufe des Fluges dürften solche Empfindungsdifferenzen allerdings schwinden. Eine gewisse »Bewohnbarkeit« des Raumschiffes sollte definiert werden, bevor es losgeht.

Daß ein perfekt funktionierendes Lebenserhaltungssystem nicht ausreicht, hatte bereits SEI festgestellt. Ziel muß es sein, eine Umgebung zu schaffen, in der sich die Besatzung sowohl während der Arbeit als auch in den Freizeitperioden wohlfühlt.

Die Innenausstattung des Raumschiffes ist unmittelbar abhängig von dem Grad der gewählten Schwerkraft. Bei Schwerelosigkeit kann das gesamte Volumen des Schiffes genutzt werden, alle Ecken, alle Seiten und Decken. Bei künstlicher Schwerkraft muß man auf die Beziehung Fußboden/Decke achten und darauf, daß die Mannschaft alle Tätigkeiten ungefähr so wie auf der Erde ausführt, was wiederum ein größeres Raumvolumen erfordert.

Bereiche wie Ausstattung und Beleuchtung haben die Weltraum-designer in der Vergangenheit eher vernachlässigt. Bei der Vorbereitung des Marsprojektes wird man sich diesen Aspekten freilich intensiver widmen müssen. Ein Schlüsselbegriff: Eintönigkeit. Wer denkt im Zusammenhang mit dem Universum schon an bewegliche Trennwände oder Tapetenwechsel? Und doch sind gerade optische Varianten so wichtig, daß die Astronauten in solche Planungen frühzeitig eingebunden werden sollten.

Wie hilft man sich, wenn es im Raumschiff übel zu riechen beginnt? Einfach die Fenster aufmachen geht nicht. Was zunächst wie ein Scherz klingt, kann in einem geschlossenen, auf Recycletechnik basierenden Kreislaufsystem äußerst ärgerlich, ja sogar gefährlich werden. Auch dieses Problem ist bisher ignoriert worden, obwohl sich schon die *Apollo*-Astronauten über den Geruch des Mondbodens beklagt hatten. In einer Staubwolke auf der Marsoberfläche könnten nanometerkleine, übelriechende und unter Umständen gefährliche Partikel herumschwirren, die Lungenkrankheiten verursachen.

Ein weiterer Gesichtspunkt im Zusammenhang mit der Bewohn-barkeit eines Raumschiffes ist der Wunsch nach Privatsphäre. Die Räumlichkeiten müssen ausreichend Gelegenheit bieten, sich zurückzuziehen. Wegen der soziologischen und psychologischen Vorteile bietet sich hier die Entsendung verheirateter Paare an, wobei man selbstverständlich deren sexuelle Bedürfnisse nicht außer acht lassen darf.

Privaträume, individuelle Kleidung, persönlicher Besitz und archi-tektonische Ausstattung sind nicht zu unterschätzende Eckpfeiler einer Marsmission.

Eine andere tragende Säule ist die sorgfältige Auswahl der Astro-nauten. Ob die Besatzung sich wohlfühlt, ob sie mental und kör-perlich auf der Höhe ist, hängt nicht unwesentlich von der Bezie-hung der Charaktere zueinander ab.

Zwischenmenschliche Verbindungen und interaktives Gruppenver-halten sind entscheidende Parameter für den Erfolg der Marsmis-sion, die von jedem Raumfahrer ein Höchstmaß an Kooperation über große Zeiträume verlangen. Das Auswahlverfahren hat also nicht nur die individuellen Fähigkeiten der Bewerber zu prüfen, sondern auch deren Willen zur Anpassung und Unterordnung. Ein noch so intelligenter Eigenbrötler wäre fehl am Platz.

In polaren Forschungsstationen beispielsweise ist es immer wieder zu Konflikten, bis hin zu körperlicher Aggression gekommen. In Atom-U-Booten haben Statistiker vermehrt Feindseligkeiten, Depressionen und Angstzustände registriert. Nun kann man in der Antarktis zur Not seine Siebensachen packen und verschwinden, die Besatzung eines U-Bootes kann auftauchen und den Querulanten mit einem Schlauchboot an die Luft setzen. Irgendwo in der Weite des kosmischen Vakuums ist das nicht ganz so einfach.

Die soziale Kompatibilität aller Crewmitglieder ist Dreh- und Angelpunkt für Moral und Arbeitsleistung während des Fluges.

In diesem Zusammenhang stellt sich ebenfalls die Frage nach der Größe der Besatzung. Jedes Kilo Körpergewicht kostet Geld, das man auch in die technische Ausrüstung stecken kann. Das Gegeneinanderrechnen von Menschen und Maschinen macht es notwendig, jeden Astronauten universell in den verschiedensten Bereichen auszubilden. Gebraucht werden Piloten, Navigatoren, Ärzte, Elektroniker, Mechaniker, Computerspezialisten, Geologen, Biologen und Rohstoffspezialisten. Jeder der Astronauten sollte in der Lage sein, den Rover zu fahren, die Kameras zu bedienen und wissenschaftliche Experimente durchzuführen. Angesichts dieser Erfordernisse würde eine Minimalmannschaft nach ersten Überlegungen aus sechs Leuten bestehen, wobei jeder von ihnen auf mindestens drei Fachgebieten Experte sein müßte. Mit sechs Personen wird man aber wohl kaum auskommen, da mit Ausfällen gerechnet werden muß.

Ein weiterer Eckpfeiler der IAA-Studie: das Krisenmanagement.

Mit einer Krise hat man es immer dann zu tun, wenn eine unvorhergesehene Situation eintritt, die ernsthafte oder sogar lebensbedrohliche Konsequenzen hat. Es ist zwischen zwei verschiedenen Krisenarten zu unterscheiden: zum einen externe physische Ereignisse, die unabhängig von der Besatzung passieren (z. B. Sonneneruptionen, Meteoriteneinschläge oder Computerschäden); zum zweiten Notlagen, verursacht durch psycho-soziale oder medizinische Schwierigkeiten.

In bezug auf die externen Krisen ist schlicht festzuhalten, daß sie der Raumfahrt innewohnen. Ein Flug zum Mars birgt Gefahren in sich, denn das All ist eine für menschliche Verhältnisse feindselige Umgebung. Hand in Hand mit der Gefahr geht das natürliche

Gefühl der Angst. Optimale Arbeitsleistungen erreichen die Astronauten aber nicht durch die völlige Eliminierung ihrer Furcht, was ohnehin unmöglich wäre, sondern indem sie lernen, sie zu kontrollieren. In kritischen Situationen kommt deshalb insbesondere dem Kommandanten des Raumschiffes und seinen Führungsqualitäten eine besondere Bedeutung zu.

Katastrophal würde es sich auswirken, nach einer externen Krise die Schuld auf ein einzelnes Besatzungsmitglied abzuwälzen. Ein solches Verhalten könnte für den betroffenen Astronauten möglicherweise eine unerträgliche Belastung bedeuten und ihn in tiefe Gewissenskonflikte stürzen.

Interne Krisen scheinen auf den ersten Blick weniger problematisch, können sich aber ebenso verheerend auf Mission und Mannschaft auswirken, zum Beispiel psychische Störungen wie Schizophrenie, Paranoia und Depression.

Solche Störungen von vornherein zu verhindern ist in erster Linie Aufgabe des Auswahlverfahrens und des anschließenden Trainings. In letzter Konsequenz aber kann niemand sämtliche Fährnisse einer derart anspruchsvollen Mission vorausahnen. So werden sich in der Bordapotheke auch Psychopharmaka in ausreichender Menge befinden müssen.

Die Mitglieder der Marsexpedition werden die ersten Menschen sein, welche die »Nabelschnur« zur Erde komplett durchtrennen. Über weite Strecken der Mission wird ihr Heimatplanet unsichtbar sein. Wie die Astronauten mit diesem Gefühl umgehen, ist unklar. Flugzeugpiloten, die nachts in großen Höhen fliegen, berichten vom sogenannten »Break-off«-Phänomen, bei dem sie plötzlich übermenschliche Kräfte, Glücksgefühle und manchmal auch Angst empfinden. Das Bewußtsein, von der Erde völlig gelöst und ihren Gesetzen nicht mehr unterworfen zu sein, ist eine Erfahrung, die zahlreiche Tiefseetaucher und Fallschirmspringer empfinden. Wie sich der »Break-off«-Effekt bei Astronauten auswirkt, die über einen unvergleichlich langen Zeitabschnitt ihren Planeten nicht mehr wahrnehmen können, muß noch erforscht werden.

Ein anderes einschneidendes Ereignis könnte sich negativ auf die Psyche der Raumfahrer niederschlagen: der Tod eines Kollegen. Wie würden sich die Überlebenden verhalten? Die Reaktion ist unvorhersehbar und wird durch die Tatsache verkompliziert, daß eine sofortige Rückreise unmöglich wäre. Würde man die sterblichen Überreste des Freundes in den Weltraum entlassen oder sie auf dem Mars begraben?

Die IAA-Studie schließt mit einem erneuten dringenden Plädoyer für eine internationale Mission, die mit vorbereitenden Sonden und schließlich mit bemannten Raumschiffen durchgeführt werden müsse.

Erfahrungen solle man vor allem mit einer Raumstation im Erdorbit sammeln. Im Gegensatz zur Bush-Initiative spielt die Mondstation in diesen Überlegungen, aus Kostengründen[41] wie es heißt, nur eine untergeordnete Rolle. Es erscheint jedoch unrealistisch, daß eine auf Dauer angelegte »Eroberung« des Roten Planeten ohne die Erfahrungen mit einer lunaren Basis überhaupt möglich ist. Vielleicht aber wollten die Autoren auch nicht gleich mit der Tür ins Haus fallen. Denn natürlich sind ihre Darlegungen nicht für Raumfahrtingenieure oder Wissenschaftler gedacht, sondern für Regierungen und gesellschaftliche Institutionen rund um den Globus.[42] Die Reise zum Mars und die Rückkehr zum Mond in einem Atemzug zu nennen, hätte da sicher abschreckend gewirkt.

Pro und Contra

Es ist an der Zeit, sich die größten Schwierigkeiten noch einmal ins Gedächtnis zu rufen:

1. Momentan gibt es kein Trägersystem, das in der Lage wäre, Nutzlasten von 250 Tonnen in die Umlaufbahn zu befördern. Die Obergrenze bei den verfügbaren Raketen liegt bei 20 Tonnen.
Auf der anderen Seite ist die Entwicklung eines nuklearen Antriebs nicht notwendig. Mit den jetzigen chemischen Antrieben wäre eine Marsexpedition durchaus auf die Beine zu stellen. Die Technische Universität Berlin hat eine Alternative entwickelt: die *Neptun*-Rakete.

2. Die Entfernung, die ein Raumschiff auf seiner Reise zum Mars bewältigen muß, liegt selbst im allergünstigsten Fall bei rund 600 Millionen Kilometern »one way«. Hin und zurück sind fast 1,2 Milliarden Kilometer zurückzulegen. Die Reisezeit: neun Monate,

»Free-Climbing« der besonderen Art: Ein Marsgeologe sammelt Proben. *(Quelle: NASA)*

ebenfalls »one way«, plus ein Aufenthalt von ca. 500 Tagen auf der Marsoberfläche. Macht insgesamt drei Jahre. Zum Vergleich: Der Mond liegt nur drei Tagesreisen entfernt.

Die Funksignalverzögerung Erde/Mars – Mars/Erde beträgt 40 Minuten.

3. Bedingt durch die lange Reisezeit sind negative körperliche und psychische Auswirkungen auf die Astronauten nicht auszuschließen. Die Ursachen: kosmische Strahlung, Sonneneruptionen, verminderte Gravitation, Isolation.

Es können jedoch Schutzmaßnahmen getroffen und Trainingsprogramme entwickelt werden.

In diesem Zusammenhang ist zur Vorbereitung der Marsexpedition, um gegen alle Eventualitäten gerüstet zu sein, der Bau einer Mondstation unabdingbar. Hier kann der »Ernstfall« geprobt werden.

4. Die Kosten für eine Marsexpedition sind hoch, aber noch immer nicht exakt veranschlagt worden. Sie bewegen sich je nach Kalkulation zwischen 80 und 500 Milliarden Dollar. Das klingt viel, wäre jedoch für eine internationale Mission durchaus tragbar.

5. Die Idee einer durch und durch internationalen Marsexpedition hat sich bisher in der Politik nicht durchsetzen können. Gewöhnlich laufen Weltraumprogramme noch überwiegend unter nationaler Ägide. Eine Kräftebündelung ist jedoch seit dem Fall des Kommunismus nicht mehr ausgeschlossen. Nur so wäre das Projekt sinnvoll zu realisieren.

Alles in allem, nach Abwägung aller Pros und Contras, schließen weder technische noch menschliche Faktoren die Inangriffnahme des Marsprojektes aus. Im Gegenteil: Alles spricht dafür, endlich die Koffer zu packen und sich auf den Weg zu machen.

Doch es fehlte bislang eine Studie, die anhand eines konkreten Fallbeispiels einen Handlungsrahmen vorgibt, unter welchen technischen, finanziellen und zeitlichen Voraussetzungen eine Marsexpedition möglich wäre.

Nun aber gibt es eine solche Untersuchung. Im Herbst 1996 steht die Dissertation von Michael Reichert zur Veröffentlichung an: »Rahmenbedingungen für Kostenvorteile zukünftiger Raumfahrtprogramme bei Verwendung von Mond- und Marstreibstoffen«.[43]

Ein konkretes Modell

Reichert hat systematisch die Frage untersucht, inwieweit die Nutzung extraterrestrischer Treibstoffe die Kosten für ein derartiges Unternehmen senken könnte. Er nahm insbesondere zwei Szenarien unter die Lupe:

1. Eine einmalige Expedition von sechs Personen auf einem Hohmann-Profil zum Mars mit einer Missionsdauer von 1000 Tagen, und einschließlich der Entwicklung einer Gesamtprogrammdauer von 15 Jahren.
2. Die Errichtung einer permanenten Forschungsstation auf dem Mars, die im Laufe von 50 Jahren zu einer Mannschaft von 100 Personen anwachsen würde, wobei eine Programmdauer, einschließlich Entwicklung, von 60 Jahren angenommen wurde.

Aus Reicherts Berechnungen wird deutlich, daß bei Annahme gegenwärtiger spezifischer Transportkosten in den LEO *(Low Earth Orbit)* von 10000 Dollar/kg an eine bemannte Erforschung des Mars nicht zu denken ist. Doch wie wir bereits gesehen haben, könnte die Neptun-Rakete die Kosten erheblich senken, nämlich auf etwa 200 bis 300 Dollar/kg. Für eine einmalige Expedition zum Mars schätzt Reichert daher die Kosten auf 38 bis 58 Milliarden Dollar (1990).

Es kommen allerdings noch die Kosten für die Entwicklung und Herstellung der Anlagen auf dem Mars und die benötigte Ausrüstung (außer denen für die Treibstoffproduktion) sowie die Personalkosten während des Betriebes hinzu, was die Gesamtkosten um etwa 10 bis 20 Prozent erhöhen dürfte.

Es zeigt sich, daß bei einer einmaligen Expedition zum Mars die Verwendung extraterrestrischer Treibstoffe zwar zu einer Verringerung der Kosten um etwa zehn Prozent führen könnte, diese Alternative aber mit größeren Unsicherheiten verbunden ist. Das bedeutet, man sollte es sich in diesem Fall so einfach wie möglich machen und mit Erdtreibstoffen hin- und zurückkreisen. Bei der Errichtung einer permanenten Forschungsstation auf dem Mars dagegen scheint die Verwendung extraterrestrischer Treibstoffe eindeutig zu Kostenvorteilen zu führen.

Fazit: Die von Michael Reichert ermittelten jährlichen Kosten in der Größenordnung von fünf Milliarden Dollar für ein bemanntes Marsunternehmen sind für Mitte des nächsten Jahrhunderts eine durchaus vorstellbare Größe.

XII

Natur ist universell

»Life is not earth-life only«

Geschichten aus der Heimat

Klaus L. ist 18 Jahre alt. Genauso lange wohnt der junge Mann schon im niedersächsischen Rinteln. Das ist ein verträumtes kleines Städtchen, eingebettet in die sanften Hügel des Weserberglandes, mitten in der Natur. Im Sommer wirkt alles ringsherum wie eine Puppenstube. Klein aber fein, die 20 000 Rintelner (mit den eingemeindeten Dörfern) machen es sich gemütlich. Gerade erst haben sie ihre Fachwerkhäuschen rund um den Marktplatz renoviert. Und der Stadtrat, allen voran der Bürgermeister, ist wild entschlossen, einige der asphaltierten Straßen wieder aufzureißen und den Belag durch Kopfsteinpflaster zu ersetzen, so wie es früher einmal war.

Jeder kennt in Rinteln jeden. Man weiß, wer den Bund der Ehe schließt, wer ihn vorzeitig wieder öffnet, man hört munkeln, wer gerade mit wem ... nun ja. Man weiß, wer stirbt, wann ein Kind geboren wird, und man ist besorgt, weil der Nachbarsjunge in der Schule gerade nicht so mitkommt.

Klaus L. ist eigentlich immer prima mitgekommen. Jetzt steht er gerade auf der Weserstraße, der Hauptverkehrsader von Rinteln, schleckt ein Eis in der Waffel und freut sich über das bestandene Abitur. Doch jäh legt sich ein Schatten auf sein Gemüt. Er schaut sich um. Da ist die Eisdiele von Salvatore, dem kleinen dicken Italiener, der zum Ort gehört wie er selbst. So ein gutes Zitronensorbet bekommt man nicht einmal in Hannover, denkt sich Klaus L. Schräg gegenüber trägt Feinkosthändler Gödecke gerade ein paar Kisten mit Gemüse in seinen Laden. Er macht Mittagspause, flexible Öffnungszeiten sind ihm egal, der lange Donnerstag auch. Nachher will Klaus L. noch zum Training auf den Fußballplatz. Und je mehr er darüber nachdenkt, desto schlechter wird seine Laune. Auf all die Gemütlichkeit muß er nämlich bald verzichten. Das ist die Kehrseite des Abiturs. Ein Institut für Raumfahrttechnik gibt es in Rinteln leider noch nicht. Warum will er ausgerechnet etwas derart Exotisches studieren? Nebenan, bei der Sparkasse, könnte er doch so wunderbar eine Banklehre machen, meint jedenfalls sein Vater. Klaus L. werden die Knie weich. Die schöne heile Welt hinter sich zu lassen, um ins tosende Großstadtgewimmel von Berlin überzuwechseln, bei dem Gedanken ist ihm nicht geheuer.

Aber in ihm brennt der Wunsch, etwas ganz Besonderes zu machen, und so entschließt er sich, wenn es ihm auch schwerfällt, seine Angst zu überwinden.

Ein Abend in Berlin. Ralf K. sitzt in einer verräucherten Kreuzberger Hinterhofkneipe und läßt sich glückselig vollaufen. Der 22jährige hat auch allen Grund dazu, seit ein paar Stunden ist er nämlich Meister. Bäckermeister nennt er sich jetzt. Die Lehre war nicht gerade ein Zuckerschlecken. Um zwei Uhr morgens aufstehen, Brötchenteig kneten, Sauerteig vorbereiten, im Laden beim Verkauf helfen, anschließend Konditorei, Torten machen usw. Tagaus tagein geschuftet, seit dem fünfzehnten Lebensjahr. Nun aber soll sich das auszahlen. Ralf K. bestellt noch ein Pils und sinnt darüber nach, wie er es anstellen soll, den Traum vom eigenen Laden zu verwirklichen. In Berlin? Keine Chance! Die Gewerbemieten sind viel zu hoch. Den Quadratmeterpreis kann er nicht bezahlen. Aber weiter als Angestellter arbeiten will er auch nicht.

Der junge Mann bläst frustriert in die Schaumkrone seines frischgezapften Schultheis-Bieres. Die Tür der Kneipe öffnet sich. Herein kommt ein Zeitungsverkäufer mit der Spätausgabe der »Morgenpost«. Der Bäckermeister blickt auf die Titelschlagzeile: »Wirtschaftsminister Rexroth rät Selbständigen zu mehr Flexibilität und Mobilität.« Was soll denn das heißen, denkt Ralf K.? Soll ich etwa aus Berlin heraus und in irgendein Kuhdorf abwandern? Ich bin ein Großstadtkind! Ich brauche Häuser, Verkehr, U-Bahnen, Polizeisirenen, ja selbst den ewigen Lärm dieser Metropole. Diskos, Kinos, Theater, Hertha BSC, auch wenn's nur die »Zweite Liga« ist. Berlin, das ist die Hauptstadt. Hier will ich wohnen. Bei dem Gedanken, aus der vertrauten Umgebung fortzuziehen, wird ihm ganz anders. Auf der anderen Seite, irgendwo im Brandenburger Umland, da könnte er sich den eigenen Laden schon leisten. Die Mieten sind billiger, die Personalkosten liegen niedriger. Dann aber bestellt der Bäckermeister noch ein Pils und beschließt, doch lieber in Berlin zu bleiben. Alles andere wäre ja unnatürlich.

Zur selben Zeit in Paris.
Staatspräsident Jacques Chirac starrt durch das Fenster seines Regierungsbüros in die rötliche Abenddämmerung. Der Franzose ärgert sich. Warum in Herrgotts Namen hatte er sich nur auf die einheitliche europäische Sommerzeit eingelassen? Wer hatte ihn nur dazu überredet? Wahrscheinlich wieder der Kohl. Chirac zupft den linken Hemdsärmel ein wenig nach oben und blickt auf die Uhr: viertel vor zehn, aber immer noch nicht dunkel.
Seit Tagen bombardiert ihn die französische Landwirtschaft mit Vorwürfen. Neulich kam eine regelrechte Treckerkolonne angefahren und kippte ihm fünf Tonnen verfaulte Äpfel mitten vor den Elysée-Palast. Einige Bauern hielten ein Transparent hoch, so groß, daß er es sogar von hier oben lesen konnte. Darauf stand:»Wir wollen die natürliche Zeit wiederhaben! Unsere Kühe sehen uns morgens irritiert an, weil wir sie eine Stunde früher melken.«[44] Der *Président de la République* schüttelt den Kopf und muß unwillkürlich lächeln, obwohl ihm alles andere als heiter zumute ist. Der geballte Zorn des deutschen Bundeskanzlers wird ihn treffen, wenn er ihn von seinem geplanten Alleingang unterrichtet.
Aber noch viel größer ist momentan die Wut der französischen Eltern. Sie klagen darüber, daß ihre Kinder abends nicht mehr ins Bett wollen, weil es noch hell sei. Für morgen hat der Familienminister zu einer Krisensitzung geladen. Es wird mir nichts anderes übrig bleiben, als die Sommerzeit wieder abzuschaffen. Wir müssen zurück zur natürlichen Zeit, murmelt Chirac, obwohl er gar nicht so recht weiß, was das eigentlich ist.

Was ist Natur?

Drei harmlose kleine Geschichten, die auf den ersten Blick nichts, aber auch gar nichts mit der Unendlichkeit des Kosmos zu tun haben. Doch schon beim zweiten Hinsehen ergeben sich erstaunliche Zusammenhänge und Parallelen.

Ob Klaus L. oder Ralf K., jeder von uns ist in einer bestimmten Umgebung großgeworden, die ihm lieb und teuer ist. Man begibt sich schon im Alltag nur ungern ins Ungewisse.

Der Gedanke, die Stadt zu wechseln, ist für die meisten Menschen ein Graus. Ins Ausland fährt man während des Urlaubs – einige wenige, um etwas zu erleben, die meisten, um sich zu erholen. Am besten ist es, wenn man den Ferienort gar zu einem zweiten Zuhause machen kann, so wie beispielsweise auf Mallorca. Da gibt's Schweinehaxen, da spricht man deutsch, und es scheint auch noch die Sonne, nicht zu warm und nicht zu kühl.

Nun ist der eine experimentier- und risikofreudiger als der andere. Manch einer verläßt auch schon mal den Kontinent, um woanders sein Glück zu versuchen. Aber immer ist es das Ziel, die Lebensumstände zu verbessern, eine angenehmere Umgebung aufzusuchen. Das ist nur »natürlich«.

Könnte ein Mensch, der an blauen Himmel, Bäume, Blätterrauschen, Butterblumen und Vogelsingen gewöhnt ist, der sich bereits davor graut, nur seinen Arbeitsplatz um einige Kilometer zu verlagern, könnte dieser Mensch im Weltall überleben? Der Gedanke erscheint absurd. Was sollen wir denn da oben? Hier unten ist unsere Welt, hier ist die Natur, die Luft, die man atmen kann, hier sind die angenehmen Temperaturen. Nur auf der Erde ist es nicht zu feucht, nicht zu heiß oder zu kalt.

Der Mensch des 20. Jahrhunderts empfindet die Existenz im Weltraum als »unnatürlich«. Dort ist es »unnatürlich« kalt. Der Mond ist tot, er hat weder Atmosphäre noch Luft. Auf der Venus fließen keine Wasser-, sondern Lavaströme, eine »unnatürliche« Umgebung.

Da oben kann es kein Leben geben. Kein außerirdisches und schon gar kein irdisches.

Tatsächlich entsprechen auch die Pläne für den Bau einer Mondstation nicht gerade unseren heimeligen Vorstellungen von Natur. Das Leben der ersten Kolonisten wird mit großen Einschränkungen verbunden sein. Sie werden in von der Erde mitgebrachten Containern arbeiten. Die Luft ist »unnatürlich« künstlich. Das kostbare Atemgas muß von der Erde herauftransportiert werden. Aus dem Kosmos trifft sie pausenlos und unbarmherzig die tödliche Strahlung.

Die Wohnanlagen befinden sich tief in der Erde, zugeschaufelt mit grauem Mondgestein. Es ist eng und unbequem. Die hygienischen Zustände sind unmenschlich, »unnatürlich«. Noch sind keine Duschen installiert, kein fließendes heißes Wasser, unter dem man sich am Morgen wohlig abbrausen könnte. Und überhaupt: Was ist »Morgen«, was ist »Abend«, wie definieren sich Tag und Nacht? In der fremden Welt scheint 14 Tage hintereinander die Sonne. Dann wieder folgen zwei Wochen stockdunkler Nacht. Ein »unnatürlicher« Zeitrhythmus. Künstliches Licht erhellt das Leben. In der Mondnacht ist es minus 200 Grad kalt. Dann plötzlich klettert die Quecksilbersäule sage und schreibe 400 Grad nach oben.

In höhlenartigen Überhängen richten die Pioniere Basislager ein. Um dorthin zu gelangen, müssen sie lebensgefährliche Situationen meistern. Nie können sie sich auf der Oberfläche des Planeten frei bewegen. Der einzige Schutz ist ihr Raumanzug mit dem empfindlichen Lebenserhaltungssystem. Ein winziges Loch und der Astronaut geht jämmerlich zugrunde. Die gewohnte Schwerkraft der Erde, es gibt sie nicht mehr.

Nirgendwo ist ein nettes, kleines Restaurant mit rosa Tischdecken und Kerzen, wo man den Hunger stillen kann. Statt dessen Raumfahrernahrung, oft in Pillenform oder aus der Tube.

Und bei all dem müssen sie Tag für Tag arbeiten, ein Basiscamp für die Nachfolger errichten. Sie entbehren viel und haben Opfer zu bringen.

Kritiker der Mondstation führen als Gegenargument vor allem diese harten Bedingungen ins Feld. Wäre eine Existenz unter Kuppeln überhaupt lebenswert, wäre sie »natürlich«?

Nun ist der Mond nicht mehr als drei Tagesreisen entfernt. Wer die Belastung nicht aushält, kann jederzeit wieder zurückkehren.

Bei einer Marsexpedition geht das nicht. Einmal unterwegs, gibt es kein Zurück mehr. Und die Lebensumstände dort, weit weg von zu Hause, sind noch ungleich schwieriger.

Neun Monate lang wie in einer Sardinenbüchse eingesperrt zu

sein, mit ungewissem Ziel und ohne Garantie, jemals wieder lebendig zurückzukommen, das heißt Unmenschliches, »Unnatürliches« vollbringen. 500 Tage lang müssen die Astronauten auf dem Mars ausharren, denn es gibt nur ein einziges Startfenster. Und während dieser Zeit müssen sie wichtige wissenschaftliche Experimente durchführen. Jede mentale Schwäche hätte fatale Konsequenzen. Der Kontakt zur Heimat ist nahezu abgebrochen. Ein Funksignal braucht 20 Minuten bis zur Erde. Die möglichen Folgen: Depression, Paranoia, Schizophrenie und zur Linderung des größten Seelenschmerzes nur eine Bordapotheke, vollgestopft mit Psychopharmaka.

Die Körperfunktionen verändern sich: Flüssigkeitsverschiebungen, Knochenabbau, Muskelschwund. Die Marspioniere sind bei ihrer Rückkehr nach drei Jahren nicht mehr dieselben. Sie dürfen – wegen der Strahlung, der sie ausgesetzt waren – keine Kinder mehr zeugen bzw. gebären, ihre Lebenserwartung ist ungewiß. Krebs ist eine denkbare, ja wahrscheinliche Spätfolge ihres Abenteuers.

Ist eine Reise zum Mars also eine »unnatürliche« Expedition?

Bei all dem, was uns da oben erwartet: Gehören wir dort überhaupt hin? Lohnt sich das Risiko? Bleibt der Mensch nicht besser zu Hause, auf seinem kleinen überschaubaren Planeten, wo er es sich warm und gemütlich machen kann?

Reicht es nicht, wenn wir Maschinen hinausschicken, welche die Aufgaben in der »unnatürlichen« Weite übernehmen? Roboter, so meint man doch zu wissen, arbeiten viel exakter als es der unvollkommene Mensch je könnte. Und vor allem sind sie billiger. Was »bringt« es schon, wenn wir selbst dort herumschweben?

Oder ist es vielleicht gerade umgekehrt? Ist es, im Sinne Wernher von Brauns, die Bestimmung des Menschen, all dies zu tun?

Zunächst sollte man sich darüber im klaren sein, daß der Begriff Natur nicht so simpel zu definieren ist, wie wir es gemeinhin tun. Niemand konnte das besser ausdrücken als der 1995 bei einem Flugzeugunglück verstorbene deutsche Astronaut Professor Reinhard Furrer.

Ein Staubkorn im Universum

Das Abenteuer Weltraum war der Höhepunkt im Leben dieses mutigen, weltoffenen und geistreichen Mannes. 1985 startete Reinhard Furrer mit dem Space Shuttle *Challenger* ins All. Die D1-Mission war ein deutsch-amerikanisches Gemeinschaftsprojekt. Eine Woche lang führten die Astronauten hunderte von Experimenten durch: Wie verhalten sich flüssige Metalle in der Schwerelosigkeit? Wie reagieren Menschen und Tiere ohne die Erdanziehung?

Furrer war Astronaut mit Leib und Seele. Kein Training war ihm zu hart; zwei Jahre dauerte die Ausbildung bei der NASA, mit der er sich auf die Anforderungen und Strapazen im All vorbereiten ließ. Nach der erfolgreichen D1-Mission wurde er zum Mann der großen Visionen. Er plädierte vehement für die bemannte Raumfahrt und den Bau einer Mondstation. In unzähligen Vorträgen versuchte er, diese Ideen zu vermitteln. Die Öffentlichkeit war fasziniert von seiner Rhetorik und seiner Ausstrahlungskraft.

Doch Furrer war nicht nur Astronaut und Physiker, sondern auch Philosoph – und zwar einer, der mit provozierender Einfachheit profunde Weisheiten von sich geben konnte. Eine davon lautete: Leben ist nicht nur irdisches Leben! Ohne die Existenz extraterrestrischer Wesen auf anderen Planeten auszuschließen, meint dieses Schlagwort im Sinne Furrers zunächst: Der Mensch kann auch außerhalb der Erde leben, ja er sollte es sogar tun. Der Begriff Natur ist universell zu betrachten, der »tote« Mond fällt ebenso darunter wie der riesige Gasballon Jupiter, ja selbst das eisige Vakuum des kosmischen Raums ist Natur.

Viele der nun folgenden Überlegungen beruhen auf oder wurden inspiriert von Gedanken Reinhard Furrers, geäußert in stundenlangen intensiven Gesprächen. Es sind provokante Gedanken, die zum Streiten und Diskutieren anregen. Seine Weltsicht war geprägt nicht von der Überzeugung, sondern von der Tatsache, daß die Welt mehr ist als nur die Erde.

Ist es nicht arrogant zu behaupten, das und *nur* das, was auf diesem Erdball existiert, sei natürlich und alles, was »draußen« ist, sei unnatürlich? Ein einziger Blick ins Universum reicht aus, um festzustellen, daß wir auf nichts als einem Staubkorn leben. Wir sind also ein Teil dieser gigantisch großen Natur und können nicht allen

Ernstes sagen, unser erster Schritt hinaus ins »Größere« sei unnatürlich.

Was ist denn nun eigentlich Natur im irdischen Sinne? Selbst da haben wir Definitionsprobleme. Stellen wir uns einen durchschnittlichen deutschen Touristen des 20. Jahrhunderts vor. Harald M. geht ins nächstbeste Reisebüro und läßt sich über die verschiedensten Urlaubsziele beraten. Mexiko hat es ihm angetan und dort vor allem die uralte Maya-Stadt Palenque. Unser Urlauber zückt die Kreditkarte, zahlt lässig mit seiner Unterschrift, und schon eine Woche später geht's los. Der Lufthansa-Flug Frankfurt am Main/Mexiko-Stadt dauert 12 Stunden non-stop. Die Zeit vergeht im wahrsten Sinne des Wortes wie im Flug. Der Deutsche ist gesund, hat ausreichend Geld und sogar ein paar Brocken Spanisch gelernt. Was soll da schon passieren?

Doch kaum ist er aus dem Flughafengebäude heraus, da stürzt sich eine Meute Taxifahrer auf den nichtsahnenden Mann. Der eine zupft frech an ihm herum, der andere ist bereits mit seinem Koffer auf und davon. Daß er in eine derart fremde Welt hineingeraten würde, hatte sich der Tourist nicht träumen lassen. Jedenfalls nicht so. Sein Bild ist eher romantisch geprägt, von netten schwarzhaarigen Señoritas etwa, die ihm sanft lächelnd feurige Gerichte servieren.

Ein ebensolches nimmt er dann am frühen Abend in seinem Hotel zu sich, selbstverständlich einem Luxushotel. Trotzdem spielen in den kommenden zwei Tagen Magen und Gedärme verrückt. Da waren ganz offenbar unbekannte bakterienartige Strukturen am Werk (die mit Sicherheit nicht vom Mars kamen). Müde schleppt sich unser Held durch die Straßen der 2 000 Meter hoch gelegenen Millionenstadt. Die Luft ist dünn und abgasgeschwängert. M. hat schon am zweiten Tag angefangen zu husten. Seine Lunge rasselt. Denn Mexiko-Stadt befindet sich in einem Tal, eingebettet zwischen Vulkanen und Bergen. Hier fahren so viele Autos wie Frankfurt Einwohner hat – ohne Katalysator. »Frischluftzufuhr« ist im »Distrito Federal«, wie die Mexikaner sagen, ein Fremdwort. Wie eine Glocke legt sich der Dunst über die Metropole, nichts geht hinaus, nichts hinein.

Fünf Tage später fliegt Harald M. mit einer Maschine der »Aero México« weiter Richtung Süden nach Villahermosa. Von dort fährt

Astronaut, Wissenschaftler, Philosoph: Reinhard Furrer. *(Quelle: DLR)*

er noch anderthalb Stunden in einem alten klapprigen Bus und trifft schließlich am frühen Nachmittag in Palenque ein. Die Maya-Stadt liegt tief im Dschungel. Es ist feucht und heiß. Ganze Schwärme von Mücken brummen ihm um den Schädel, kriechen in Mund, Nase und Ohren. M. wischt sich den Schweiß von der Stirn und läßt sich am Fuße einer antiken Palastruine erschöpft auf einen Stein niedersinken. Eine etwa handtellergroße schwarze Spinne mit dicken, zotteligen Beinen nimmt Reißaus. Dasselbe tut Harald M. Er beschließt, ins Hotel zurückzukehren. Dort angekommen greift er zum Telefonhörer, um seinen Flug umzubuchen. Das gelingt ihm jedoch erst drei Tage später, weil alle Leitungen in die Hauptstadt aus unerfindlichen Gründen tot sind. Dann aber fliegt er so schnell wie möglich auf direktem Wege in die gute alte Heimat.

Kaum angekommen, fährt M. beim Blick in den Spiegel der Schreck in die Glieder. Ein Mann mit dunkelgelben Augäpfeln starrt ihm entgegen. Hepatitis, kein Zweifel. Und die Müdigkeit und der Schüttelfrost, die ihn seit Tagen quälen, erweisen sich nach einem Besuch im Tropeninstitut als mittelschwere Malariainfektion.

Ist das mexikanische Tiefland ein Teil der Natur? Niemand würde das wohl bestreiten, obwohl ein Europäer in dieser Natur nicht überleben kann, außer er ist bis zum Stehkragen mit Pharmazeutika vollgepumpt.

Die meisten Menschen verstehen unter dem Begriff das, was sie zufällig in ihrem Garten vorfinden, oder das, woran sie in ihrem Bakterienhaushalt angepaßt sind.

Das kurze Beispiel relativiert also bereits die Frage nach der *irdischen* Natur.

Wir haben keine Veranlassung, einen Zustand als »natürlich« zu definieren, nur weil wir uns darin wohlfühlen. In Wahrheit geht die Natur eigene Wege. Zwei Flugstunden Richtung Süden und die Kriterien müssen umdefiniert werden.

Oder wollen wir die Natur etwa so reproduzieren, wie sie vor fünfzig Jahren war? Das bedeutet ohne Penicillin. Ist das natürlich oder unnatürlich?

»Keine Chemie – keine Konservierungsstoffe«, ein erfolgreicher Werbeslogan. Doch tatsächlich leben wir in einer wunderbaren

Zeit, in der wir ein angebrochenes Marmeladenglas einfach in den Schrank stellen können. Nach vier Wochen holen wir es wieder heraus und lassen uns die Konfitüre schmecken, ohne vergiftet zu werden.

Natürlich oder unnatürlich?

Ist ein vom menschlichen Geist erdachtes Medikament, das Krankheiten besiegt, die vorher tödlich waren, künstlich oder natürlich? Es ist natürlich! Weil der Mensch ein essentieller Teil der Natur ist. Wenn also seine neuronale Vernetzung im Gehirn zur technischen Lösung eines Problems führt, dann ist diese technische Lösung natürlich. Das gilt für Fernsehgeräte, Autos, Flugzeuge, Raumschiffe, Streichhölzer, Telefon, Antibiotika und auch für die Kernkraft.

Eines der größten Probleme, das wir auf der Erde haben, ist der nukleare Abfall. Es ist müßig, darüber zu diskutieren, ob diese Energieform weiter genutzt werden soll oder nicht. Der Atommüll ist da, und er ist bedrohlich.

Darf der Mensch das gefährliche Material also auf dem Mond abladen?

Die Frage »darf« stellt sich nicht. Wenn ein Teil der Natur zum eigenen Überleben es für notwendig hält, in einer Natur, die ein bißchen weiter entfernt ist, etwas zu tun, dann hat diese Natur das Recht, ihr eigenes Überleben zu sichern.

Wir müssen den Weltraum in Zukunft gedanklich einbeziehen und beginnen, ihn als Lösungspotential für irdische Probleme zu betrachten. Wir selbst sind integraler Bestandteil des Kosmos. Wir leben auf einem winzigen Himmelskörper inmitten eines unvorstellbar großen Sonnensystems. Zusammen mit unseren Nachbarplaneten rasen wir mit unglaublicher Geschwindigkeit durchs All, seit Ewigkeiten. Und wir sind nicht allein, sondern befinden uns irgendwo links unten am Rande einer Galaxis, in der es noch einmal 200 Milliarden Fixsterne gibt.

Das einzige, was die Erde vom Mars oder von der Venus unterscheidet, ist, daß sie zu einem bestimmten Zeitpunkt durch einen glücklichen Zufall die richtige Größe und den richtigen Abstand zur Sonne hatte. Darum existieren wir. Doch alle Planeten, ausnahmslos, gehören zur selben Familie, zu ein und derselben Natur. Unser Lebensraum aber ist zunächst die Erde. Es muß also vordringliche Aufgabe sein, dafür zu sorgen, daß sie auch in Zukunft bewohnbar bleibt. Die erste logische Folge daraus ist, daß wir unsere radioaktiven Abfälle auf dem Mond deponieren. Egal wie, Hauptsache weg von der Erde.

Die zweite Folge muß sein, daß wir das Potential des Weltraums zur Energieversorgung nutzen, weil es – aus den beschriebenen Gründen – unsere einzige Chance ist, weitere 10 000 Jahre zu überleben. »Atomkraft – nein ‑danke«, ein ebenfalls erfolgreicher Slogan. Doch die meisten vergessen, daß unser Energiespender, die Sonne, der größte Fusionsreaktor ist, den man sich überhaupt vorstellen kann. Wir leben auf der Erde also seit Jahrtausenden mit Kernenergie. Und alles, was an »Fallout« aus diesem tosenden, glühenden Reaktor herauskommt, befindet sich im Weltall. Die Sonne, deren Licht und Wärme die Basis für alle Lebensformen bildet, sendet gleichzeitig todbringende Strahlen in alle Richtungen des Universums. Das bedeutet generell: Radioaktivität ist ein Teil der Natur. Es gibt keinen Grund, die Anwendung nuklearer Energieformen, sei es in Kraftwerken auf der Erde, auf dem Mond oder als Raketenantrieb für die Reise zu den Sternen, prinzipiell zu verteufeln. Daß wir Menschen dabei per se die moralische Verpflichtung haben, friedlich miteinander umzugehen, versteht sich von selbst. »Die Medizin, die in kleinen Dosen heilt, kann, wenn zuviel genommen wird, töten. Das Skalpell in der Hand eines erfahrenen Chirurgen kann Leben retten, aber nur einige Millimeter tiefer geführt, kann es töten. Die in einem Reaktor gezähmte und billigen elektrischen Strom produzierende Atomenergie kann töten, wenn sie in Form einer Bombe abrupt freigelassen wird.«[45] Die Frage nach gut oder böse, natürlich oder unnatürlich macht also keinen Sinn.

Wir brauchen uns nur die Klimageschichte auf unserem Erdball zu vergegenwärtigen. Vor ein paar Milliarden Jahren gab es hier weder Vogelsingen noch Blätterrascheln, der Planet war unbewohnbar. Seine Oberfläche war glutflüssig, voller Lavaströme, ohne jegliche Lufthülle. Erst ganz langsam kühlte sich die Erde ab, bis eine feste Kruste entstand. Aber noch immer wäre jedes menschliche Wesen darauf elend zugrunde gegangen. Aus unzähligen Vulkanen und Erdspalten strömten giftige Gase, ein Prozeß, der Jahrmillionen dauerte. Und auch danach war das Klima nicht gerade angenehm. Sintflutartige Regenfälle verwandelten die Erde in eine Wasserhölle. Von späteren Eiszeiten gar nicht zu reden.

Ist das die unberührte »heile« Welt, das Paradies, in das sich viele zurückwünschen?

Wohl kaum. Denn ansonsten wäre der Begriff Naturkatastrophe ein Widerspruch in sich. Hätte der Mensch nicht bereits in der Steinzeit den Entschluß gefaßt, gegen die Unbilden seiner Welt zu kämpfen, er wäre längst ausgestorben. Erdbeben, Stürme, Vulkanausbrüche, Brände, Überschwemmungen, Dürreperioden – seit ewigen Zeiten leiden wir auf der Erde unter Krisen und Katastrophen. Verglichen mit ihnen nimmt sich das Klima auf dem Mond geradezu himmlisch aus.

Der Südosten der Vereinigten Staaten von Amerika oder die Karibischen Inseln werden regelmäßig von Tornados heimgesucht. Doch die Einwohner bleiben dort, sammeln Vorräte an, verriegeln Türen und Fenster und verbarrikadieren sich hinter Sandsäcken. Wasser ist eine unabdingbare Voraussetzung dafür, daß Leben entstehen und sich fortpflanzen kann. Wenn sich das Element aber in eine Flut verwandelt, wirkt es zerstörerisch. Dennoch ist die Nordseeküste nicht leergefegt. Die Menschen stellen sich der Gefahr und bauen Wälle und Deiche. Auch Tokio, San Francisco oder Mexiko-Stadt sind keine Geisterstädte, trotz der Erdbeben, die sie periodisch verwüsten.

Obwohl es also keineswegs selbstverständlich ist, festen Boden unter den Füßen zu haben, planen wir auf dieser Voraussetzung unser Leben, bauen Städte und Straßen.[46] In Wirklichkeit stehen wir auf einer ruhelosen Erde, auf der unberechenbaren Kruste eines Planeten irgendwo in der Weite der Galaxis. Eine Kruste, die pro Jahr durchschnittlich eine Million Mal von Beben erschüttert wird. Seit der Jahrhundertwende sind dabei anderthalb Millionen Menschen zu Tode gekommen.

Die Natur verändert sich, mit oder ohne unser Zutun. Und weil das so ist, dürfen auch wir als Teil der Natur ins Weltall hinaus, um Mond oder Mars zu einer zweiten Erde zu machen. Es ist sogar notwendig, daß wir das tun, allen Fährnissen zum Trotz.

»Life is not earth-life only«

Wir haben bereits gesehen, daß der menschliche Körper bis zu einem gewissen Grad adaptionsfähig ist. Einem bemannten Flug zum Mars steht nichts Grundlegendes entgegen, zumal in vieler Hinsicht Schutzmaßnahmen ergriffen werden können.

Auf der anderen Seite steht der menschliche Geist. Ist er dafür geschaffen, die gewohnte Umwelt der Erde zu verlassen? Die Antwort lautet: Ja!

Dies ist sicher die atemberaubendste Erkenntnis, die Reinhard Furrer 1985 aus dem All mitgebracht hat. Die Experimente der *Space Shuttle*-Astronauten haben bewiesen: Das Gehirn des Menschen ist von vornherein so angelegt, daß es auch außerhalb der Erde existieren kann. Die Wurzeln der menschlichen Existenz liegen ganz offenbar im Kosmos.

1987 verfaßte Furrer eine wissenschaftliche Arbeit mit dem Titel: »Wahrnehmung und Vorstellung von Raum.«[47]

Darin untersuchte er, aufbauend auf den Erfahrungen der *Space Shuttle*-Experimente, folgende Fragestellung: »Wo oben und unten ist, steht für uns im allgemeinen außer Zweifel. Schwer und leicht können wir unterscheiden, auch mit langsam und schnell gehen wir scheinbar problemlos um. Die diesen Begriffen zugrunde liegenden physikalischen Größen sind jedoch relativ. Sie hängen sowohl von unserer Umwelt als auch von unserem Bewegungszustand in dieser Umwelt ab. Was passiert nun, wenn sich der Mensch in eine physikalisch veränderte Umgebung begibt? Vermag er sich auf diese neuartige Situation einzustellen und die veränderten perzeptuellen Informationen zu verarbeiten? Und wenn ja, was geschieht mit seinem geistigen Bild – genauer: mit seiner mentalen Darstellung – der Welt?«[48]

Ein neugeborener Mensch braucht auf der Erde etwa zehn Jahre, um sein zentrales Nervensystem zu programmieren: »Auch wenn die Zusammenhänge noch nicht vollends durchschaubar sind, steht doch außer Zweifel: Einerseits sind gewisse Lernprozesse durch vorgegebene neuronale Strukturen bereits vorbestimmt; andererseits ist ein Kind, damit sich die zugehörigen Hirnleistungen optimieren, während einer kritischen Phase der Entwicklung auf zusätzliche Informationen aus seiner Umwelt angewiesen.«[49]

Beispiel Sprache. Ein Mensch wird bereits mit der Fähigkeit, sich verbal zu artikulieren, geboren. Ob er dies aber später einmal auf deutsch, türkisch oder chinesisch tun wird, ist offen.

Ein Kind braucht zur Vernetzung seines neuronalen Systems

»Input«, Informationen von außen. Es muß sehen, hören, riechen und diskutieren. Erst dann fängt es an, sich zu entwickeln. Nach zehn, spätestens fünfzehn Jahren ist dieser Prozeß abgeschlossen. Es wird nicht mehr programmiert, höchstens noch hinzugelernt. Würde man beispielsweise einen Menschen in dieser kritischen Anfangsphase seines Lebens isolieren und von jeglicher Kommunikation abschneiden, so könnte er seine sprachlichen Fähigkeiten nie mehr voll zur Entfaltung bringen, auch nicht durch intensives Training. Eine Fremdsprache, nach dem fünfzehnten Lebensjahr erlernt, und sei es noch so intensiv und perfekt, wird nie mehr zur Muttersprache.

Diesen Menschen, der hier auf der Erde großgeworden ist, dessen neuronales System unter den Bedingungen der irdischen Gravitation vernetzt wurde, der alles, was er kann, hier gelernt hat, diesen Menschen verlagern wir nun in eine extraterrestrische Umgebung.

Wie reagiert sein datenverarbeitendes System auf die neue Situation?

Zunächst wird dem Astronauten schlecht. »Raumkrankheit« nennt man das. Schon bald aber vollzieht sich eine wundersame Wandlung.

Reinhard Furrer beschreibt sie in eindrücklichen Worten: »Plötzlich signalisiert das Gleichgewichtsorgan nicht mehr, wo oben und unten ist. Im Weltall macht das Wort ›unten‹ keinen Sinn mehr. Ich kann nicht ›unten‹ und nicht ›oben‹, nicht ›rechts‹ und ›links‹ sagen. Kann ich überhaupt noch ›Raum‹ beschreiben?

Der Mensch kriegt es hin. In dieser Umgebung kann er plötzlich mit Bildern, die er sich von der Realität macht – die ganz neu sind, die noch nie von ihm geübt worden sind, weil es sie auf der Erde nicht gab – mit diesen Bildern also kommt er nach zwei bis drei Tagen ganz toll zurecht.[50]

Sind Astronauten erst einmal an die Schwerelosigkeit gewöhnt, erlangen sie eine gewisse Freiheit, ›unten‹ gleichsam dahin zu tun, wohin sie es wollen. Am Anfang der Mission ist ›unten‹ hingegen für sie zumeist da, wo die Füße sind, da der Kopf üblicherweise gerade gehalten wird. Blicken Raumfahrer zum ersten Mal aus dem Fenster des Raumschiffes auf die Erde, drehen sie sich dementsprechend so, daß die Erde in Richtung ihrer Füße erscheint – wie von Flugzeugen her gewohnt. Im weiteren Verlauf der Mission aber lassen Astronauten schließlich die Erde da, wo sie optisch auftaucht, mal rechts, mal links, mal oben, mal unten – je nachdem, welche Orientierung das *Shuttle* in bezug zur Erde hat und wie herum ein Astronaut im Raumschiff schwebt. Dies ist ein Anzeichen dafür, daß der Astronaut sich angepaßt hat.

Nach diesem Zeitpunkt kann er dann auch gegenüber einem Kollegen um 180 Grad gedreht im Labor schweben und ihn als auf dem Kopf stehend sehen. Mit ein wenig Übung gelingt es dem Astronauten sogar, alternativ dazu sich als auf dem Kopf stehend zu empfinden, während der Kollege als richtig herum schwebend erscheint. Schließlich kann er zwischen beiden Bildern willentlich umschalten.«[51]

Halten wir nun dagegen, daß der Astronaut zehn Jahre gebraucht hat, um seine neuronale Struktur auf der Erde zu programmieren, und anschließend »fertig« war und nur noch »auswendig« gelernt hat. Paßt das zusammen? Hat sich der Astronaut tatsächlich in nur drei Tagen an die außerirdische Umgebung angepaßt? Ist er völlig neu programmiert? Nein, sagt Reinhard Furrer.

»Die Geburtsstunde des Universums hat auch die Möglichkeit von Leben in sich getragen. Die Geburtsstunde trug den Samen des Lebens in sich. Und dieser Samen ist nun im Kosmos überall hingefallen. Manchmal hat er sich entwickelt, manchmal nicht. Manchmal war Wasser da, manchmal nicht.

Der Samen ist in eine bestimmte Umgebung gefallen, und dort ist etwas entstanden, das wir jetzt menschliches Leben nennen. Die Grundingredienzen, die sich eigentlich nur im zentralen Nervensystem bemerkbar machen, die sind aber offensichtlich so universell angelegt, daß sie auch in anderen Umgebungen aufgegangen wären. Die Konsequenz aus den Erfahrungen der *Space Shuttle*-Flüge kann nur die sein, daß das Programm, welches auf der Erde angelegt wurde, universell genug ist auch für eine außerirdische Umgebung. Und das ist die eigentliche Aussage. Wir können sie als Indikation nehmen, die eine Hypothese unterstützt, daß nämlich die Grundingredienzen des Lebens nicht auf die Erde bezogen sind. Oder mit einem anderen Schlagwort: Life is not earth-life only.

Paßt das ins Bild?

Es paßt! Wir haben auf dem Jupiter Anzeichen für organisches Material gefunden. Das heißt, es scheint so zu sein, daß im gesamten Universum nach dem Urknall die Grundlagen für komplexe Molekülstrukturen angelegt worden sind. Und daß diese – nennen wir sie Samenkörner – in alle Richtungen fliegen. Je nachdem, wie die Umgebungsbedingungen sind, geht aus ihnen etwas hervor. Es paßt in das gesamte Bild und würde endlich auch einmal die grauenvolle Arroganz der Menschen lösen. Es ist ein Wunschtraum, obwohl Wissenschaftler ja nichts mit Wunschträumen zu tun haben sollten: daß die Menschen sagen, es ist nicht einmalig, was hier passiert ist. Es ist eine Variante des großen Spiels, nämlich wie die Natur geboren wurde und wie sie wahrscheinlich irgendwann mal wieder vergeht. Das wäre endlich einmal eine universelle Betrachtungsweise auch der irdischen Situation und nicht eine geozentrische.«

(Zum Zeitpunkt dieses Interviews im Juni 1994 konnte Furrer noch nichts vom Marsmeteoriten ALH 84001 und seinen Lebensspuren ahnen. Für ihn ist die Jahrtausendentdeckung eine schöne posthume Bestätigung.)

Life is not earth-life only!

Der Mensch braucht die Natur, aber die Natur braucht nicht den Menschen?! Dieser Satz hatte nie Gültigkeit.

Wir alle sind Kinder des Kosmos, und es ist nur eine Frage der Zeit, bis wir uns auf die Reise zu den Sternen machen.

XIII

Reise zu den Planetenräumen

Eine ganz normale
Angelegenheit

Der Mensch geht immer los

»Wenn einer fragt, was ist der Mensch?, dann sage ich: Der geht los!
Der verläßt seinen Kontinent, der geht unter Wasser, über Wasser,
zum Nordpol, er geht immer los. Er geht selbst dann los, wenn ihm
ein anderer sagt, die Erde ist eine Scheibe und du fällst hinten runter. Dann sagt er, das möchte ich sehen, glaube ich nicht. Geht los.
Und jetzt sind wir soweit, daß wir die Erde im Griff haben, da sind
wir überall herumgekrochen. Jetzt haben wir die Möglichkeit weg-
zugehen. Also geht der Mensch wieder weg! Warum sollte er plötzlich nicht mehr weitergehen?«
Reinhard Furrer verstand es, kompliziert erscheinende Sachver-
halte auf bestechend einfache Weise zu erklären. Wir müssen uns
fragen: Ist denn der Schritt ins All wirklich so groß? Stand der
Mensch – jeweils in seiner Zeit – nicht schon oft vor vergleichbaren Herausforderungen?
Wie mag sich im 13. Jahrhundert Marco Polo gefühlt haben, als er,
ein Jugendlicher noch, mit seinem Vater auf Entdeckungsreise Richtung China unterwegs war? Sage und schreibe 24 Jahre lang führte
ihn sein Weg von der Mongolei bis nach Indien und Sumatra.
Vor Marco Polo hatte niemand etwas von der chinesischen Hoch-
kultur und ihren Leistungen geahnt.
Welch ein Mut zeichnete die Kapitäne und Matrosen aus, die sich
für den portugiesischen Prinzen Heinrich, »der Seefahrer« genannt,
ins Abenteuer stürzten. Heinrich hatte es sich in den Kopf gesetzt,
die arabischen Zwischenhändler zu umgehen und eine Wasserstraße
nach Osten, nach Indien zu entdecken. Die Schiffe jedoch, die er

aussandte, kamen zunächst nicht weiter als bis an das Kap Bojador, nur wenig südlicher als die Kanarischen Inseln gelegen. Die Kapitäne fürchteten sich, aufs offene Meer hinauszufahren. Sie besaßen zwar schon einen Kompaß, doch sie orientierten sich auf ihren Fahrten noch immer an den Küstenlinien. Irgendwann aber gelang es einem von ihnen, und andere folgten.

Denken wir an Christoph Kolumbus, den gelernten Wollweber, der im Alter von 14 Jahren das erste Mal zur See fuhr. Kolumbus war sicher, daß die gesamte Wasser- und Festlandmasse der Erde eine Kugel bildete. Es mußte daher möglich sein, sie von Osten nach Westen zu umfahren. Er nahm sich vor, auf dieser Route Indien und China zu erreichen. Niemand war zunächst bereit, dem merkwürdigen Mann aus Genua Schiffe zur Verfügung zu stellen. Sein Plan klang allzu verrückt. Doch Kolumbus setzte sich gegen alle Widerstände durch. Die spanische Königin willigte schließlich ein. Am 3. August 1492 verließen drei vergleichsweise winzige Schiffe mit 90 Mann Besatzung den Hafen von Palos westwärts. Länger als zwei Monate waren die Segler bereits auf großer Fahrt, als die Matrosen begannen, sich auf dem offenen Meer zu fürchten. (Wieviel besser haben es da doch unsere Astronauten. Im schlimmsten Krisenfall können sie per Funk die Bodenkontrollstelle anrufen und um Rat bitten. Kolumbus war auf sich allein gestellt, er mußte sich auf sein Gespür für Wind und Wellen und auf seine navigatorischen Fähigkeiten verlassen.) Es kam zu vereinzelten Meutereien, denn niemand wußte, ob man das Ziel je erreichen würde. Dann, als die Hoffnung schon verloren war, jemals nach Spanien zurückzukehren, erklang es vom Mastkorb herab: »Land!« Natürlich hatte Kolumbus nicht das indische Festland erreicht, sondern eine neue Welt entdeckt. Die Geographen des 15. Jahrhunderts hatten den Erdumfang unterschätzt, sie ahnten weder etwas vom amerikanischen Kontinent noch vom Pazifischen Ozean. Auf diesen folgenreichen Irrtum kommt es jedoch in der Rückschau gar nicht an, sondern darauf, daß Kolumbus einen neuen unbekannten Weg gehen wollte, und daß er die dafür notwendige Neugierde und Durchsetzungskraft besaß.

1519 verließ eine kleine Flotte den Hafen von Sevilla. Oberbefehlshaber der fünf Schiffe war der Portugiese Ferdinand Magellan. Er hatte dem König von Spanien vorgeschlagen, eine Expedition auszurüsten, die südwestlich um Amerika herumfahren sollte. An der

Küste entlang segelnd, fand er schließlich im Oktober 1520 den Eingang zur gesuchten Wasserstraße, die noch heute seinen Namen trägt. Durch sie gelangte er in den Pazifik. Die Fahrt über dieses unendlich scheinende Meer dauerte fast vier Monate. Ein Expeditionsteilnehmer berichtet:

»Auf diesem Meere segelten wir drei Monate und zwanzig Tage, ohne die geringste frische Nahrung zu genießen. Der Zwieback, den wir aßen, war kein Brot mehr, sondern bloß Staub, der mit Würmern vermischt und überdies durch den Unrat der Mäuse von einem unerträglichen Gestank durchdrungen war. Das Wasser, das wir zu trinken genötigt waren, war ebenfalls faul und übelriechend. Oft kamen wir sogar in die Lage, Sägespäne essen zu müssen, und selbst Mäuse, so widrig sie den Menschen sind, waren eine so gesuchte Speise geworden, daß man bis zu einem halben Dukaten für das Stück bezahlte. Hätten Gott und seine Heilige Mutter uns nicht eine so glückliche Schiffahrt geschenkt, so wären wir alle auf diesem weiten Meer vor Hunger umgekommen. Ich bin überzeugt, daß niemand mehr eine solche Reise unternehmen wird.«[52]

Da irrte der Chronist. (Wie neidisch wäre er auf die Köstlichkeiten gewesen, welche die NASA-Kapitäne heute ihren Matrosen servieren: Rindsgulasch, Chicken à la King, Rührei auf mexikanische Art oder gar Krabbencocktail. Die US-Raumfahrtbehörde unternimmt alle möglichen Anstrengungen, den Speiseplan aufzulockern. Noch werden die Gerichte in Form von Trockennahrung serviert, doch auch das soll sich bald schon ändern. In der geplanten internationalen Raumstation *Alpha* soll es frisches Brot und Gemüse geben. Zum *Alpha*-Inventar gehört in Zukunft auch ein Mikrowellenherd. Die Astronauten wählen vier Monate vor ihrem Abflug das Essen aus. Der ehemalige Astronaut Loren Shriver erklärte, wegen der Schwerelosigkeit werden die Astronauten sich ihre Sandwiches aus Tortillas machen. Denn bei diesem mexikanischen Fladenbrot aus Maismehl gebe es keine Brösel, die in der Raumstation herumschwirren könnten.)

Zwar starben viele Seeleute an der Vitaminmangelkrankheit Skorbut, doch schließlich erreichten sie die Philippinen und konnten sich mit frischer Nahrung eindecken. Kapitän Magellan fiel im Kampf gegen die Eingeborenen. Nur ein Schiff kehrte mit einer Handvoll Überlebenden 1522 nach Spanien zurück, wo man sie stürmisch begrüßte. Die Erde war zum ersten Mal umsegelt, womit der Beweis erbracht war: Die Erde ist tatsächlich eine Kugel. Das Magellan-Abenteuer begann 1519 und endete 1522. Auch eine Reise zum Mars würde drei Jahre dauern, eine im historischen Vergleich also keineswegs exorbitant lange Zeit.

Natürlich folgten den Entdeckern bald Eroberer, die unsägliches Leid über die eingeborenen Völker der »neuen« Welt brachten. Doch für die moralische Bewertung ihrer Taten ist hier nicht der richtige Ort. An dieser Stelle soll lediglich festgehalten werden: Der »Homo sapiens«, der intelligente Mensch also, ist neugierig. Er will wissen: Warum können die Vögel fliegen? Weil er selbst von Natur aus nicht dazu in der Lage ist, baut er ein Flugzeug. Er bewundert das Auge des Adlers und konstruiert ein Fernrohr.

Wie viele Sterne gibt es am Himmel? Können wir je zu ihnen gelangen? Die Frage ist kaum gestellt, da entwickelt der Homo sapiens die Weltraumfahrt und fliegt zum Mond.

Niemals wird der Mensch sich mit dem zufriedengeben, was er hat, was ihm die Umwelt bietet. Jedes Problem, das sich ihm stellt, will er lösen, jede Lösung wirft neue Fragen auf, und immer wird der Mensch auf der Suche nach den Antworten sein. Die Natur treibt ihn dazu.

So wollte beispielsweise der berühmte englische Entdecker James Cook nicht akzeptieren, daß während langer Expeditionen regelmäßig Menschen an Skorbut erkrankten. Zahnfleischbluten, geschwollene Hände und Füße waren auf See mehr als hinderlich. Hinzu kam die damals nahezu unheilbare Darmkrankheit Ruhr. Aus diesen Gründen galt es seinerzeit als unmöglich, Menschen auf eine interkontinentale Reise zu schicken, ohne daß sie körperliche Schäden davontrugen. Natürlich waren auch die Matrosen damals nicht gegen Heimweh und psychische Probleme gefeit. Wie wir sehen, ist die Situation unserer heutigen Raumfahrer durchaus nicht außergewöhnlich. Ebenso wie die Abenteurer früherer Epochen leiden sie unter physischen und mentalen Schwierigkeiten, für die wir momentan noch keine Lösung parat haben, Schwierigkeiten, welche die Wissenschaftler der Zukunft aber zweifellos in den Griff bekommen werden. Denn auch James Cook besiegte eines Tages den Skorbut, indem er 1768 auf den Rat der Ärzte hörte und große Mengen Sauerkraut und Zwiebeln mit an Bord nahm. So oft wie möglich machte er Zwischenstation, um seine Leute mit frischem Fleisch und Gemüse zu versorgen. Das darin enthaltene Vitamin C rettete den Seemännern das Leben.

Im 20. Jahrhundert sind es nicht mehr die inter*kontinentalen* Distanzen, die uns herausfordern, sondern die inter*planetaren*. Eines Tages werden es die inter*stellaren* Entfernungen sein, die wir bewältigen wollen. Es ist merkwürdig, wie schnell die Menschheit die großen Leistungen ihrer Vorfahren als selbstverständlich hinnimmt, ja sich gar über ihre vermeintliche Primitivität mokiert. Dabei haben wir es ihnen zu verdanken, daß wir am Vormittag einen Non-Stop-Flug nach New York buchen, sofort ins Flugzeug einsteigen und ein paar Stunden später in Manhattan zu Abend essen können.

Noch im 17. Jahrhundert galt Afrika den Europäern als der »dunkle Kontinent«. Niemand wußte, wo sich die Quellen des Nil befanden. Afrika, das waren lebensfeindliche versumpfte Urwälder und knochentrockene Wüsten. Eine »unnatürliche« Umgebung, voller Krokodile, Schlangen und Moskitos. Und doch gab es Abenteurer, Entdecker und Wissenschaftler, die sich auch von den schlimmsten Gefahren nicht abschrecken ließen: 1770 war es der Schotte James Bruce, 1848 der Orientkenner Richard Burton und sein Begleiter John Speke, zwei Jahre später der Engländer Samuel Baker mit seiner Frau Florence, und gleichzeitig der Arzt und Missionar David Livingstone. Sie nahmen die größten Entbehrungen auf sich, um – von Malaria-Anfällen und anderen Krankheiten gepeinigt – neue Welten zu entdecken und ihre eigenen Grenzen zu überschreiten.

Dies muß auch die Motivation der ersten Menschen gewesen sein, die ins ewige Eis der Arktis zogen. Nordnorwegen, Spitzbergen, Grönland, seit jeher galt dieser kalte Teil der Erde als unwegsam und lebensfeindlich. Und doch träumten im 17. Jahrhundert neugierige, von Entdeckerleidenschaft gepackte Abenteurer davon, über eine Wasserstraße im Norden Indien zu erreichen. Ungezählte Schiffe gingen verschollen im arktischen Winter, das gewaltige Packeis zerdrückte die hölzernen Kähne wie Pappmaché. In der Nähe des magnetischen Pols fiel zudem der Kompaß aus. Orientierungslos trieben die Seefahrer umher, ohne Heizung, ohne Nahrung, bei eisigen Stürmen und Temperaturen von mehr als 50 Grad Kälte erfroren sie jämmerlich.

Verglichen mit den exotischen Schätzen des Südens war im hohen

Norden nicht einmal etwas »zu holen«, außer vielleicht ein bißchen Ruhm und Ehre. Erst Anfang des 20. Jahrhunderts erreichte eine erste Gruppe von Menschen den Pol. Und etwa zur gleichen Zeit kämpfte sich der Norweger Roald Amundsen mit seinen vier Begleitern zum Südpol durch. Er gewann den dramatischen Wettlauf mit dem Engländer Robert Scott, der sich bei seiner Expedition nicht für Hundeschlitten, sondern für Motorschlitten und Ponygespanne entschieden hatte. Ein verhängnisvoller Fehler, den er während des Rückweges mit dem Leben bezahlen mußte.

Seit Menschengedenken gibt es Abenteurer, Entdecker, neugierige Wissenschaftler, die sich allen Herausforderungen stellen und die Konfrontation mit dem Unbekannten suchen.

Und deshalb: »Wenn einer fragt, was ist der Mensch?, dann sage ich: Der geht los ...«

Die neue Grenze

Warum sollte der Homo sapiens, dem Wißbegier und die Fähigkeit zu träumen gleichermaßen in die Wiege gelegt wurden, ausgerechnet vor dem Abenteuer Weltraum kapitulieren? Natürlich wünscht er, den Sonnenaufgang am rosafarbenen Marshimmel mit eigenen Augen zu sehen und den *Olympus Mons*, mehr als dreimal so hoch wie der Mount Everest, höchstpersönlich zu erklimmen.

Die Pioniere unserer Zeit heißen Armstrong, Aldrin und Collins, Reinhard Furrer, Ulf Merbold und Thomas Reiter.

Wie in der Vergangenheit gibt es auch heute Ablehnung und Skepsis. Fragte man auf der Straße einen Mitmenschen, ob er Lust hätte, drei Jahre unter größten Entbehrungen zum Mars zu fliegen, dann würde er sicher spontan mit »nein« antworten: »Das gilt um so mehr, je weniger er sich mit diesem Thema beschäftigt hat. Genauso war es anläßlich der ersten Hochhäuser, Eisenbahnen, Flugzeuge, Elektroherde und künstlichen Impfstoffe. So sinnvoll diese grundsätzlich ablehnende Haltung gegenüber allem Neuen in der Vorgeschichte der Menschheit gewesen sein mag – man kann darin eine biologische Eigenart, ein arterhaltendes Prinzip sehen, das verhindert, daß man sich mit unbekannten Pilzen vergiftet (...) so hinderlich ist sie für den technischen Fortschritt.«[53]

Sollen wir es tun? Müssen wir die neue Grenze – und um eine solche handelt es sich zweifellos – denn unbedingt überschreiten? Hier »unten« (ist unser Platz im Universum unten oder oben, rechts oder links?) ist es doch auch ganz hübsch.

Sollten wir nicht zuerst die irdischen Probleme lösen?

Warum müssen wir auf den Mars, wenn auf der Erde Menschen Hungers sterben?

Ganz einfach: Weil uns die Evolution, losgelöst von hausgemachten Problemen, gleichsam unwiderstehlich mit aller Macht ins Universum hineindrängt. Weil wir nicht auf der *Welt*kugel leben, sondern allenfalls auf der *Erd*kugel. Weil wir noch keine *Welt*karte besitzen, sondern nur eine *Erd*karte. Weil wir, wie diese sprachlichen Beispiele zeigen, in unserer Art zu denken noch immer dem geozentrischen Mittelalter verhaftet sind, einer Zeit, in der die katholische Kirche einen Wissenschaftler folterte, allein ob der Aussage, die Erde sei nicht der Mittelpunkt der Welt.

Aber weshalb sollen wir Raumfahrt betreiben, wenn wir nicht einmal den Hunger in den Griff bekommen!? Ein scheinheiliges Gegenargument. Wir trinken Champagner und bekommen den Hunger nicht in den Griff. Daß es Menschen auf dieser Erde besser oder schlechter geht, hat nichts mit Wissenschaft, sondern mit »abgeben« zu tun. Das Problem der unterschiedlichen Ressourcen- und Einkommensverteilung, die Wohlstandsunterschiede auf der Erde – sie plagen uns mit oder ohne die bemannte Raumfahrt. Abzuschaffen oder graduell zu vermindern sind sie nur dadurch, daß Menschen sich um andere Menschen kümmern, und es sind nicht notwendigerweise Staaten, sondern Einzelpersonen. Warum muß ein Staat die Verteilerstelle des Geldes sein? Das Unterstützen von armen Menschen ist eine individuelle Aktivität. Bei Hungersnöten kann im Zeitalter der Girokonten jedermann soviel geben wie er möchte und verkraften kann. Gäbe jeder Bürger der Bundesrepublik pro Jahr nur 100 Mark für gemeinnützige Zwecke aus – das ist weniger als eine anständige Konzertkarte kostet –, dann könnten wir neun Milliarden Mark Entwicklungshilfe verteilen. Eine derartige Summe privater Gelder ist jedoch nicht einmal im Traum vorstellbar. Die staatliche Hilfe Deutschlands liegt nach Auskunft des Bundesministeriums für wirtschaftliche Zusammenarbeit und Entwicklung 1996 bei acht Milliarden Mark.

»430 Milliarden Mark – soviel geben die Deutschen für ihre Freizeit aus.«[54] So lauteten Ende September 1996 die Schlagzeilen der Tageszeitungen. Ganz oben auf der vom Kölner Institut der Deutschen Wirtschaft erstellten Liste steht der Urlaub (178 Milliarden), gefolgt von Sport (130 Milliarden) und Freizeitfahrten mit dem Auto (111 Milliarden).

Die eigene Verantwortung aufzukündigen und das »Abgeben« auf die Wissenschaft und den Intellekt abzuschieben, das mag zwar bequem sein, hilft aber nicht weiter.

Wenn die Menschheit also wollte, könnte sie den Hunger aus der Welt schaffen, mit oder ohne Raumfahrt. Die »technischen« und finanziellen Möglichkeiten dazu sind vorhanden. Ganz offensichtlich will sie es aber nicht, und von daher ist der Hunger – so hart es klingt – auch kein echtes Problem.

Echte Probleme sind nur solche, deren Lösung man *nicht* kennt. Um die Schwierigkeiten aber zu bewältigen, werden Vordenker gebraucht, die losgelöst von den alltäglichen Nöten Forschung betreiben, damit aus dem »Spin-off«, dem geistigen Abfall, Lösungen hervorgehen.

In dem Augenblick, in dem wir die Individualität eliminieren, ist der Endzustand ein statischer. Das Postulat, die Menschheit müsse zunächst die irdischen, »bodenständigen« Probleme lösen, verletzt naturwissenschaftliche Gesetzmäßigkeiten.

Bedrückend an unserer Situation ist, daß wir momentan in einer Zeit leben, in der wir »hinausgehen« *könnten*, daß wir »draußen« nachschauen *könnten*, aber offenbar plötzlich kein Interesse mehr daran haben, wie ein Kind, das endlich das Spielzeug bekommt, das es immer wollte, es aber dann fortschmeißt.

Wir haben Möglichkeiten, von denen unsere Großeltern nicht einmal zu träumen wagten, aber wir sind weniger neugierig als sie.

Die Aversion gegen Raumfahrt im besonderen und Wissenschaft im allgemeinen ist jedoch nichts weiter als Ausdruck eines Zeitgeistes ohne Beständigkeit, eine vorübergehende Krankheit unserer trägen, satten Gesellschaft. Nur im Augenblick sind Gedanken und Ideen nichts mehr wert. Dies kann sich schnell ändern, wenn wirkliche, echte Probleme zutage treten, wenn unsere fossilen Rohstoffe endgültig zur Neige gehen oder falls ein Komet von den Ausmaßen eines Shoemaker-Levy auf die Erde zurast.

Aber ist die bemannte Raumfahrt nicht trotzdem viel zu teuer?

Reicht es nicht, Roboter hinauszuschicken?

»Wir dürfen wohl bezweifeln, daß Kolumbus auf dem Achterdeck der Santa Maria von dem Wunsch beseelt war, die Frachtkosten für indischen Tee zu senken, als er Amerika entdeckte. Magellan, Henry Hudson, Vasco da Gama: sie alle durchkreuzten die Meere nicht aus Gründen wirtschaftlichen Kalküls oder streng logischer Gedankengänge. Der wirtschaftliche Nutzen für die Menschheit kam erst im Kielwasser ihres Triumphzuges.«[55]

Im Leben kostet alles viel oder wenig Geld, je nachdem, womit man es vergleicht. Eine Milliarde Dollar ist viel Geld für den einzelnen. Es ist aber nicht viel Geld, wenn wir daran denken, daß auf der Erde pro Jahr 800(!) Milliarden Dollar für militärische Zwecke ausgegeben werden. Wenn man diese Summe als Basis nimmt, dann sind die rund 10 Milliarden Dollar, die eine Mondstation kosten würde, wenig; eine Mondstation, die friedlichen Zwecken dienen und die Energieversorgung der Erde unterstützen soll. Oder denken wir an die Golfkrise um Kuwait im Jahre 1991. Das waren 50(!) Milliarden Dollar in nicht einmal sechs Monaten, ausgegeben, um einen Diktator zu stürzen, der immer noch sein Unwesen treibt.

Verglichen mit diesen auf Kriegsschauplätzen verschleuderten Beträgen, werden Raumfahrtprojekte geradezu stiefmütterlich behandelt: Zählt man die Ausgaben aller Länder (USA, Europa, Rußland, Japan, China, Indien und Israel) zusammen, kommt man gerade mal auf 40 bis 50 Milliarden Dollar pro Jahr. Nicht weniger, aber auch nicht mehr!

Die Bundesrepublik Deutschland gibt ohne große Bedenken 20 Milliarden Mark für den Regierungsumzug nach Berlin aus, obwohl in Bonn sämtliche Institutionen vorhanden sind und sogar weiter ausgebaut werden.

Geld ist eine Frage der Prioritäten. Natürlich kann man es für wichtig halten, den europäischen Landwirten höhere Subventionen für Butterberge, Milchseen und brachliegende Äcker zu bezahlen. Man kann aber auch die Ansicht vertreten, daß die Menschheit im nächsten Jahrhundert überleben muß. Dabei spielt der Mond eine entscheidende Rolle. Ohne seine Ressourcen gehen auf der Erde in nicht allzu ferner Zukunft die Lichter aus.

Wir müssen den Fortschritt suchen und nicht alles Geld in die Erhaltung dessen stecken, was wir schon haben.

Die Erschließung der lunaren Bodenschätze und die Marsexpedition sind ohne die Beteiligung des Menschen undenkbar. Sonderbarerweise ist die Raumfahrt dennoch der einzige gesellschaftliche Bereich, bei dem die Frage gestellt wird: Brauchen wir den Menschen überhaupt? Können das nicht alles Roboter machen? Sonderbar deshalb, weil der Mensch auf der Erde doch genau derjenige ist, welcher der Maschine, der Mechanik und dem Roboter tiefes Mißtrauen entgegenbringt, der alle sensitiven Bereiche, die es auf der Erde gibt, niemals einer Maschine allein überläßt. Und wenn eine Maschine gewisse Aufgaben übernimmt, für die wir selbst nicht geschaffen sind – repetitive Positionierungsaufgaben etwa –, dann ist es letztlich doch immer wieder der Mensch, der dem Roboter im Zweifelsfall sagt, wohin die Reise gehen soll. Denn ein Roboter ist programmiert, er kann nur das tun, was vorhersagbar ist.

U-Bahnen könnten auch automatisch fahren. Trotzdem sitzt ein Zugführer vorne drin, aus psychologischen Gründen, weil sonst kein Fahrgast einsteigen würde.

Ausgerechnet die Menschen also, die ein derartiges Verhalten an den Tag legen, sagen im nächsten Atemzug, in der Raumfahrt habe der Mensch nichts zu suchen. Und warum? Vielleicht, weil die Tätigkeit eines Astronauten sich in einem Bereich befindet, der 300 Kilometer von der Erde entfernt liegt? Ist in diesem Bereich ausschließlich der Roboter gefragt?

»Die Antwort«, sagte Reinhard Furrer, »ist so simpel wie die Wahrheit: Sie können mit einem Roboter keine Wissenschaft betreiben und keine assoziativen Leistungen vollbringen. Überall da, wo es um Forschung geht, brauchen Sie das beste System, das es dafür auf der Erde gibt, und das ist das neuronale System im menschlichen Kopf. Überall da, wo Sie simple manipulative Aufgaben lösen müssen, nehmen Sie einen Computer, im Weltall und auf der Erde. Aber selbst dann, nämlich wenn es Pannen gibt, brauchen Sie manchmal Menschen. Und Sie sind froh, wenn Sie in diesem Augenblick einen zur Verfügung haben. Denn dieser Mensch sagt, obwohl alles den Bach runter geht: Ich schaffe das! Das ist der herrliche assoziative Computer Mensch, der in einer Situation, die nicht vorhersehbar war, plötzlich eine Lösung entwickelt.

Solange es nicht an den Universitätstüren klopft und ein Roboter

steht da und fragt: ›Darf ich bei Ihnen eine Doktorarbeit machen?‹, solange will ich mit dieser Frage nichts mehr zu tun haben.«⁵⁶
Dem ist nichts hinzuzufügen.

Kosmische Katastrophen

Im Sommer 1994 wurden die Astronomen Zeugen eines Jahrtausendereignisses. 700 Millionen Kilometer entfernt bahnte sich eine Katastrophe an. Mit der unvorstellbaren Geschwindigkeit von 200 000 Stundenkilometern raste der Komet Shoemaker-Levy auf den Jupiter zu, den größten Planeten unseres Sonnensystems, mit einem Äquatordurchmesser, der elfmal so groß ist wie der unserer Erde. Die Teleskope rund um den Globus richteten sich auf den Ort des Geschehens aus, um die kosmische Kollision aus sicherer Entfernung zu beobachten. Die Sternwarten auf der Erde, Satelliten und Raumsonden lieferten Bilder und Daten. Als die Bruchstücke des zerborstenen Shoemaker-Levy – jedes einzelne größer als der New Yorker Central Park – schließlich einschlugen, wurde eine Explosionswucht entfesselt, welche alle auf der Erde vorhandenen Atomwaffenvorräte um das Vielfache übertraf. Lichtblitze und Feuerbälle zuckten urknallartig durch die Schwärze des Universums.
Der Jupiter hat das Bombardement verkraftet. Die Masse des Kometen reichte nicht aus, um ihn ernsthaft in Gefahr zu bringen. Auch war die Entfernung zu groß, als daß die Explosionen eine Rückwirkung auf die Erde hätten haben können.
Doch was wäre, wenn ein »Kollege« des Shoemaker-Levy auf die Idee käme, statt auf den Jupiter auf unseren blauen Planeten zuzurasen?
Nur weil die Menschheit das Weltall nicht als Teil der Natur begreift, kann sie sich ein derartiges Szenario nicht ernsthaft vorstellen. Außerdem: Warum sollte ausgerechnet uns das passieren?
Wenn ein Astronom eines Tages die apokalyptische Nachricht verkündet, dann werden wir es zunächst gar nicht glauben. Wir werden es von uns schieben und verdrängen. Wir werden uns weiter um die alltäglichen »bodenständigen« Probleme kümmern.
Das werden wir solange tun, bis die Erkenntnis unausweichlich ist: Ein Komet fällt vom Himmel!

Spätestens in diesem Moment aber wird die Menschheit erwachen. Denn sie ist nicht dazu geschaffen, sich aufzugeben. Die Rasse Homo Sapiens wird alle Möglichkeiten erwägen, die ihr das Überleben ermöglichen.

Zugegeben, die Wahrscheinlichkeit, daß ein solches Ereignis während der kommenden zwei oder drei Generationen eintritt, ist gering. Und doch ist es ein natürlicher Vorgang, wie er sich im Universum täglich millionenfach wiederholt.

Zahlreiche Wissenschaftler beschäftigen sich daher schon heute mit Modellvorstellungen, auf welche Weise Menschen auch außerhalb ihres Heimatplaneten auf Dauer leben könnten.

Die Begrünung des Mars

1963 beschrieb der amerikanische Science-fiction-Autor Robert A. Heinlein in seinem Roman »Pookayne Of Mars« das Reisefieber einer jungen Marsbürgerin:

»Mein ganzes Leben lang wollte ich zur Erde. Nicht für immer, versteht sich – nur, um sie einmal zu sehen. Wie jedermann weiß, ist Terra ein großartiges Besuchsziel, aber nicht der richtige Ort für einen dauernden Aufenthalt. Als Wohnsitz für Menschen eignet sie sich doch nicht so ganz.

Ich persönlich bin nicht davon überzeugt, daß die Menschheit auf der Erde ihren Ursprung hat. (...) Man braucht doch nur nachzudenken: Die Schwerkraft an der Erdoberfläche ist für den menschlichen Körperbau ganz ohne Zweifel zu groß. (...) Jener Teil der Sonnenstrahlung, der die Atmosphäre durchdringt, wirft einen ungeschützten Menschen in erstaunlich kurzer Zeit zu Boden. (...) Wir Menschen können ganz einfach nicht auf der Erde entstanden sein. Übrigens, auch auf dem Mars nicht, was ich ehrlich eingestehe – obgleich der Mars in diesem Planetensystem dem Idealzustand heutzutage noch am nächsten kommt.«

Ist es denkbar, daß der Mars eines Tages zu einer zweiten Erde wird? Daß wir ohne Sauerstofftanks und ohne Schutzkleidung bei angenehmen Temperaturen auf seiner Oberfläche herumlaufen? Besteht die Möglichkeit, daß die jetzt ausgetrockneten Flußbetten sich dermaleinst mit Wasser füllen und Regen auf den dürstenden Boden prasselt?

Es ist zumindest nicht ausgeschlossen. *Terraforming* oder *planetary engineering* nennt man das im Fachjargon.

Schon der Blick auf unsere eigene Klimageschichte zeigt den weitreichenden Einfluß des Menschen. Die teilweise Zerstörung der Ozonschicht oder der Treibhauseffekt sind sicherlich zu einem gewissen Prozentsatz durch die industrialisierte Gesellschaft verursacht worden, wenn hier auch manches übertrieben wird. Es bleibt die Tatsache, daß der Mensch in der Lage ist, das Klima zu verändern.

1961 schrieb der amerikanische Astronom Carl Sagan – wohl als erster – über die Möglichkeit, künstlich erzeugte Mikroorganismen in Kapseln zu verpacken und auf die Venus zu schießen. Dort sollten sie der Atmosphäre CO_2, N_2 sowie H_2O entziehen und in organische Moleküle umwandeln. Auf diese Weise erhoffte sich Sagan eine komplizierte biochemische Kettenreaktion, die langfristig den Treibhauseffekt vermindern und aus der Gluthölle der Venus einen bewohnbaren Planeten mit angenehmer Oberflächentemperatur machen würde.

Mehr als 30 Jahre später ist der Astronom nicht mehr so optimistisch. Die Forschung entwickelte sich weiter und Sagan wurde klar, daß man die Venus nicht einfach mit bestimmten Organismen impfen kann: »Ich dachte 1961, daß der atmosphärische Druck auf der Venusoberfläche ›ein paar‹ Bar beträgt, ein paar mehr als auf der Erde. Wenn mein Modell funktioniert hätte, dann hätten wir jetzt eine mehrere hundert Meter hohe Graphitschicht auf der Oberfläche und eine Atmosphäre aus fast reinem molekularen Sauerstoff mit einem Druck von fünfundsechzig Bar. Die Frage, ob wir unter diesem atmosphärischen Druck zuerst implodieren oder in dem ganzen Sauerstoff sofort in Flammen aufgehen, erübrigt sich.«[57]

In puncto Mars sieht Sagan jedoch auch gegenwärtig ungeahnte Möglichkeiten. Dort habe man nämlich genau das umgekehrte Problem, weil der Treibhauseffekt zu schwach sei. Nun wisse man von der Erde, daß u.a. Kohlendioxid ein Treibhausgas ist. Der Wissenschaftler hält es deshalb für denkbar, das auf dem Mars befindliche Trockeneis sowie die vorhandenen Karbonate in gasförmiges Kohlendioxid zu verwandeln. Ferner könnte man »auf der Erde erzeugte Flourchlorkohlenwasserstoffe (FCKW) auf den Mars befördern. Diese künstlichen Substanzen gibt es nach unseren heutigen Kenntnissen nirgendwo sonst im Sonnensystem. Wir können sicher ausreichende Mengen von diesem Gas herstellen, um den Mars zu erwärmen«.[58]

Allerdings weist Sagan auch auf einen entscheidenden Nachteil dieses Modells hin. Die FCKW würden mit Sicherheit die Bildung einer Ozonschicht verhindern, was zur Folge hätte, daß die UV-Strahlen der Sonne für den »Marsmenschen« extrem gefährlich bleiben würden.

»Making Mars Habitable« – unter diesem Titel erschien im August 1991 eine Untersuchung im Wissenschaftsmagazin »Nature«.[59] Die NASA-Autoren kommen zu dem Schluß, daß es vorstellbar ist, innerhalb von mehreren tausend Jahren auf dem Mars eine Atmosphäre zu schaffen, die einen üppigen Pflanzenwuchs zuließe. Die Luft darüber hinaus für Menschen atembar zu machen, sei ein weit komplexeres Problem, aber unmöglich sei auch dies nicht. Noch sind unsere Kenntnisse über den Roten Planeten völlig ungenügend. Doch die Wissenschaft hat das *planetary engineering* längst in ihre zukünftigen Projekte integriert, wenn auch gegenwärtig sicher nicht mit höchster Priorität. Sollten sich die weiterführenden Forschungen jedoch als fruchtbar erweisen, besteht kein Zweifel, daß auch der Mars eines Tages von Menschen besiedelt sein wird.

Ebenfalls 1991 legte die NASA ihren schon erwähnten Sechsstufenplan vor.[60] Nach etwa 150 Jahren, so die Vision der Experten aus dem Planungsbüro, könnte sich die marsianische Sand- und Geröllwüste in eine blühende Landschaft verwandeln. Fiele der Startschuß 2015, wäre folgendes Szenario vorstellbar:

Nach ihrer Ankunft errichten die ersten Pioniere auf dem Roten Planeten zunächst einmal Unterkünfte für die international besetzten Nachfolgeteams. Denkbar ist ein Schichtwechsel nach zwölf Monaten. Diese erste Expeditionsphase ist dazu gedacht, mit Hilfe der verschiedensten Experimente herauszufinden, ob eine Umformung des Mars überhaupt möglich ist.

Die zweite Phase erstreckt sich dann von 2030 bis 2080. Mittlerweile arbeiten rund 10 000 Menschen auf der Marsstation. In dieser Zeit wird der Planet erwärmt. Chemiefabriken, die ihre Energie aus Atomreaktoren beziehen, verströmen Treibhausgase in die Atmosphäre. Die Polareiskappen werden mit einer hauchdünnen Rußschicht bedeckt. Das verhindert die Rückstrahlung von Wärme

Wassergewinnungsanlage am Mars-Nordpol. *(Quelle: NASA)*

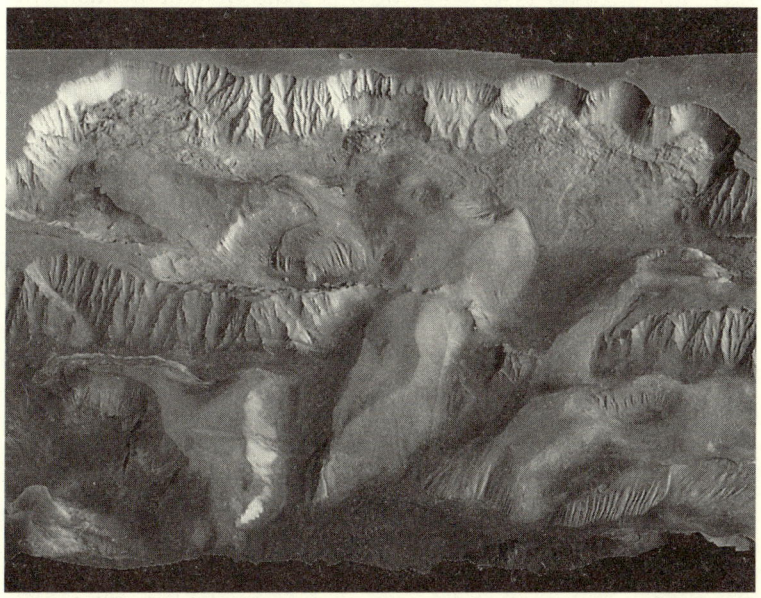

Solche dreidimensionalen Aufnahmen der Marsoberfläche sind wichtig, um einen geeigneten Landeplatz für die bemannte Mission zu finden. *(Quelle: DLR)*

ins All. Genetisch veränderte Mikroorganismen, Lebens»bomben«gleich, werden in die Atmosphäre entlassen. Gleichzeitig reflektieren riesige, im Orbit stationierte Spiegelanlagen das Sonnenlicht auf die Polkappen. Das Eis beginnt zu schmelzen. Die dünne Marsatmosphäre verändert sich, die Temperaturen steigen. Damit wäre die Hauptarbeit erledigt.

Die dritte Etappe reicht etwa bis in das Jahr 2115. Längst ist der Rote Planet dem Menschen nicht mehr feindlich gesonnen. Die Durchschnittstemperatur liegt jetzt bei minus 15 Grad. Die ersten Wolken treiben am Himmel. Der marsianische Luftdruck ähnelt dem irdischen. Genetisch angepaßte Pflanzen beginnen mit der Erzeugung von Sauerstoff.

Inzwischen hat sich eine Infrastruktur zwischen Mars und Heimatplanet etabliert. Etwa im Zweijahrestakt fliegen Transportraumschiffe hin und her. Die Pioniere errichten Kuppelstädte und Straßen.

Mit Beginn der vierten Stufe (2115 bis 2130) ist die Umformung bereits nicht mehr aufzuhalten. Wasser rauscht durch einst ausgetrocknete Flußbetten, überall auf dem Mars breitet sich Vegetation aus. In der neuen Welt leben nun bereits eine Viertelmillion Einwohner, und viele von ihnen wurden dort geboren. Kinder gehen auf dem Mars zur Schule, hier verlieben sie sich, hier werden sie ausgebildet. Der Mars ist ihre Heimat, in der sie allerdings noch immer nicht ohne Atemgerät herumlaufen können.

Dies ändert sich auch in der fünften Periode nicht, die bis zum Jahr 2150 reicht.

Doch dann ist es endlich soweit. Im November 2170 entspricht das Klima dem irdischen, und die ersten Marsianer verlassen den Schutz ihrer Kuppeln, um mit geschlossenen Augen die frische Herbstluft tief in sich einzusaugen. »In der rötlichen Dämmerung leuchtet blau der Abendstern. Es ist die Erde.«[61]

Nun sind dies zum heutigen Zeitpunkt lediglich Spekulationen, und der Zeitplan der NASA dürfte um einiges zu optimistisch ausgefallen sein. Doch wird selbst bei solch oberflächlichen Überlegungen deutlich, daß die Urbarmachung eines Planeten prinzipiell durchführbar wäre. Derartige Modelle sind natürlich stets nicht nur eine Frage der Technik, sondern auch der Finanzen, der politischen Prioritäten und nicht zuletzt der Ethik. So hält Carl Sagan seine eigene Idee für eine »unverantwortliche Zerstörung der Marsober-fläche und damit einzigartiger wissenschaftlicher Quellen«. Im Falle einer vorhersehbaren kosmischen Katastrophe aber, wie es etwa ein Kometeneinschlag wäre, hätten die Menschen natürlich das Recht und die Pflicht, sich für noch weitaus wertvoller zu halten und ihr eigenes Überleben zu sichern.

Wie es möglich ist, in einem abgeschlossenen, auf Recycletechnik basierenden System zu existieren, untersuchen Wissenschaftler bereits seit den 80er Jahren. In der Wüste von Arizona liegt *Biosphere 2*, der mittlerweile weltbekannte riesige Treibhauskomplex, der äußerlich einem Raumschiff durchaus ähnlich ist. Auf 13 000 Qua-dratmetern wölben sich gewächshausähnliche Glaskuppeln rund 30 Meter in die Höhe – quasi als ein Mini-Modell des irdischen Öko-systems. 1991 hatten sich acht Bionauten in dem Glaspalast nördlich von Tucson einschließen lassen. Sage und schreibe 730 Tage lang hielten sie es aus. *Biosphere 2* (die erste Biosphäre ist die Erde selbst) verfügte über einen kleinen Ozean mit einem Korallenriff, einen tropischen Regenwald, eine Savanne, über Äcker, Schafe, Mäuse und Hühner. Eine neue kleine, isolierte Welt, mit welcher der texa-nische Ölmilliardär Ed Bass beweisen wollte, daß »Menschen in einem abgeschlossenen Ökosystem im Einklang mit der Natur und ohne Hilfe von außen überleben können«.[62] Nicht immer verlief das Experiment reibungslos. Der wissenschaftliche Beraterstab bemerkte zu spät, daß sich die Bionauten weniger der Forschung als vielmehr einer Sekte verschrieben hatten. Mit der Sorgfalt bei wis-senschaftlichen Experimenten nahmen sie es nicht allzu genau. Öfter als geplant wurden die Luftschleusen geöffnet und die Insas-sen mit Nachschub versorgt. Aus diesen Gründen zog sich auch die NASA bald aus dem Projekt zurück, das letzten Endes, streng wis-senschaftlich gesehen, scheiterte. Doch *Biosphere 3* wird sicher nicht lange auf sich warten lassen, denn die NASA hat inzwischen in ver-schiedenen Forschungszentren kleinere unbemannte Komplexe eingerichtet.

Wer nun meint, ausschließlich Naturwissenschaftler setzten sich mit derart phantastischen Modellen auseinander, der irrt. Schon 1990 schrieb Frederick Turner, Professor an der philosophischen Fakultät der *University of Texas*/Dallas: »Das Marsprojekt wird uns zwingen, uns selbst zu erziehen – allerdings sehr dezent, ohne daß wir es merken. Zunächst wird die ganze Angelegenheit eine wunderbare Verschwendung sein. Erst später werden wir uns des großen Nutzens bewußt. Und noch später werden wir begreifen, daß das Marsprojekt der Schlüssel zum Überleben war.«[63]

Nach Turners Ansicht haben wir zwar in den westlichen Ländern der Erde einen gewissen Grad an Wohlstand erlangt. Andererseits sei aber gerade bei den materiell abgesicherten Völkern ein beängstigender Verlust an Werten, Würde und Visionen erkennbar. Die bloße Existenz des Marsprojektes wäre in der Lage, die gesunkene Moral auf globaler Ebene anzuheben. Die Völker würden begreifen, daß es sich lohnt, für etwas zu arbeiten, das menschlicher Achtung im allgemeinen wert ist und nicht dem Bestreben nach persönlichem Reichtum oder nationalem Prestige unterliegt.

Am zufriedensten, so der Wissenschaftler, seien die Leute immer dann, wenn sie gerade nicht auf der Jagd nach dem Glück seien, sondern sich um künstlerische oder professionelle Perfektion bemühten oder wenn sie – im Idealfall – auf der Suche nach Erkenntnis seien.

Turner ist überzeugt, daß die Stabilität der Weltwirtschaft in den letzten Jahrzehnten vor allem auf das Wettrüsten der Supermächte zurückzuführen sei und dies einer Verschwendung geistiger und finanzieller Ressourcen gleichkomme. Die Kraft, die nun mit dem Ende des »Kalten Krieges« frei werde, solle die Menschheit künftig gebrauchen, um gemeinsam zum Mars zu fliegen.

Auch der bekannte amerikanische Futurologe Herman Kahn vertrat bereits 1976 den Standpunkt, daß die Menschheit den Weltraum nicht primär aus wirtschaftlichen und technologischen Gründen erforschen und ausbeuten muß, »sondern weil er als eine psychologische und moralische Grenzbarriere angesehen werden wird. Es wird immer einige geben, für die selbst die utopischste Gesellschaftsform auf Erden eine hohle und inadäquate Errungenschaft ist; für sie wird der Weltraum nicht die letzte, sondern einfach nur die nächste Grenze sein«.[64]

Wann wir diese Grenze überschreiten, ist nicht präzise vorherzusagen. Die Entscheidung darüber unterliegt den gesellschaftlichen Kräfteverhältnissen.

Was wäre wenn ...?

» Wenn
die Erdbevölkerung weiter wächst
und die Bedrohungen der Erde aus dem Weltall zunehmend Beachtung finden
und die Zukunft der Menschheit eher optimistisch angesehen wird
und die wirtschaftliche Lage der Raumfahrtnationen sich verbessert
und die Energieversorgung der Erde zunehmende Sorge bereitet
und die aktuellen Raumfahrtprojekte erfolgreich verlaufen
und die Umweltbedingungen auf der Erde sich verschlechtern
und die Versorgung mit Rohstoffen sich immer schwieriger gestaltet,
Dann sind die Chancen weiterer Investitionen in Raumfahrtprojekte *gut.*

Wenn jedoch
die technik-feindlichen Kräfte in der Gesellschaft stärker werden
und die innenpolitische Stabilität der Raumfahrtnationen gefährdet ist
und die Zukunft der Menschheit eher pessimistisch angesehen wird
und die Umweltbedingungen auf der Erde sich deutlich verbessern
und die laufenden Raumfahrtprojekte mit Mißerfolgen zu kämpfen haben
und die Zahl der militärischen Konflikte auf der Erde sich erhöht
und die Zahl der kompetenten Fachleute sich verringert
und die Bevölkerungszahl auf der Erde sich stabilisiert,
Dann sind die Chancen für größere Investitionen in Raumfahrtprojekte *gering!«*

Seien wir optimistisch!
Denn dann »könnte man mit einigem Wagemut zu Ende des ausgehenden 20. Jahrhunderts, auf der Basis von vier Jahrzehnten praktischer Erfahrung, sich folgendes Szenario über die Entwicklung der Raumfahrt im 21. Jahrhundert auf diesem Planeten vorstellen«:[66]

Zeitraum	Meilensteine
2000-2020	– Inbetriebnahme der ersten internationalen Raumstation – Erstflug eines voll wiederverwendbaren Raumtransporters – Gründung einer internationalen Raumfahrt-Agentur – Erste Bodenproben vom Mars zur Erde – Erste Bodenproben von einem Asteroiden zur Erde – Beginn kommerzieller Produktion im erdnahen Raum – Entwicklung eines voll wiederverwendbaren Raumtransportsystems für schwere Nutzlasten und Personenbeförderung im cis-lunaren Bereich – Betriebsaufnahme einer permanenten Mondstation
2021-2040	– Nahaufnahmen des Pluto, des letzten unerforschten Planeten unseres Sonnensystems – Aufnahme der Produktion von Treibstoffen auf dem Mond – Errichtung eines Großobservatoriums auf der Rückseite des Mondes – Erste bemannte Marsexpedition – Bau eines Prototyps eines Raum-Solarkraftwerkes – Aufnahme des Tourismus in erdnahe Umlaufbahnen
2041-2060	– Die Mondbevölkerung überschreitet die Zahl 100 – Produktion von Exportgütern auf dem Mond – Aufnahme der Produktion von Weltraumstrom für die Erde – Bau einer Forschungsstation auf dem Mars – Entwicklung und Einsatz nuklearer Raumfahrtantriebe – Systematische Erforschung der Asteroiden zwecks Rohstoffgewinnung
2060-2100	– Start von Raumsonden zwecks Erforschung des interstellaren Raumes – Großmaßstäblicher Bau von Weltraum-Kraftwerken zur Unterstützung der Energieversorgung der Erde – Die Mondbevölkerung überschreitet die Zahl 1000 – Die Marsbevölkerung überschreitet die Zahl 100 – Aufnahme des Weltraumtourismus zum Mond

XIV

Das Weltall in den Medien
Unfaire Attacken

Raumfahrt – das ungeliebte Kind

Raumfahrt gleich »Star Wars« – ein ebenso verbreitetes wie unzutreffendes Vorurteil.

Es gibt immer noch eine Menge Zeitgenossen, die ernsthaft die Forderung erheben, jeden Raketenstart zwischen Erde und Mond generell zu verbieten. Dabei müßte sich auch bei den schärfsten Kritikern mittlerweile herumgesprochen haben, daß die moderne Welt ohne die Raumfahrt nicht mehr vorstellbar ist. Wettersatelliten warnen vor Wirbelstürmen, retten somit Leben und bewahren die Landwirtschaft vor Millionenverlusten. Telefongespräche von Kontinent zu Kontinent, Fernsehbilder rund um den Globus live und in Farbe, die Suche nach Bodenschätzen – all dies geschieht heute mit Hilfe von Satelliten, die – ganz nebenbei – auch das Ozonloch entdeckt haben.

Im Jahr 1995 hatten die Betreiber von Nachrichtensatelliten bereits einen Umsatz von etwa 6,5 Milliarden Dollar. In den nächsten Jahren sind Zuwachsraten bis zu 25 Prozent jährlich zu erwarten. Es ist nur eine Frage der Zeit, bis die 10-Milliarden-Dollar-Schwelle überschritten wird. Etwa 150 kommerzielle Satelliten sind gegenwärtig in Betrieb. Nach aktuellen Ankündigungen stehen in diesem Bereich Investitionen in der Größenordnung von 10 Milliarden Dollar an.[67]

»Militärische Satellitensysteme haben gegenwärtig noch eine große Bedeutung, da die Gesamtsituation im politisch-strategischen Bereich noch unübersichtlich ist. Es wird aber erwartet, daß in den nächsten Jahrzehnten die Bedeutung und der staatliche Ressourceneinsatz für militärische Aufgaben von Satelliten (der z.Zt. etwa 20 Milliarden Dollar pro Jahr beträgt) in dem Maße, wie sich die Weltlage entspannt, reduziert werden wird.

Forschungssatelliten hingegen haben eine bleibende Bedeutung. Es ist und bleibt eine staatliche Aufgabe, im Rahmen der Vorsorge für die Zukunft die Umwelt unseres Planeten zu erforschen und herauszufinden, wie der Mensch unter Weltraumbedingungen leben und arbeiten kann.«[68]

Die Erderkundung aus dem Weltall setzt Maßstäbe in Sachen Umweltschutz. Radaranlagen sind im Orbit unterwegs und beobachten rund um die Uhr flächendeckend unseren Planeten. Nicht aus politischen Gründen, sondern um Umweltsündern auf die Spur zu kommen. Ob Industrieunternehmen ihre Abwässer illegal in Flüsse, Seen oder Meere einleiten oder Tanker heimlich Altöl ablassen, den künstlichen Superaugen entgeht nichts.

In Katastrophenfällen, z. B. bei Tankerunglücken, funkt der Satellit blitzartig Informationen an Empfangsstationen auf der Erde.

Nicht weniger bedeutungsvoll im Hinblick auf irdische Anwendungsmöglichkeiten war und ist die bemannte Raumfahrt, wie der Berliner Physiologe Professor Karl Kirsch erklärt:

»Von den Experimenten in der Schwerelosigkeit verspreche ich mir erhebliche Fortschritte, besonders in der Biologie und in der Medizin. Beispielsweise könnte man die Ursachen des Muskelschwundes, der auch auf der Erde häufig auftritt, eingehender studieren.

Es lassen sich auch andere Forschungsbilder in der Entwicklungsbiologie abgrenzen: Warum entwickelt sich ein Lebewesen im Schwerefeld der Erde so, wie wir es kennen, und wie entwickelt es sich in der Schwerelosigkeit? Das sind grundsätzliche Fragen der Physiologie und der Biologie, die man mit großem Gewinn studieren könnte.

Die Erforschung des zentralen Nervensystems – beispielsweise des Gleichgewichtsorgans und des visuellen Systems, die von der Schwerkraft erheblich beeinflußt werden – hat wirklich starke Impulse von der bemannten Raumfahrt erhalten.

Es wäre ein entsetzlicher Verlust, wenn wir an dieser Stelle nicht mehr weitermachen würden. Das gleiche kann man für die Kreislaufforschung sagen, die wesentliche Impulse aus der Gravitationsphysiologie im allgemeinen und aus der Schwerelosigkeitsphysiologie im besonderen erhalten hat. Es gibt ganze Nomenklaturen, die in der Gravitationsphysiologie entwickelt wurden und die heute in alle Lehrbücher übernommen worden sind.

Man kann es auch so formulieren: Es gibt heutzutage kein Lehrbuch der Physiologie mehr – in keinem Land der Erde –, das nicht auf die Ergebnisse der Weltraumforschung zurückgreift. Es gibt kaum noch Handbücher, sei es in der Orthopädie, sei es in der Hals-Nasen-Ohren-Heilkunde oder im engeren Fachgebiet der Physiologie, in dem nicht Artikel über die Einflüsse der Schwerelosigkeit auf den menschlichen Körper veröffentlicht sind.

Wenn Leute fragen, was die bemannte Raumfahrt dem Menschen denn überhaupt bringe, antworte ich: Bitte streichen Sie sämtliche Weltraumforschungsprogramme und sagen Sie mir definitiv ein Ziel, das Sie mit dem gesparten Geld erreichen wollen! Dann kommt der Gegner sehr ins Stottern. Nein zu sagen, das geht schnell. Dafür aber etwas Positives zu formulieren, bedarf es sehr viel. Das ist der große Vorteil der Raumfahrt: Sie hat immer positive Ziele definiert und diese auch hartnäckig verfolgt und zum Erfolg geführt. Den Gegnern der bemannten Raumfahrt kann man zum Vorwurf machen, daß sie stets verneinen, aber nichts Positives dagegenhalten.«[69]

Man könnte die Liste der neugewonnenen und zu erwartenden Erkenntnisse beliebig fortsetzen. Im folgenden deshalb ein kurzer Überblick der DARA (Deutsche Agentur für Raumfahrtangelegenheiten) über den Nutzen der Raumfahrt für die natürlichen und die gesellschaftlichen Lebensgrundlagen:[70]

Umwelt:
- Erderkundung
- Erfassung von Umweltsündern
- Bestimmung des Gravitationsfeldes der Erde
- Erforschung der Ozonschicht
- Beobachtung von Überflutungen
- Untersuchung der globalen Luftverschmutzung

Extraterrestrik:
- Erforschung des Planeten Jupiter
- Erforschung des Planeten Mars
- Erforschung der Entstehung unseres Sonnensystems

- Erforschung der Sonne
- Erforschung des Mondes

Astronomie / Strahlenforschung / Wissenschaft:
- Erforschung der Sternenentstehung
- Erforschung der Röntgenstrahlen

Sicherheit:
- Suche nach vermißten Kindern
- Notrufsystem für Taxifahrer
- Hochwasservorhersage

Kommunikation:
- Übertragung von Telefongesprächen
- Übertragung von Fernsehprogrammen

Medizin:
- Humanphysiologie
- Verbesserung der Telechirurgie
- Herz-Kreislauf-Diagnostik

High-Tech:
- Materialforschung
- Erforschung der Wiedereintrittstechnologie
- Erfassung von Weltraummüll
- Entwicklung von Bremsscheiben für ICE-2-Züge

Eine imponierende Bilanz. Die Öffentlichkeit allerdings erfährt
nichts davon.

Die überwiegende Zahl der deutschen Pressevertreter hat die Raumfahrt zum ungeliebten Kind erkoren. Der Chronistenpflicht gemäß verkünden sie zwar entsprechende Erfolge, jedoch nie, ohne sich gleichzeitig – meist geschickt zwischen den Zeilen manipulierend – darüber
lustig zu machen. Der polemische Unterton ist allgegenwärtig.

Als Anfang Juni 1996 die *Ariane 5* beim Start explodierte, titelte die
»Süddeutsche Zeitung«[71] schadenfroh: »Europas Raumfahrt vor
dem Scherbenhaufen – Nach dreißig Sekunden zerbarst die Hoffnung auf einen Spitzenplatz.« Gemeint war damit ein Spitzenplatz

im Satellitengeschäft, denn der neue europäische Lastenträger hatte bei seinem gescheiterten Erstflug vier Forschungssatelliten an Bord. Natürlich steht Europas Raumfahrt nicht vor einem Scherbenhaufen, nur weil eine einzige Rakete den ersten Test nicht besteht. Im Gegenteil: Das Unglück kann und wird – wie seinerzeit bei der *Challenger*-Katastrophe – nur dazu führen, daß die notwendige Technologie noch besser und sicherer gemacht wird.

Der »Spiegel« berichtete über die Explosion: »Mit der Schubkraft von 12 startenden Jumbo-Jets hob Europas neue Superrakete vom Boden ab. Zufrieden genoß der französische Astronautenveteran Jean-Pierre Haigneré das ›langerwartete Schauspiel‹. Nur schade sei es, bedauerte Haigneré, der vor drei Jahren mit der russischen Raumstation *MIR* die Erde umkreist hatte, ›daß an der Spitze der Rakete jetzt keine Menschen ins All getragen werden‹. Sie wären nie oben angekommen.«[72] An Zynismus ist dies wohl kaum noch zu überbieten. Man hat den Eindruck, als bedauere der »Spiegel«-Autor noch nachträglich, daß anstelle von Satelliten keine Astronauten in die Luft geflogen sind.

Neue Etatkürzungen bei den Raumfahrtorganisationen sind den Journalisten ein besonders willkommener Anlaß für Spott. »NASA wird amputiert«, frohlockte am 22. Mai die »Süddeutsche Zeitung«. Die NASA hatte gerade umfangreiche Einsparungen bekannt gegeben. »Götterbote abgestürzt: Hermes wird begraben. Der Raumgleiter wird nie fliegen«, jubelte am 29. September 1992 die »Tageszeitung«, während die »Märkische Allgemeine« in ihrem vergeblichen Bemühen um eine lustige Schlagzeile am 25. November 1992 titelte: »Dem Raumgleiter Hermes sind die Flügel gestutzt.« Angesichts derart vorgefaßter Meinungen ist es nicht weiter verwunderlich, daß auch die Jahrtausendentdeckung der NASA im Marsmeteoriten ALH 84001 bei den deutschen Journalisten vorwiegend hämische Kommentare zur Folge hatte.

ALH 84001 – eine Medienanalyse

7. August 1996. Der Moderator des amerikanischen Nachrichtenkanals CNN führt routiniert, aber ohne rechte Begeisterung durch das Programm. Im Mittelpunkt Alltagsthemen: der Krieg in Tschet-

schenien, heimkehrende bosnische Flüchtlinge, der amerikanische Wahlkampf.

Es folgt eine Live-Schaltung zur spontan anberaumten Pressekonferenz der NASA. Offenbar hatte die Raumfahrtbehörde etwas Spektakuläres mitzuteilen.

Und ob sie das hatte! In einem Marsmeteoriten waren bakterienartige Strukturen entdeckt worden, Hinweise auf einstiges Leben. Die Nachricht schlug ein wie eine Bombe, und CNN konnte einmal mehr zeigen, was schneller, guter, am Zuschauerinteresse orientierter Journalismus ist. Die Amerikaner warfen das geplante Programm über den Haufen. In Windeseile wurden Experten vor die Kamera gezerrt. Exobiologen, Biochemiker, Raumfahrttechniker, Astronauten und Politiker mußten Rede und Antwort stehen. Leben auf dem Mars? Wie ist die Entdeckung einzuschätzen? Sind die Indizien hieb- und stichfest? Falls sich die Hinweise erhärten: Welche Auswirkungen hat dies für unsere Gesellschaft? Wann starten die nächsten Missionen? Fliegen auch Menschen zum Mars?

Schon bald hatte CNN eine Hotline eingerichtet, und tatsächlich liefen die Drähte heiß. Zuschauer konnten sich einklinken und an der Sensation teilhaben. Außerirdisches Leben ist möglich, ja wahrscheinlich! Diese Meldung elektrisierte Menschen aller Gesellschaftsschichten. In den amerikanischen Medien wurden sie umfassend informiert.

Die deutschen Fernsehanstalten dagegen ließen sich nicht aus der Ruhe bringen. Business as usual. Die »Tagesschau«, das Flaggschiff der ARD, rang sich am Abend immerhin noch zu einer neutralen Meldung durch. Der Sprecher verkündete mit monotoner Stimme: »Auf dem Mars hat es vor drei Milliarden Jahren möglicherweise Leben gegeben. In Meteoritengestein fanden amerikanische Wissenschaftler jetzt entsprechende Hinweise. Der melonengroße Meteorit war vor mehr als 13 000 Jahren in der Antarktis abgestürzt und 1984 dort gefunden worden. Er besteht aus erstarrter Lava, die etwa 4,5 Milliarden Jahre alt ist. In den Poren fanden die Forscher Moleküle einer Kohlenstoffverbindung, die den Bakterien auf der Erde ähneln.« Es folgte ein kurzer Korrespondentenbericht. Das war's. Kein »Brennpunkt«, keine Sondersendung, nichts dergleichen. Lediglich die dritten Programme reagierten mit einem kurzen, oberflächlich zusammengeschusterten Bericht.

Doch es handelte sich dabei nur um die Ruhe vor dem Sturm. In den kommenden Tagen und Wochen überschlugen sich die »aktuellen« Magazinsendungen geradezu, den Mars ins Zentrum ihrer journalistischen Arbeit zu rücken. Um es vorwegzunehmen: Kein einziger der Beiträge hat den Zuschauer umfassend und halbwegs ausgewogen informiert. In den meisten Fällen wurde sogar bewußt desinformiert.

Den Anfang, noch am Tag der Entdeckung, machte ein Bericht des »Südwestfunks«.[73] Der gerade angelaufene Science-fiction-Film »Independance Day« kam als Aufhänger wie gerufen. Dramatische Musik, wirre Bilder und dazu folgender Text:

»Amerika im Schatten einer stärkeren Macht. Das war eigentlich noch nie der Stoff, aus dem Hollywoods Kinoträume sind. Seit diesem Sommer ist das anders. Der Kassenfüller ›Independance Day‹ räumt auf mit der Unbesiegbarkeit der USA, auch wenn der Gegner dazu massiv aus dem All kommen muß. Natürlich verursacht die Entdeckung der NASA-Wissenschaftler auch deshalb Wirbel. (...)

In Hollywood sind aus den tumben Einzellern mittlerweile hochentwickelte Geschöpfe geworden, die der Menschheit an den Kragen wollen. (...) Londons Buchmacher haben derweil ihre Quoten für Wetten auf außerirdisches Leben gesenkt. Begründung: Man wolle keine astronomische Auszahlung riskieren. Am Ende bleibt die Frage: Was um alles in der Welt haben die Einzeller vom Mars eigentlich in den letzten drei Milliarden Jahren gemacht?«

Nun, die Frage ist wohl eher, warum der Autor sein Handwerk nicht gelernt hat. Die erste Pflicht des Journalisten ist es nämlich, den Zuschauer, den Hörer oder den Leser zu informieren. Das war in diesem Fall ganz offensichtlich nicht beabsichtigt.

Ein paar Tage später kam dann auch »Spiegel-TV« auf bewährte Art zum Zuge. Ein schnauzbärtiger, überheblich dreinblickender Moderator verkündet:

»Der Mars blieb bisher von Urlaubern in Jogginghosen, grauen Mischgewebesocken und braunen Sandalen verschont. Doch dies kann sich ändern.«

Dem krampfhaften Bemühen, witzig zu sein, wird auch hier oberste Priorität eingeräumt. Die Informationsübermittlung ist zweitrangig. Es folgt ein Beitrag, der – wie könnte es anders sein – mit einer Szene aus »Independance Day« beginnt. Dramatische Musik und folgender Text:

»Für Hollywoods Phantasten ist schon lange klar: Wir sind nicht allein in den unendlichen Weiten des Universums. Höhere extraterrestrische Intelligenz besucht von Zeit zu Zeit die Erde. Nicht immer in friedlicher Absicht. Vergangene Woche erhielten Amerikas Filmemacher Rückenwind von der NASA. (...)

Mit der Entdeckung der Marsbakterien erhält auch die Suche nach Außerirdischen neuen Antrieb. Besonders Amerika strebt wieder nach Höherem. (...) War man zur Mondlandung noch durch den Kalten Krieg angetrieben, so zählt jetzt der rein sportliche Ehrgeiz, wie beim Jogging. So verkündete ein bekannter Kennedy-Imitator (gemeint ist Präsident Bill Clinton; die Verf.) diese Woche das neue Etappenziel: »Die nächste Mission wird am 4. Juli 1997 auf dem Mars landen.«

Auch die Autoren dieses Beitrages verwechseln das Recht auf eigene Meinung mit dem Recht des Zuschauers auf Information. Dabei sind sie nicht einmal sonderlich originell. Ihre Berufsehre hätte sie eigentlich davor bewahren müssen, ein weiteres Mal Ausschnitte aus »Independance Day« zu verwenden, nachdem andere bereits schneller gewesen waren. Statt dessen leere Worthülsen um ein frei erfundenes Komplott zwischen NASA und US-Filmindustrie.

Auch »Focus-TV« ließ sich nicht lange bitten:

»Der Stein ist willkommenes Werbemittel der gebeutelten Raumfahrtbehörde NASA. In letzter Zeit glänzte die Zukunftsbehörde vor allem durch Pannen. 1986 explodierte die Raumfähre *Challenger*. Ein herber Rückschlag für die Weltraummissionare. (...) In der Öffentlichkeit startet die NASA voll durch. Pläne für zehn unbemannte Sonden zum Mars liegen in den Schubladen. Das Stück für 300 Millionen Dollar. Jetzt erhoffen viele den nötigen Geldsegen. (...) Die Kosten für solche Missionen: astronomisch. Doch die Mars-Manie soll jetzt die Frage beantworten, wie weit sich das Leben auf dem Nachbarplaneten entwickeln konnte. (...) Amerikaner, Russen und Europäer wollen die Oberfläche des Mars erkunden. Das Fernziel: Besiedlung durch den Menschen. Das Ticket für die zukünftigen Pioniere wird auf 500 Milliarden Mark taxiert. (...) Ein teures Unterfangen, aber der einzige Weg, die Männchen doch noch auf den Mars zu bringen. Und was sind schon Kosten, wenn es um einen alten Menschheitstraum geht?«

Die »Focus«-Journalisten heben sich nur insofern von den anderen ab, als sie keine Szene aus »Independance Day« verwenden. Ansonsten aber strotzt auch dieser Beitrag nur so von zynischen Wertungen (»Weltraummissionare«, »Mars-Manie«, »willkommenes Werbemittel«) und unpassender Schadenfreude über das *Challenger*-Unglück, bei dem immerhin mehrere Astronauten im Dienst der Forschung ums Leben kamen.

Natürlich darf die stereotype, undifferenzierte und – wie wir ja inzwischen wissen – völlig gegenstandslose Kritik an den Kosten der Raumfahrt nicht fehlen (in Anbetracht der Tatsache, daß sowohl »Focus«- als auch »Spiegel-TV« keine öffentlich-rechtlichen, sondern privatfinanzierte und damit gewinnorientierte Programme sind, wirken derartige Vorwürfe noch unglaubwürdiger).

Der abgegriffene Hinweis auf die Marsmännchen mußte freilich auch noch irgendwo untergebracht werden.

Wieder eine Chance verpaßt. Die Information für den Zuschauer – leider gleich null.

Bleibt als Fazit: Staatliche und private Sender haben sich gleichermaßen der Pflicht nach sachlicher Berichterstattung entzogen.

Dasselbe gilt für die Printmedien.

Nur wenige Zeitungen berichteten so sachlich über den Marsmeteoriten wie die »Neue Zürcher Zeitung« am 8. August 1996:

»Die heute von der NASA in Washington vorgestellten Ergebnisse (...) belegen eindeutige Spuren von – wenn auch sehr primitivem – Leben. Dank der von den *Viking*-Sonden übermittelten Informationen besitzt man heute eine recht präzise Vorstellung von der chemischen Zusammensetzung unseres Nachbarplaneten. Das versetzte die Forschung zwischenzeitlich in die Lage, mittels Vergleichsanalysen für immerhin zwölf auf der Erde gefundene Meteoriten einwandfrei deren Herkunft vom Mars zu bestimmen.«

Ansonsten mißachtete die überwiegende Mehrzahl der Tages- und Wochenzeitungen mit voller Absicht den Unterschied zwischen Bericht und Kommentar, einen Unterschied, der eigentlich jedem Redakteur, der etwas auf sich hält, stets präsent sein sollte. Nicht so beim Marsmeteoriten, hier sollte gespottet werden.

Beispiel »Frankfurter Rundschau« (8.8.1996):

»Der Mars macht mobil ...
›Is there any life on Mars?‹ (David Bowie)
Londons Buchmacher reagierten am Mittwoch prompt. Die seit
Jahren bestehende Wettquote, ob es außerirdische Intelligenzen im
Weltraum gibt oder nicht, wurde von 500:1 auf 25:1 gesenkt. (...)
Die beiden US-Missionen zum Mars mit den *Viking*-Sonden sind
mittlerweile 20 Jahre her. (...) Nun wird ein neuer Anlauf genommen. Noch in diesem Jahr sollen eine russische und zwei US-Son-
den zum Mars starten, um in der Vergangenheit zu graben. (...) Und
Rocksänger David Bowie wird seine Frage vielleicht doch noch
beantwortet bekommen.«
Der einem Werbeslogan nachempfundenen Titelzeile folgt das völlig unpassende Zitat eines Popstars, ein Kreis, der am Ende natürlich unbedingt geschlossen werden muß. Gefüllt wird der »falsche Hase«
mit dem schon bekannten Hinweis auf die Buchmacher und einer
bewußten Fehlinformation: Bei den neuen Sondenmissionen handelt es sich keineswegs um einen neuen Anlauf, sondern lediglich
um die Weiterführung lange geplanter Projekte.
Mit dieser Art der »Berichterstattung« erreicht die FR gerade noch
das Niveau des folgenden Artikels aus der »Recklinghauser
Zeitung«:
»Hurra, heureka, welch frohe Kunde: Wir sind nicht allein! Endlich!
100 Millionen Jahre Einsamkeit sind vorbei. (...) Mars bringt ver-
brauchte Energie sofort zurück. (...) Mitte September werden die
Außerirdischen rund um den ›Independance Day‹ angreifen.«
Nun ja, was soll man dazu noch sagen?
Von einer Provinzpostille mag man nichts anderes erwarten. Doch
leider befindet sie sich in zweifelhafter Gesellschaft.
Beispiel »Frankfurter Allgemeine Zeitung« (8.8.1996):
»NASA-Administrator Goldin macht die Entdeckung dadurch
noch interessanter, daß er die kleinen grünen Männchen mit ins
Spiel bringt. (...) Daraus wollte er Nutzen für die NASA ziehen. In
England hat sogar ein Buchmacher-Unternehmen seine Quoten
für Wetten, daß die (...)«
Wenn nicht einmal der gemeinhin seriösen FAZ etwas Originelles
einfällt, stimmt das schon bedenklich. Noch ärgerlicher aber ist, daß
auch hier absichtlich Falschinformationen unters Volk gebracht
werden. Wenn einer die kleinen grünen Männchen ins Spiel bringt,

dann die »Frankfurter Allgemeine«. Der Direktor der US-Raumfahrtbehörde, Daniel Goldin, warnte sogar ausdrücklich vor überschäumender Phantasie: »Ich möchte, daß jedem klar ist, daß wir nicht von kleinen grünen Männchen reden. Vielmehr geht es um extrem kleine, einzellige Strukturen, die in gewisser Weise den Bakterien auf der Erde ähneln.«

Natürlich wußte auch die FAZ von der Sache mit den Buchmachern ...

Die »Tageszeitung« glitt sogar in die Fäkalsprache ab (8.8.1996): »Lebenszeichen oder (...) Kojotenpisse?«

Beispiel »Süddeutsche Zeitung« (9.8.1996):

»Der geplante Coup gelang prächtig. (...) Die Werbekampagne mit Hilfe von grünen Männchen hat neben dem Versuch eines Imagegewinns folgenden Grund: Im November will die NASA zwei Sonden zum Mars schicken.«

Diese eigenwillige Logik verstehe, wer will. Es sei noch einmal betont: Die neuen Sondenmissionen sind seit den 80er Jahren geplant und haben nichts, aber auch rein gar nichts mit ALH 84001 zu tun.

Am 14. August trat dann noch einmal die »Frankfurter Allgemeine« mit der Titelüberschrift »Unredlich« auf den Plan:

»Siegesgewiß trat die NASA (...) vor die laufenden Kameras. Es sei jetzt bewiesen, suggerierte sie, Leben (...) habe es auch auf dem Mars gegeben.«

Aus unerfindlichen Gründen hatte sich die FAZ also dazu entschlossen, den Kampf gegen die NASA noch zu verschärfen, indem sie ihr nun böswillige Täuschung vorwarf. Die US-Raumfahrtbehörde informiert nicht, sie suggeriert, sie versucht also, das Volk seelisch zu beeinflussen. »Unredlich« war jedoch in Wahrheit nur die manipulierende Informationspolitik der FAZ. Denn tatsächlich erklärte Daniel Goldin zu den Lebensspuren: »Anzeichen dafür gibt es, sogar zwingende, aber keine hundertprozentig sicheren.« Was dies mit Suggestion zu tun hat, bleibt wohl für immer das Geheimnis der Frankfurter Kommentatoren.

Auch das Intellektuellenblatt »Die Zeit« meinte, sich in der Ausgabe vom 16.8.1996 in die Diskussion einmischen zu müssen, hatte jedoch außer der phantasievollen Überschrift »Mars macht mobil – Ein Klumpen vom Roten Planeten gibt der NASA verlorene Energie zurück« nichts Wesentliches beizusteuern.

Was treibt sonst eher sachliche Journalisten dazu, immer dann, wenn es um die Raumfahrt im allgemeinen und um Außerirdische im besonderen geht, in Polemik abzugleiten?

Bedeutsam ist in dieser Hinsicht die einhellige Ablehnung der NASA-Erkenntnisse quer durch den Blätterwald, unabhängig von der politischen Ausrichtung der jeweiligen Zeitung.

Ganz offensichtlich hat die überwiegende Mehrzahl der Medienvertreter keinen Zugang zu Themen, die über die Alltagsproblematik hinausgehen. Anders ist es nicht zu erklären, daß seriöse astronomische Erkenntnisse mit Spekulationen um »grüne Männchen« in einen Topf geworfen werden.

Welche Auswirkungen hat eigentlich das ständige Bombardement mit verulkenden Berichten auf die öffentliche Meinung? Eine Arbeitsgruppe der Ludwig-Maximilians-Universität München hat diese Frage untersucht.[74]

Das Ergebnis ist hochinteressant. Die Öffentlichkeit hat ein nahezu ausgewogenes Verhältnis zur Raumfahrt. Kritisiert werden berechtigterweise ihre militärische Nutzung und – ungerechterweise, aber angesichts der permanenten Beeinflussung durch die Medien nicht weiter erstaunlich – die angeblich zu hohen Kosten.

Um den Bürgern die Bedeutung der Raumfahrt näherzubringen, regen die Forscher an, »daß sich in Zukunft kompetente Persönlichkeiten aus Politik, Wirtschaft und Wissenschaft in den Medien gehäuft zu diesen Themen äußern. (...) Angestrebt werden könnte eine Öffentlichkeitsarbeit, bei der die Übermittlung von konkreten Ergebnissen und Fakten im Vordergrund steht und dadurch das Verantwortungsbewußtsein der an der Raumfahrt Beteiligten zum Ausdruck gebracht werden kann. Dies könnte eine solide Basis bilden, um Vertrauen der Bevölkerung in die Raumfahrt aufzubauen sowie die Unterstützungsbereitschaft durch die Bürger zu fördern. Hierzu gehört auch, die Bevölkerung in der Annahme zu bestärken, daß Steuergelder gerade in diesem Bereich sinnvoll und nutzbringend eingesetzt werden.«[75]

Genau dies zu tun, hätten die deutschen Politiker nach der NASA-Pressekonferenz ausreichend Gelegenheit gehabt.

Doch keiner von ihnen ging an die Öffentlichkeit, niemand forderte die Wissenschaftler auf, sich an den amerikanischen Projekten zu beteiligen. Im Rahmen der Recherchen für dieses Buch wandten wir uns an das Bundesforschungsministerium und baten um ein kurzes Telefoninterview mit Minister Jürgen Rüttgers. Normalerweise ist es ausreichend, Fachfragen mit Staatssekretären zu besprechen. In Anbetracht der Tragweite der möglichen Entdeckung außerirdischen Lebens hielten wir es jedoch für angemessen, den zuständigen Minister persönlich zu befragen. Wir sandten ein Fax etwa folgenden Inhalts an die Pressestelle in Bonn:

Sehr geehrte Frau P.,
wir telefonisch besprochen, würden wir gern für diese oder die nächste Woche ein Telefoninterview mit Herrn Minister Rüttgers vereinbaren.
Es geht um die neueste Entdeckung der NASA, die in einem Marsmeteoriten bakterienartige Strukturen entdeckt hat. Zweifellos gibt dies der Raumfahrt, auch der bemannten Raumfahrt, einen gewaltigen Anschub, vielleicht ähnlich dem der *Apollo*-Mission der 60er Jahre. Auch die Existenz außerirdischen Lebens, selbst wenn es sich nur um Einzeller handelt, ist ein faszinierender Gedanke.
Inwiefern wird sich Deutschland in Zukunft an Mond- und Marsprojekten beteiligen? Welche Zusammenarbeit wird es in Europa geben? Werden wir vielleicht wieder mehr Begeisterungsfähigkeit an den Tag legen und nicht immer *nur* an die Kosten denken? Werden wir an alte, schon beiseite gelegte Projekte wieder anknüpfen, wie z.B. *Hermes* oder die internationale Raumstation?
Diese und ähnliche Fragen möchten wir mit Herrn Rüttgers besprechen. Das Interview ist losgelöst von der Tagesaktualität, also nicht schnell und oberflächlich. Im Mittelpunkt sollen die menschliche Kreativität und der Pioniergeist stehen.
Mit freundlichem Gruß

Einen Tag später kam die Mitteilung der Pressesprecherin. Auf unserem Anrufbeantworter hieß es kurz und bündig: »Ihrem Gesprächswunsch kann leider nicht nachgekommen werden. Wir bitten um Verständnis. Auf Wiederhören.« Keine Begründung.
So etwas dürfen Journalisten freilich nicht auf sich sitzen lassen. Wir riefen erneut in der Pressestelle an und hatten diesmal den Referenten, Herrn A., am Apparat: Jawohl, er sei über den Fall informiert. Der Minister habe aber keine Zeit. Wir könnten ja trotzdem

mal einige mögliche Gesprächstermine durchgeben, und er wolle dann sehen, was sich machen ließe.

Doch dieses scheinbare Zugeständnis war nichts als Taktik. Dazu muß man wissen, daß sich Politiker von Journalisten grundsätzlich keine Interviewtermine vorschreiben lassen, was ja bei der prallgefüllten Agenda eines Ministers auch verständlich ist.

Deshalb äußerten wir gegenüber dem Referenten den Verdacht, daß das Thema »Raumfahrt« vielleicht generell unerwünscht sei?!

Von diesem Moment an war A. kaum noch zu halten. Die Vorwürfe brachen nur so aus dem Pressemann heraus: In der Tat sei die ganze Angelegenheit sehr dubios. Über Außerirdische wolle man mit dem Minister sprechen! Das Fachreferat des Ministeriums aber halte die ganze NASA-Geschichte für sehr skurril. Und überhaupt − selbst die Bildzeitung habe darüber berichtet... usw.

Wir sandten ein zweites Fax.

Sehr geehrter Herr A.,

um nicht wieder Mißverständnisse aufkommen zu lassen, möchten wir noch einmal betonen, daß wir mit dem Minister nicht über E.T.s zu sprechen gedenken, obwohl wir auch bei solchen Themen keine Berührungsängste haben. Die Entdeckung der NASA wirft lediglich die Frage auf, ob sie nicht einen ähnlichen Anschub für die Raumfahrt geben könnten wie seinerzeit Kennedys Aufbruch zum Mond. Aber wir wissen, daß dies nicht dem Zeitgeist entspricht...

Den Vorwurf allerdings, unser Gesprächsanliegen sei dubios, können wir nicht auf uns sitzen lassen.

Zu unserer Schande müssen wir gestehen, daß der entsprechende Artikel in der Bildzeitung glatt an uns vorbeigegangen ist.

Statt dessen übersenden wir Ihnen im folgenden den *Research Article* aus der weltweit anerkannten Wissenschaftszeitschrift »SCIENCE«.

Die Tatsache, daß die NASA-Arbeit hier veröffentlicht wurde, heißt einiges. Die Herausgeber haben − wie sie es immer tun − die Publikation genauestens von kritischen Fachleuten prüfen lassen. In »SCIENCE« erscheinen nicht irgendwelche Spekulationen, sondern die besten Arbeiten aus den Geowissenschaften, der Physik, der Molekularbiologie und der Medizin.

Der äußerst vorsichtig formulierte Artikel der NASA-Autoren läßt nun in der Tat den Schluß zu, daß einfaches Leben auf dem Mars vor Milliarden von Jahren existiert hat.

Die Hinweise, die sich in dem Marsmeteoriten befinden, sind interessanterweise nicht nur an der Oberfläche zu finden, sondern sie konzentrieren sich, je tiefer man in den Stein eindringt. Dies deutet darauf hin, daß es sich nicht um eine Kontamination von der Erde handelt.

Daß das Fachreferat des Ministeriums über so etwas hinweggeht, eine 13jährige Forschungsarbeit einfach wegwischt mit den Worten, man beschäftige sich lieber mit »bodenständigen Arbeiten«, das befremdet uns. Der verstorbene D1-Astronaut Reinhard Furrer sagte einmal: »Wenn wir frei vor uns im Raum eine Flüssigkeitssäule schweben sehen, und uns so etwas nicht mehr fasziniert, dann können wir die Universitäten dichtmachen.« Unserer Ansicht nach ist dieser Satz auch auf den Marsmeteoriten übertragbar. Natürlich ist der Gedanke an außerirdisches Leben, auch im Hinblick auf die möglichen Konsequenzen für die Gesellschaft, faszinierend.

Auf jeden Fall lassen wir uns unsere Interessen nicht von der Bildzeitung diktieren.

Verzeihen Sie unseren polemischen Ton, Herr A. Wir sind jedoch der Auffassung, daß ein vorschnelles Ablehnen der NASA-Entdeckung zur Folge haben könnte, daß an der deutschen Hochtechnologie wieder einmal ein Zug vorbeifährt. Es ist typisch deutsch, der NASA einen PR-Gag zu unterstellen. Ein bißchen mehr PR könnte den Deutschen nicht schaden, wenn man bedenkt, daß wir 20 Jahre gebraucht haben, um einen technisch längst ausgereiften Transrapid auf die Beine oder vielmehr auf die Stelzen zu stellen.

Wir hoffen, lieber Herr A., daß Sie sich trotz unseres heftig engagierten Briefes für einen Interviewtermin beim Minister einsetzen. Außerdem interessieren uns natürlich auch die ablehnenden Argumente Ihres Fachreferates bezüglich der NASA-Entdeckung. Sollte das Fachreferat hierzu eine schriftliche Stellungnahme angefertigt haben, bitten wir höflich um Übersendung. Dafür bedanken wir uns schon einmal im voraus und verbleiben
mit bestem Gruß

Wir haben nie wieder etwas von Herrn A. gehört.
Das Ministerium jedenfalls hat eine hervorragende Werbemöglich-

keit verpaßt. Jedes Jahr gibt die Bundesrepublik rund 1,5 Milliarden Mark für die Raumfahrt aus, doch sie weigert sich, der Öffentlichkeit mitzuteilen, wofür dieses Geld verwendet wird. Offenbar haben die maßgeblichen Politiker Angst davor, dem »Mann auf der Straße« bei all den Sparbeschlüssen ins Gedächtnis zu rufen, daß es da auch noch irgendwo ein Raumfahrtbudget gibt. Wir haben bereits gesehen, daß deutsche Wissenschaftler intensiv an der russischen Mission *Mars 96* beteiligt sind. Warum spricht die Politik nicht darüber? Sie schämt sich für etwas, auf das sie eigentlich stolz sein könnte.

Ironischerweise nennt sich das Ministerium von Jürgen Rüttgers auch »Zukunftsministerium«. Doch anstatt entschlossen auf die Zukunft zu setzen, belächeln deutsche Politiker in ihrer Überheblichkeit das Potential der Amerikaner, die immer noch sagen: »We've got to do it! We have to have a dream!« Die Amerikaner haben noch die Kraft zu träumen, und deshalb werden sie die ersten sein, die einen Menschen zum Mars schicken, nicht die Europäer und schon gar nicht die Deutschen. Der Alte Kontinent zieht es vor, sich über die vermeintliche Naivität der Amerikaner zu mokieren.

XV

Der Marsmeteorit

Ein Stolperstein

Von der Antike bis ins tiefe Mittelalter glaubten die Menschen, die Erde stehe im Mittelpunkt des Weltalls und alle übrigen Gestirne, einschließlich der Sonne, kreisten um sie.

Den entscheidenden Anstoß zur Veränderung dieser Vorstellungen gab Nikolaus Kopernikus (1473-1543). Er vertrat die Theorie, die Sonne bilde den Mittelpunkt des Weltalls.

Der Wechsel von Tag und Nacht sei dadurch zu erklären, daß die Erde sich um die eigene Achse drehe. Kopernikus brauchte rund 40 Jahre, um seine Studien zu vollenden. Als es dann schließlich soweit war, hielt er die sensationellen Entdeckungen zunächst geheim. Er ahnte voraus, was auf ihn zukommen würde. Nach all der Mühe hatte er nicht mehr die Kraft, den Spott und den Hohn seiner Gesellschaft über sich ergehen zu lassen. Zwar gab es damals noch keine Tagespresse, dafür aber die allmächtige Kirche, die immer noch dem alten ptolemäischen Weltbild anhing. Wer etwas anderes behauptete, beging Gotteslästerung. Kopernikus wußte, daß man seine neumodischen Ideen abqualifizieren, daß man über ihn lachen oder ihn gar für geisteskrank erklären würde. Natürlich befand sich die Erde im Mittelpunkt des Weltalls. Wo denn sonst?

Erst kurz vor seinem Tode, als er sicher sein konnte, daß die Ignoranz seiner Zeit ihm nichts mehr anhaben würde, veröffentlichte Kopernikus sein Werk in sechs Bänden: »Die Bücher von den Umläufen der Himmelswelten.«

Natürlich wurden die Erkenntnisse von der Kirche postwendend verdammt. Doch auf dem Scheiterhaufen verbrennen konnte man den deutschen Astronomen nicht mehr. Er war längst gestorben.

Seinem Nachfolger Galileo Galilei (1564-1642) war es vorbehalten, in den Kampf gegen den Zeitgeist zu ziehen. Durch die Linse seines selbstkonstruierten Fernrohrs sah das italienische Universalgenie, daß die Milchstraße aus Millionen von Sternen bestand. Er erkannte, daß Kopernikus recht gehabt hatte und – erklärte dies öffentlich. Die Reaktion der Kirche: erzürnte Würdenträger, wütender Protest. Die Inquisition verurteilte Galilei 1616 zum Schweigen.

Für einige Jahre gab er nach, doch schon bald schlug er sich erneut auf die Seite von Kopernikus. Erst unter Androhung der Folter zog er sich zurück – um alsbald weiter für die Wissenschaft zu streiten. Er tat dies bis an sein Lebensende. Er experimentierte im Geheimen, er schrieb Bücher, die auf den Index kamen und nie veröffentlicht wurden. Andere Denker, wie Giordano Bruno (1548-1600), wurden als Ketzer verbrannt. Heute übernehmen in vielen Fällen die Medien den Job der Kirche. Sie können zwar niemanden mehr zum Tod auf dem Scheiterhaufen verurteilen, statt dessen aber benutzen sie (frei nach Norman Mailer) ihre Schreibmaschine wie einen elektrischen Stuhl. Wer gegen den Strom schwimmt, wird vor den Augen der Öffentlichkeit verhöhnt und lächerlich gemacht.

Nun wollen wir offenlassen, ob die Entdeckung im Marsmeteoriten ALH 84001 geeignet ist, unser Weltbild und unseren Schöpfungsglauben erneut ins Wanken zu bringen. Ins Stolpern aber hat uns der Stein bereits gebracht.

Die mikroskopischen Lebensspuren haben ihrerseits Spuren in unserer Gesellschaft hinterlassen, winzig noch, und doch unübersehbar. Wenn sich die Erkenntnisse der NASA erhärten, ist dies tatsächlich die größte wissenschaftliche Entdeckung in diesem Jahrhundert, eine Entdeckung, die unsere gesamte Geistesentwicklung in den nächsten Jahrzehnten zutiefst beeinflussen wird.

Wir sind nicht allein, diese so oft belächelte Vermutung wird zur Realität. Die Erde steht nicht im Mittelpunkt des Weltalls. Das wissen wir zwar seit Kopernikus, aber richtig bewußt waren wir uns dessen nie. Auf unseren Planeten mochte dies – rein geographisch – vielleicht zutreffen, aber doch nicht auf uns selbst. Wir halten uns nach wir vor für den Nabel der Welt, die Krone der Schöpfung. Wir sind die Größten, die einzigen denkenden Wesen auf diesem Planeten und auch in den unendlichen Weiten des Kosmos. Bei all den täglichen Nöten ist es zwar verständlich, daß sich der einzelne noch immer auf einer Scheibe wähnt. Doch der Bewußtseinsprozeß hat bereits begonnen. Das Leben auf der Erde ist kein Einzelfall. Insofern ist auch die menschliche Rasse im kosmischen Maßstab keineswegs etwas besonderes.

Wie kommt nun die Religion heute mit den neuen Erkenntnissen zurecht?
Wir sprachen mit herausragenden Vertretern dreier großer Weltreligionen,
mit dem katholischen Fundamentaltheologen Prof. Hans Waldenfels (Universität Bonn), mit Prof. Abdal Djad Falaturi, dem Direktor der islamwissenschaftlichen Akademie Hamburg, und mit dem Bischof der evangelischen Kirche von Berlin und Brandenburg, Dr. Wolfgang Huber.

Frage: Wir leben in einer Galaxis mit 200 Milliarden Sternen. Und man schätzt, daß es weitere 200 Milliarden Galaxien gibt. Was geht Ihnen bei solch astronomischen Zahlen durch den Kopf?
Prof. Waldenfels: Zunächst einmal versagt die Sprache. Wenn wir naturwissenschaftlichen Dingen nachgehen, geraten wir irgendwann in eine nicht mehr formulierbare Situation. Da gibt es Ahnungen, da gibt es Zahlen von einer nicht mehr nachvollziehbaren Größe. Wenn wir uns also bisher immer Bilder von Gott gemacht haben, dann müssen die notwendigerweise an einem Punkt, an dem selbst die Wissenschaft unbildhaft wird, zu Ende sein.
Es bleiben eigentlich nur drei Ansatzpunkte: Woher kommen wir? Was hat mir das Leben gebracht? Und was ist der Sinn des Lebens?
Wir müssen bedenken, daß wir uns lange Zeit als das Maß der Dinge gesehen haben. Durch die neuen naturwissenschaftlichen Erkenntnisse gilt jetzt nicht mehr nur die Frage: Was bin ich, was ist Europa oder diese Erde?, sondern jetzt müssen wir uns fragen: Was ist diese Welt?
Prof. Falaturi: Der Koran, die Heilige Schrift der Muslime, hat die Eigenart, immer wieder auf kosmische Wunder hinzuweisen, um zu zeigen, daß es einen Schöpfergott gibt. Insofern gilt: Je größer das Weltall, desto intensiver wird der kosmische Beweis für einen

weisen Schöpfergott sein. Der Koran dokumentiert das sogar: »Aller Preis gehört Gott, dem Herrn der Welten.« Es wird im Plural gesprochen.

Dieser Plural muß mehr meinen als nur Diesseits und Jenseits.

Bischof Huber: Mir geht dabei durch den Kopf, welch ein Wunder es ist, daß Leben nun ausgerechnet in unserem Winkel des Kosmos entstanden ist und sich entwickelt hat. Solche Zahlen sind für mich schon immer eine Erinnerung daran gewesen, daß ein Herrschaftsanspruch derjenigen, die gerade auf diesem Planeten leben, im Hinblick auf den gesamten Kosmos vollkommen unbegründet ist. Es kann sehr wohl sein, daß es eine andere Ecke im Kosmos gibt, in der sich auch Leben entwickelt hat oder entwickeln wird. Ich möchte Ihnen gerne einen Witz erzählen, der mich in diesem Zusammenhang sehr beschäftigt:

Zwei Planeten begegnen sich auf ihrer Umlaufbahn. Sie begegnen sich immer wieder und kennen sich von daher.

Dem einen Planeten fällt eines Tages auf, daß der andere ganz besonders blaß aussieht, und er sagt zu ihm: »Hallo, du siehst so blaß aus. Fehlt dir etwas?«

Der andere antwortet. »Ja, mir fehlt etwas.«

»Was fehlt dir denn?«

»Ich bin krank.«

»Ja«, fragt der eine Planet noch einmal, »was ist denn, welche Krankheit hast du denn?«

»Ich habe Homo sapiens.«

»Ach«, sagt der andere, »das ist ja nicht so schlimm, das geht vorbei, das habe ich auch schon gehabt.«

Ein makabrer Witz. Er zeigt, daß das Leben, an dem wir selber teilhaben, etwas zeitlich und räumlich ganz begrenztes ist. Daß der Kosmos selbst unendlich viel größer ist als alles, was wir überblicken können. Schon von daher gibt es überhaupt keinen Grund dafür, daß wir einen Ausschließlichkeitsanspruch auf Leben für denjenigen Lebensbereich in Anspruch nehmen, an dem wir als Menschen auf der Erde teilhaben.

Frage: Welche Bedeutung hat die Entdeckung der NASA für Ihre Religion?

Ist sie nicht eine Herausforderung für den Glauben, für das tradierte Gottesbild?

Prof. Waldenfels: Im Grunde sind wir heute trotz Galileo Galilei größere Geozentriker als früher. Wir haben zwar bestimmte Sternenverläufe besser einschätzen gelernt, aber im Grunde haben wir uns gedanklich seit dem Altertum nicht verändert.

Eine wissenschaftliche Untersuchung findet jedoch auf einer anderen Ebene statt als eine religiöse Unterweisung. Das Gottesbild gerät möglicherweise ins Wanken, aber nicht die göttliche Wirklichkeit.

Aus der Geozentrik hat sich auch eine Anthropozentrik ergeben. Die ist aber auf Dauer nicht durchzuhalten. Wir merken ja mehr und mehr, daß wir selbst im Grunde genommen in unserer eigenen Welt immer ohnmächtiger werden.

Mit der Entdeckung des außerirdischen Elements – ohne es genau benennen zu wollen – wächst der Sinn für Gott und Göttliches.

Prof. Falaturi: Die NASA-Entdeckung wird einen Moslem in seinem Glauben mehr bestärken als ihn vor etwas Ungewisses zu stellen. Die islamische Weltanschauung ist frei und kann mit Bewunderung solche Entdeckungen als Ausdruck der Allmacht Gottes anerkennen.

Einen Schöpfergott kann man nicht relativieren. Der Koran legt sich ja auch nicht auf einen personifizierten Gott fest.

Ich würde mich persönlich sogar freuen, wenn sich die NASA-Entdeckung erhärtet. Auch die Atheisten haben keine Erklärung für die Entstehung des Lebens. Sie sagen nur: Es ist von selbst entstanden. Das ist keine Erklärung. Die Religion erklärt die Schöpfung wenigstens mit einer weisen Macht. Die Gläubigen stehen auf festeren Füßen.

Bischof Huber: Es ist eine Herausforderung für unser Weltbild, denn instinktiv haben wir uns noch immer in einem geozentrischen Weltbild eingerichtet. Es gehört natürlich auch zu den Lebensnotwendigkeiten von Menschen, daß sie sich nicht Tag für Tag bewußt machen, wie kompliziert die Welt ist, in der sie sich zurechtfinden sollen. Insofern ist die Konzentration auf das eigene Lebensumfeld ein ganz natürlicher Mechanismus.

Wir denken nicht Tag für Tag an den Globus, sondern eher an die Region, in der wir uns bewegen. Und da stellen wir uns in der Tat auch nicht vor, wir würden den halben Tag mit dem Kopf nach unten herumlaufen.

Ich halte es für ganz wichtig, daß diese Abstraktion immer wieder durchbrochen wird – wie es jetzt geschehen ist. Wenn es also so ist, wie die NASA im Augenblick annimmt, dann ist das für mich ein Hinweis darauf, daß ein konsequent theozentrisches Weltbild viel mehr an tiefer Einsicht birgt als die Menschen oft denken.

Frage: Der Schweizer Schriftsteller Erich von Däniken schreibt über sogenannte *Cargo*-Kulte,[76] die entstehen, wenn eine technisch hochentwickelte auf eine technisch zurückgebliebene Kultur trifft. Die Menschen mit der fortgeschrittenen Technologie werden für Götter gehalten.

Däniken nennt diese Kulturkonfrontation »Götterschock«. Ist so etwas auch in unserer Zeit vorstellbar, wenn unsere irdische Gesellschaft mit einer technisch weiterentwickelten außerirdischen Zivilisation in Berührung käme?

Prof. Waldenfels: Dieses Feld sollte man im Augenblick zwar nicht unbedingt ausklammern, aber man sollte sich vor Spekulationen hüten. Die bringen uns nicht weiter.

Wir haben keinerlei Erfahrungen im Umgang mit »Menschen« aus außerirdischen Bereichen. Man kann natürlich fragen: Wie sind wir umgegangen mit den Menschen, die wir in Afrika oder Amerika »entdeckt« haben? Es gab und gibt ja auch heute noch Leute, die fragen, ob jemand mit anderer Hautfarbe oder Sprache überhaupt ein Mensch ist.

Mit Außerirdischen läßt sich das, so meine ich, im Augenblick noch nicht durchspielen.

Aber wir haben Galileo angesprochen. Und weil das hinter uns liegt, sind wir natürlich vorsichtig im Umgang mit neuen Entdeckungen und Beobachtungen. Die Kirche wird heute in vielen Situationen geneigt sein, zunächst keine Stellung zu beziehen.

Wir müssen solche Dinge einfach beobachten.

Prof. Falaturi: Für einen Moslem kommt es zu keinem »Götterschock«, diese Möglichkeit lebt in der islamischen Tradition. Im Gegenteil: Wenn man Gottes Schöpfungskunst nur auf diese Erde beschränkt, dann heißt das, daß man die Allmacht Gottes begrenzt. Das ist eine fast kränkende, beleidigende Vorstellung. Die islamische Welt ist mental vorbereitet auf so etwas.

Bischof Huber: Man kann und muß über außerirdisches Leben sprechen. Und das unter zweierlei Gesichtspunkten. Einerseits muß der anmaßende Anspruch, wir befänden uns an dem einzigen Ort, an dem Leben möglich ist, besonders höher entwickeltes, kritisch in Frage gestellt werden.

Zum anderen müssen die Ängste, die projiziert werden auf die Möglichkeit einer Begegnung mit Lebewesen von anderen Planeten doch bearbeitet und besprochen werden. Die Entmythologisierung solcher anderen Lebewesen sollte am besten stattfinden, bevor man mit ihnen konfrontiert ist. Und sie sollte auch dann stattfinden, wenn man annimmt, daß die Begegnung mit ihnen auf absehbare Zeit eine ist, die nur in unseren Köpfen passiert.

In der Tat hat es etwas von Götterkampf, was in unserer Vorstellung geschieht, und für jeden Götterkampf ist es gut zu wissen, daß der Platz Gottes besetzt ist, in einer Weise, die nicht bedrohlich und Angst machend, sondern befreiend und zum Leben helfend ist.

Ich glaube, die Menschen sind deswegen so fasziniert – auch beunruhigt –, weil da eine ganz neue Dimension von Leben als möglich geschildert wird, die *nicht* von uns hervorgebracht, nicht mal von uns beeinflußt wird, die jenseits des Einflußbereiches heute möglichen menschlichen Handelns liegt. Und das ist eine ungeheure Provokation für das gesamte neuzeitliche Weltbild. Das wäre wirklich ein Schritt, der den hochtrabenden Namen des Übergangs in die Postmoderne verdienen würde. Weil sich nämlich etwas für das menschliche Leben ganz Zentrales vollzöge, ohne daß es durch menschliches Handeln beeinflußt würde. Es könnte nur zur Kenntnis genommen werden. Das fände ich daran ziemlich heilsam.

Schlußwort

Zum Abschluß soll hier noch einmal Heinz-Hermann Koelle zu Wort kommen, der Mann, der geholfen hat, Menschen unversehrt zum Mond und wieder zurück zu bringen; der schon jetzt durch seine Visionen und Studien seinen Teil dazu beiträgt, daß wir dermaleinst die Grenze zu den Sternen überschreiten werden:

»Die Evolution unseres Planeten hat eine Geschichte von mehr als fünf Milliarden Jahren. Auf dieser Zeitskala hat die menschliche Rasse erst seit kurzem einen Platz. Sie erschien vor rund einer Million Jahren auf dem Planeten, den wir ERDE nennen.

Die Menschen haben im Laufe der Entwicklung gelernt, das Feuer zu bändigen, sie haben das Rad erfunden und es geschafft, auf Schiffen über die Ozeane zu segeln. Bald waren sie in der Lage, Eisen herzustellen und schließlich, vor ein paar Jahrhunderten, das Schießpulver, beides wichtige Voraussetzungen für das Industriezeitalter.

Die Entfaltung der modernen Technologie begann vor 200 Jahren mit der Erfindung der Dampfmaschine, welche den Menschen von harter körperlicher Arbeit befreite.

Erst hundert Jahre ist es her, da lernten die Menschen zu fliegen, und vor nicht einmal vier Jahrzehnten begannen sie, mit Raketen den Weltraum zu erforschen.

1969 betrat der Mensch zum ersten Mal einen fremden Himmelskörper, den Mond. Alle zukünftigen Generationen werden sich an diesen wichtigen historischen Moment erinnern.

Viele fragten anschließend: Sollen wir mit der Erforschung des Weltraums weitermachen? Die Antwort ist einfach: Kein Individuum, keine Nation hat das Recht, die Evolution der Menschheit zu stoppen.

Die Internationale Raumstation ist der nächste, aber nicht der letzte Schritt. Wir werden lernen, im Weltraum zu leben und zu arbeiten. Im 21. Jahrhundert folgt die Reise zu den Nachbarplaneten. Wir werden lernen, die extraterrestrischen Ressourcen zu nutzen, um das Überleben unserer Rasse zu sichern und die Lebensqualität auf der Erde zu verbessern.

Dieser Entwicklungsprozeß wird seinen Höhepunkt in der Gründung menschlicher Siedlungen finden. Aber nicht nur auf dem Mond, auch auf dem Mars und anderen Himmelskörpern.

Wir können auch nicht ausschließen, daß wir in den kommenden 10 000 Jahren Kontakt mit fremden Zivilisationen in benachbarten Sonnensystemen bekommen. Wer weiß?

Es gibt keinen Grund und keine Möglichkeit, die Evolution der menschlichen Rasse auf und jenseits der Erde aufzuhalten. Politiker und Wissenschaftler können durch ihre Handlungen und Entscheidungen nur den Gradienten des Fortschritts beeinflussen.

Und wenn dies alles wahr ist, dann sollten die verantwortlichen Regierungen einen globalen langfristigen Prozeß initiieren. Dieser Prozeß muß einen gerechten Ausgleich schaffen zwischen den benachteiligten Mitgliedern der Völkergemeinschaft heute und den Menschen der Zukunft. Auf diese Weise können wir rechtzeitig die Ausbreitung des Menschen ins All vorbereiten.

Vom philosophischen Standpunkt aus hat die Menschheit zwei Alternativen: Entweder sie öffnet das Tor zu den Ressourcen des Alls und gedeiht oder sie beschreitet den Weg der Ausbeutung auch der letzten irdischen Bodenschätze und stirbt.«

Der Mensch wird lernen, im Weltraum zu leben ... und zu arbeiten. *(Quelle: NASA)*

Anmerkungen

1 Adalbert Bärwolf, 1969, S. 2.
2 Joachim Herrmann, 1993, S. 230.
3 Ernst Stuhlinger u.a., 1992, S. 347.
4 Carl Sagan, 1996, S. 230.
5 Jesco von Puttkamer, 1996, S. 170.
6 ebd., S. 175 ff.
7 Carl Sagan, 1983, S. 190.
8 Puttkamer, S. 201.
9 Herrmann, S. 254.
10 Adalbert Bärwolf, 1976, S. 7.
11 Puttkamer, S. 198.
12 Stuhlinger, S. 172.
13 ebd., S. 199.
14 Mission Mars, DLR-Presseinformation, 1996, S. 3.
15 ebd., S. 4.
16 Stuhlinger, S. 351.
17 ebd., S. 197.
18 ebd., S. 466.
19 Zitiert nach AP, 12.5.1990.
20 Karl Berg, 1990.
21 Zitiert nach Odenwald, 1991.
22 Hermann-Michael Hahn, 1992.
23 Zitiert nach dpa, 30.5.1994.
24 Prof. Volker Erdmann in der SDR-Hörfunk-Talkshow »Rückkehr zum Mond«, November 1994.
25 Heinz-Hermann Koelle, 1983.
26 ebd., S. 5 ff.
27 ebd., S. 1.
28 ebd., S. 2.

29 Interview mit Prof. Heinz-Hermann Koelle im Juni 1994.
30 Thomas P. Stafford, 1991.
31 Interview mit Prof. Karl Kirsch im Juni 1994.
32 Interview mit Prof. Heinz-Hermann Koelle, 1996.
33 ebd.
34 ebd.
35 Herrmann, S. 145.
36 Interview mit Prof. H.-H. Koelle, 1996.
37 Puttkamer, S. 271 ff.
38 Sagan, 1996, S. 282.
39 George W. Morgenthaler, 1995.
40 ebd., S. 19.
41 ebd., S. 109.
42 ebd., S. 99.
43 Michael Reichert, 1996.
44 Berliner Morgenpost, 19.9.1996, S. 30.
45 Stuhlinger, S. 9.
46 Jeremy Kingston, 1980, passim.
47 Angela D. Friederici und Reinhard Furrer, 1987.
48 ebd., S. 38.
49 ebd., S. 41.
50 Interview mit Prof. Reinhard Furrer im Juni 1994.
51 Furrer, 1987, Raumerfahrung, S. 49.
52 Robert Hermann Tenbrock, 1976, S. 153.
53 Malte Heim, 1982, S. 135.
54 Berliner Morgenpost, 21.9.1996.
55 Stuhlinger, S. 194 ff.
56 Reinhard Furrer in der SDR-Hörfunk-Talkshow »Rückkehr zum
    Mond«, November 1994.
57 Sagan, 1996, S. 356.
58 ebd., S. 359.
59 Christopher P. McKay, 1991, S. 489.
60 Michael Odenwald, 1991.
61 ebd.
62 Horst Rademacher, 1993.
63 Frederick Turner, 1990, S. 37.
64 Herman Kahn, 1976, S. 17.
65 Koelle, 1996, S. 12.
66 ebd., S. 12.
67 ebd., S. 15.

68 ebd., S. 15.
69 Interview mit Prof. Karl Kirsch im Juni 1994.
70 DARA-Medien-Analyse, Raumfahrt in der öffentlichen Meinung, 1996, S. 14 ff.
71 Süddeutsche Zeitung, 5. Juni 1996.
72 Der Spiegel, 24/1996, S. 164.
73 Ausgestrahlt in SFB/B1 am 7.8.96, 22 Uhr.
74 Claudia Bolzani, 1993.
75 ebd., S. 30.
76 Erich von Däniken, 1985, S. 105 ff.

Literaturverzeichnis

Baker, V.R. und Milton, D.J. (1974): *Erosion by catastrophic floods on Mars and Earth.* Icarus, 23, S. 27-41.

Banin, A. and Navrot, J. (1979): *Chemical fingerprints of life in terrestrial soils and their possible use for the detection of life on Mars and other planets.* Icarus, 37, S. 347-350.

Bärwolf, A. (1969): *Das Unternehmen Apollo 11 – Eine Dokumentation.* Die Welt (Sonderdruck), 16.- 24.7.1969.

Bärwolf, A. (1976): *Viking landete auf den Punkt.* Die Welt, 22.7.76.

Benz, W., Slattery, W.L. und Cameron, A.G.W. (1986): *The origin of the Moon and the single impact hypothesis. I.* Icarus, 66, S. 515-536.

Berg, K. (1990): *Drei große Hindernisse vor einem bemannten Marsflug.* Berliner Zeitung, 22.12.1990.

Binzel, R.P., Barucci, M.A. und Fulchignoni, M. (1991): *Ursprung und Entwicklung der Asteroiden.* Spektrum der Wissenschaft, 12, S. 110-117.

Bolzani, C. u.a. (1993): *Raumfahrt, Teil 1, Assoziationen,* Forschungsbericht. München.

Bowring, S.A. und Housh, T. (1995): *The Earth's early evolution.* Science, 269, S. 1535-1545.

Brakenridge, G.R. (1990): *The origin of fluvial valleys and early geologic history, Aeolis Quadrangle, Mars.* Journal of Geophysical Research, 95/B11, S. 17289-17308.

Brock, T.D. (1978): *Thermophilic microorganisms and life at high temperatures.* Springer-Verlag, New-York - Berlin.

Cabrol, N.A. und Grin, E.A. (1995): *A morphological view of potential niches for exobiology on Mars.* Planetary and Space Sciences, 43-1/2, S. 179-188.

Cairns-Smith, A.G. (1982): *Genetic takeover.* Cambridge University Press, Cambridge, England.

Carr, M.H. (1973): *Volcanism on Mars.* Journal of Geophysical Research, 78,20, S. 4049-4062.

Carr, M.H. (1983): *Stability of streams and lakes on Mars.* Icarus, 56, S. 476-495.

Carr. M.H. und Clow, G.D. (1981): *Martian channels and valleys: Their characteristics, distribution, and age.* Icarus, 48, S. 91-117.

Carr, M.H. und Schaber, G.G. (1977): *Martian permafrost features.* Journal of Geophysical Research, 82,28, S. 4039-4045.

Chyba, C.F. (1987): *The cometary contribution to the oceans of primitive Earth.* Nature, 330, S. 632-635.

Chrick, F.H.C. und Orgel, L.E. (1973): *Directed Panspermia.* Icarus, 19, S. 341-346.

Däniken, E.V. (1985): *Habe ich mich geirrt?* München.

de Deuve, C. (1995): *Aus Staub geboren – Leben als kosmische Zwangsläufigkeit.* Spektrum Akademischer Verlag, Heidelberg.

de Deuve, C. (1996): *Die Herkunft der komplexen Zellen.* Spektrum der Wissenschaft, 6, S. 60-68.

de Hon, R.A. (1992): *Martian lake basins and lacustrine plains.* Earth, Moon, and Planets, 56, S. 95-122.

Dose, K. (1987): *ISSOL und der Ursprung des Lebens.* Naturwissenschaftliche Rundschau, 40, 2, S. 63-64.

Dose, K. (1987): *Präbiotische Evolution und der Ursprung des Lebens.* Chemie in unserer Zeit, 21/6, S. 177-185.

Edmond, J.M. und v. Damm, K. (1985): *Heiße Quellen am Grund der Ozeane. In: Giese, P. (Hrsg.), Ozeane und Kontinente.* Spektrum der Wissenschaft. Verlagsgesellschaft, Heidelberg, S. 216-229.

Eigen, M. (1987): *Stufen zum Leben.* R. Piper, München – Zürich.

Feinberg, G. und Shapiro, R. (1980): *Life beyond Earth.* Morrow, New York.

Friederici, A.D. und Furrer R. (1987): *Wahrnehmung und Vorstellung von Raum.* Spektrum der Wissenschaft.

Furrer, R. (1987): *Raumerfahrung in der Schwerelosigkeit,* Spektrum der Wissenschaft, Februar 1987.

Fox, S.W. (1969) *Self-ordered polymers and propagative cell-like systems.* Die Naturwissenschaften, 56, S. 1-9.

Fox, S.W. und Dose, K. (1977): *Molecular evolution and the origin of life.* Marcel Dekker Inc., New York.

Friedmann, E.I. and Ocampo, R. (1976): *Endolithic blue-green algae in the dry valley: Primary producers in the Antarctic desert ecosystem.* Science, 203, S. 1247-1249.

Friedmann, E.I. and Ocampo-Friedmann, R. (1984): *The Antarctic crypotendolithic ecosystem: Relevance to exobiology*. Origins of Life, 14, S. 771-776.

Goldspiel, J.M. und Squyres, S.W. (1991): *Ancient aqueous sedimentation on Mars*. Icarus, 89, S. 392-410.

Gulik, V.C. und Baker, V.R. (1989): *Fluvial valleys and martian palaeoclimates*. Nature, 341, S. 514-516.

Hahn, H.-M. (1992): *Verhältnisse auf dem Mars simulieren*. Frankfurter Allgemeine Zeitung, 30.1.1992.

Harder, H. und Christensen, U.R. (1996): *A one-plume model of martian mantle convection*. Nature, 380, S. 507-509.

Hartmann, W.K. (1977): *Cratering in the Solar System*. Scientific American, 1, S. 84-99.

Harvey, R.P. und McSween, H.Y. jr. (1996): *A possible high-temperature origin for the carbonates in the martian meteorite ALH84001*. Nature, 382, 49-51.

Heim, M. (1982): *Die Zukunft des Menschen im All*. Heyne Science Fiction Magazin, 2, München.

Herrmann, J. (1993): *Bertelsmann Lexikon Astronomie*, Gütersloh.

Hoyle, F. und Wickramasinghe, C. (1985): *Leben aus dem All*. In: J. und P. Fiebag (Hrsg.): *Aus den Tiefen des Alls*. Hohenrain-Verlag, Tübingen, S. 65-74. Neuauflage: Ullstein-Taschenbuchverlag, Berlin 1995.

Jöns, H.-P. (1990): *Das Relief des Mars' – Versuch einer zusammenfassenden Übersicht. Teil III: Tiefländer, Polkappen, fossile großflächige Wasser-/Schlammaktivitäten*. Geologische Rundschau, 79, S. 131-164.

Jöns, H.-P. (1991): *Der Mars*. Geographische Rundschau, 43, S. 98-109.

Kahn, H. (1976): *Wir besiegen den Mangel und schaffen Überfluß*. Die Welt, 20.11.76.

Kanavarioti, A. and Mancinelli, R.L. (1990): *Could organic matter have been preserved on Mars for 3,5 billion years?* Icarus, 84, 196-202 (Duluth).

Karlsson, H.R., Clayton, R.N., Gibson, E.K.jr. und Mayeda, T. (1992): *Water in SNC meteorites. Evidence for a martian hydrosphere*. Science, 255, S. 1409-1411.

Kaula, W.M. (1990): *Venus: A contrast in evolution to Earth*. Science, 247, S. 1191-1196.

Kingston, J. u.a. (1980): *Katastrophen und Krisen*, Klagenfurt.

Klein, H.P. (1996): *On the search for extant life on Mars*. Icarus, 120, S. 431-436.

Klein, H.P., Horowitz, N.H., Levin, G.V., Oyama, V.I., Lederberg, J., Rich, A., Hubbard, J.S., Hobby, G.L., Straat, P.A., Carle, G.C., Brown, F.S., and Johnson, R.D. (1976): *The Viking biological investigation: Preliminary results.* Science, 194, S. 99-105.

Koelle, H.-H. (1983): *Entwurf eines Projektplanes für die Errichtung einer Mondfabrik,* TU Berlin.

Koelle, H.-H. (1996): *Chancen und Herausforderungen der Raumfahrttechnik im 21. Jahrhundert.* TU Berlin.

Knoll, A.H., Golubic, S., Green, J., Swett, K. (1986): *Organically preserved microbial endoliths from the late Proterozoic of East Greenland.* Nature, 321, S. 856-857.

Kvenvolden, K., Lawless, J., Pering, K., Peterson, E., Flores, J., Ponnamperuma, C., Kaplan, I.R. und Moore, C. (1970): *Evidence for extraterrestrial amino-acids and hydrocarbons in the Murchison Meteorite.* Nature, 228, S. 923-926.

Levin, G.V. and Straat, P.A. (1977): *Recent results from the Viking labeled release experiments on Mars.* Journal of Geophysical Research., 82,28, S. 4663-4667.

Levin, G.V. and Straat, P.A. (1986): *A reapprisal of life on Mars.* In: D.B. Reiber (ed.): The NASA Mars Conference, Vol. 71, 187-208, American Astronautical Society.

Levin, G.V. and Straat, P.A. (1976): *Viking labeled release biology experiment: Interim results.* Science, 194, S. 1322-1323.

Lucchitta, B.K. (1981): *Lakes or playas in Valles Marineris.* NASA Technical Memorandums, No. 84211, Houston, S. 233-234.

Lucchitta, B.K. (1987): *Recent mafic volcanism on Mars.* Science, 235, S. 565-567.

McKay, C. (1986): *Exobiology and future Mars missions: The search for Mars' earliest biosphere.* Advances in Space Research, 6,12, S. 269-285.

McKay, C.P. und Davis, W.L. (1991): *Duration of liquid water habitats on early Mars.* Icarus, 90, S. 214-221.

McKay, C.P. und Nedell, S.S. (1988): *Are there carbonate deposits in the Valles Marineris, Mars?* Icarus, 73, S. 142-148.

McKay, C.P. u.a. (1991): *Making Mars Habitable.* Nature, Vol. 352.

McKay, D., Gibson, E.K. Jr., Thomas-Keprta, K.L., Vali, J., Romanek, C.S., Clemett, S.J., Chillier, X.D.F., Maechling, C.R. und Zare, R.N. (1996): *Search for past life on Mars: Possible relic biogenic activity in martian meteorite ALH84001.* Science, 273, S. 924-930.

Morgenthaler, G.W. (1995): *The International Exploration of Mars.* Paris.

Mouginis-Mark, P.J. (1985): *Volcano/Ground Ice interactions in Elysium Planitia, Mars.* Icarus, 64, S. 265-284.

Nedell, S.S., Andersen, D.W., Squyres, S.W. und Love, G.F. (1987): *Sedimentation in ice-covered Lake Hoare, Antarctica.* Sedimentology, 34, S. 1093-1106.

Nedell, S.S., Squyres, S.W. und Andersen, D.W. (1987): *Origin and evolution of the layered deposits in the Valles Marineris, Mars.* Icarus, 70, S. 401-441.

Neukum, G. und Hiller, K. (1981): *Martian ages.* Journal of Geophysical Research, 86, B4, S. 3097-3121.

Odenwald, M. (1991): *Faszinierende Visionen von der »Urbarmachung« des Planeten Mars.* Frankfurter Rundschau, 10.8.1991.

Owen, T. (1980): *The search for early forms of life in other planetary systems: Future possibilities afforded by spectro-scopic techniques.* In: M.D. Papagiannis (Hrsg.): *Strategies for the search for life in the universe.* Astrophysics and Space Science Library, Vol. 83, D. Reidel Publ. Comp., Dordrecht, Holland, 1980, S. 177-185.

Pflug, H.-D. (1985): *Gedanken zum Ursprung des Lebens.* Umschau in Wissenschaft und Technik, 1, S. 16-20.

Pflug, H.-D. und Jaeschke-Boyer, H. (1979): *Combined structural and chemical analysis of 3,800-Myr-old microfossils.* Nature, 280, S. 483-486.

Puttkamer, J. (1996): *Jahrtausendprojekt Mars.* München/Esslingen.

Rademacher, H. (1993): *Eine Mischung aus »Raumstation und religiösem Kibbuz«.* Frankfurter Allgemeine Zeitung, 28.9.93.

Reichert, M. (1996): *Rahmenbedingungen für Kostenvorteile zukünftiger Raumfahrtprogramme,* Dissertation, TU Berlin.

Reynolds, R.T., Squyres, S.W., Colburn, D.S., and McKay, C.P. (1983): *On the hability of Europa.* Icarus, 56, S. 246-254.

Robinson, C.A. (1995): *The crustal dichotomy of Mars.* Earth, Moon, and Planets. 69, S. 249-269.

Rothschild, L.J. (1990). *Earth analogs for martian life. Mikrobes in Evaporites, a new model system for life on Mars.* Icarus, 88, S. 246-260.

Sagan, C. (1983): *Aufbruch in den Kosmos,* 2. Auflage, München.

Sagan, C. (1996): *Blauer Punkt im All.* München.

Saunders, R.S., Arvidson, R.E., Head III, J.W., Schaber, G.G., Stofan, E.R. und Solomon, S.C. (1991): *An overview of Venus geology.* Science, 252, S. 249-252.

Schiedlowski, M. (1988): *A 3,8-million-year isotopic record of life from carbon in sedimentary rocks.* Nature, 333, S. 313-318.

Schneeberger, D.M. (1989): *Episodic channel activity at Ma'adim Valles, Mars.* Lunar and Planetary Sciences, XX, S. 964-965.

Sleep, N.H., Zahnle, K.J., Kasting, J.F. und Morowitz, H.J. (1989): *Annihilation of ecosystems by large asteroid impacts on the early Earth.* Nature, 342, S. 139-142.

Smith, B.A. und Terrile, R.J. (1984): *A circumstellar disk around Beta Pictoris.* Science, 226, S. 1421-1424.

Squyres, S.W. (1984): *The history of water on Mars.* Annual Revue of Earth and Planetary Science, 12, S. 83-106.

Stafford, Th. (1991): *America at the Threshold – America's Space Exploration Initiative.*

Stetter, K.O. und König, H. (1983): *Leben am Siedepunkt.* Spektrum der Wissenschaft, 10, S. 26-40.

Stuhlinger, E. u.a. (1992): *Wernher von Braun, Aufbruch in den Weltraum.* Esslingen/München.

Tenbrock, R.H. u.a. (1976): *Zeiten und Menschen,* Band 2, Paderborn.

Thaxton, C.B., Bradley, W.L. und Olsen, R. (1984): *The mystery of life's origin: Reassessing current theories.* Philosophical Library, New York.

Thomas, D.J. und Schimel, J.P. (1991): *Mars after der Viking missions: Is life still possible?* Icarus, 91, S. 199-206.

Turner, F. (1990): *The Gardening of Mars.* Dialogue, No. 89.

Walter, M.R. und Des Marais, D.J. (1993): *Preservation of biological information in thermal spring deposits: Developing a strategy for the search for fossil life on Mars.* Icarus, 101, S. 129-143.

Wandtner, R. (1991): *Wie das Leben entstand.* Bild der Wissenschaft, 1, S. 60-65.

Weissman, P.R. (1990): *The Oort cloud.* Nature, 344, S. 825-830.

Wise, D.U., Glombek, M.P. und McGill, G.E. (1979): *Tectonic evolution on Mars.* Journal of Geophysical Research, 84, B14, S. 7934-7939.

Woese, C.R. (1987): *Bacterial evolution.* Microbiological Revues, 51, S. 221-271.

Wright, I.P., Grady, M.M. und Pillinger, C.T. (1989): *Organic materials in an martian meteorite.* Nature, 340, S. 220-222.

York, D. (1993): *Die Frühzeit der Erde.* Spektrum der Wissenschaft, 3, S. 76-83.